전기화학적 분석

황 훈 저

Electrochemical Analysis

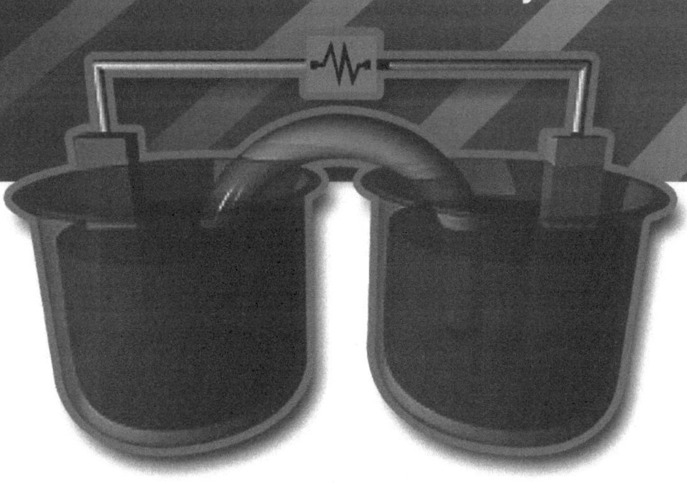

자유아카데미

머리말

이 교재는 전기분석화학(electroanalytical chemistry)에서의 다양한 기법들 중에서 비패러데이 과정(non-faradaic process)에 근거를 둔 전위차법(potentiometry)과 전위차법 적정(potentiometric titration) 그리고 패러데이 과정(faradaic process)에 근거를 둔 폴라로그래피(polarography), 선형 훑음 전압전류법(linear sweep voltammetry), 순환 전압전류법(cyclic voltammetry), 산화전극 벗김 전압전류법(anodic stripping voltammetry)을 소개하고 있습니다. 이 교재의 첫 번째 장(chapter)에서는 전기화학적 분석(electrochemical analysis)에 관한 소개를 다루었고, 이후 두 번째 장부터 여섯 번째 장에서는 전기화학적 분석의 이해를 위한 기본 개념이라는 제목으로 전위차법과 전압-전류법의 이해를 돕기 위한 기본 개념과 원리들을 소개하였습니다.

이 교재는 전기화학적 분석 기법들에 관한 한 학기용 교과과정에 사용될 수 있는 교재입니다. 이 교재에 실려 있는 전기화학적 분석 기법들의 분량과 난이도는 한 학기라는 짧은 시간 동안 큰 어려움 없이 습득할 수 있을 정도로 조정되어 있다고 생각합니다. 그리고 비록 이 교재가 다양한 전기화학적 분석 기법들 중에서 전위차법과 전압전류법에 한정된 내용들을 다루고 있다 하더라도 학생들이 이 교재에서 이들 분석 기법들에 관한 기본 개념과 원리들을 적절히 이해할 수 있다면, 향후 이 교재에 포함되지 않은 다양한 전기화학적 분석 기법들을 다루는 과정에서도 그리 큰 어려움은 겪지 않을 것으로 기대합니다. 만일 이 교재를 사용하실 교수님들과 학생들은 이 교재에서 다루고는 있지만 부족한 내용들이 있다면 그리고 이 교재에서 다루지 않고 있는 다양한 전기화학적 분석 기법들에 관한 정보가 필요한 경우에는 전기분석화학 관련 전문서적들이나 자료들을 참고하면 되겠습니다.

마지막으로 이 교재의 내용 중 이런 저런 크고 작은 오류들이 발견될 가능성이 있습니다. 저자로서 그러한 오류들에 대해 미리 사과를 드리며, 이 교재를 사용하실 담당 교수님들과 학생들이 해당 오류들을 적절히 정정하여 주실 것을 부탁드립니다.

2012년 12월

황 훈

목 차

제1장

전기화학적 분석법

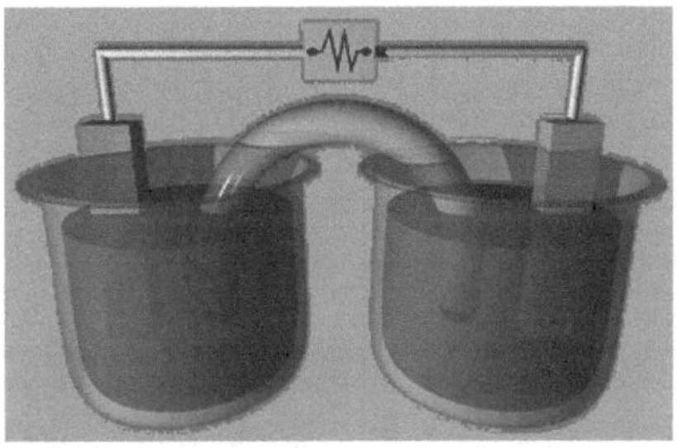

1.1 전기화학적 분석법

1.1.1 전기화학적 분석법

전기화학적 분석법(method of electrochemical analysis)이란 물질마다 소유하는 고유한 전기화학적 성질(electrochemical property)에 근거하여 물질에 관한 정성 및 정량적인 정보(qualitative and quantitative information)를 얻어내는 방법을 지칭한다.

1.1.2 전기화학적 성질

물질의 전기화학적 성질이란 물질마다 소유하는 화학적 잠재력(chemical potential)과 전기적 잠재력(electrical potential)을 의미한다.

즉, 주어진 계(system)를 구성하는 화학적 잠재력을 가진 두 물질들이 자발적인 화학반응(spontaneous chemical reaction)을 일으키고, 그 결과 주위(surroundings)에 전기 에너지(electrical energy)를 공급할 수 있다. 이와는 반대로 자발적으로 화학 반응을 일으킬 수 있는 화학적 잠재력을 소유하고 있지 않은 두 물질들로 구성된 계에 주위로부터 적절한 형태와 크기의 전기 에너지가 공급되면, 두 물질들 사이에서 화학 반응이 일어날 수 있다.

물질들이 소유한 전기화학적 성질을 활용한 예로 자동차용 배터리(lead-acid battery)를 들 수 있다.

물질의 전기화학적 성질을 활용한 자동차용 배터리

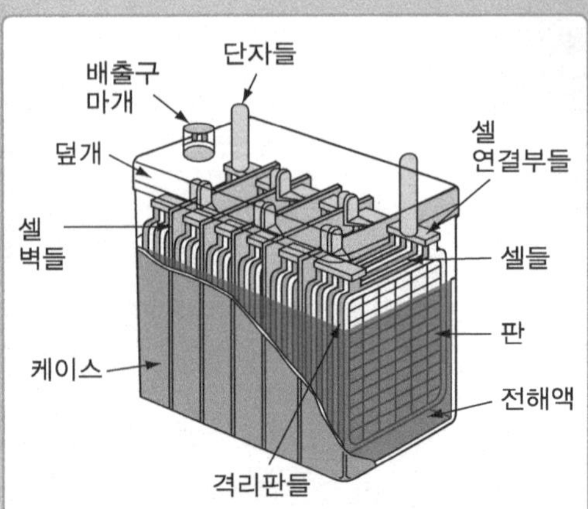

자동차 배터리의 해부도

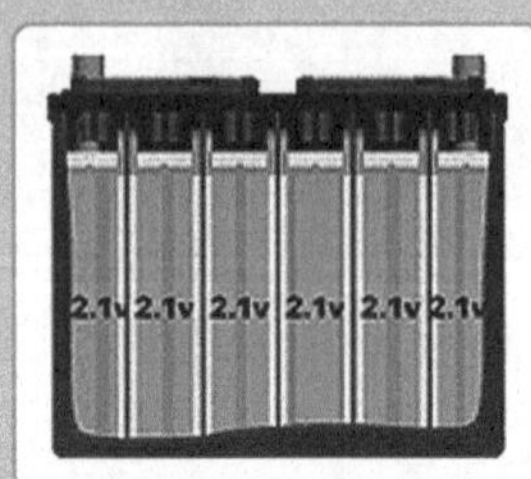

2.1 VOLTS × 6 CELLS = 12.6 VOLTS

2.1 V씩의 전위를 가지는 6개의 셀들이 직렬로 연결되어 12.6 V 정도의 전위를 만들어 낸다.

■ 방전 과정(discharging process)

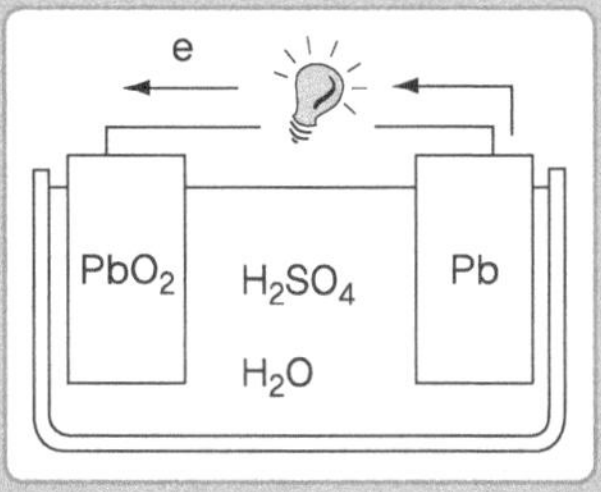

자발적인 산화–환원 반응(spontaneous oxidation–reduction reaction)이 일어나 외부에 전기 에너지를 공급함

- **납(Pb, lead) 전극 – 산화 반쪽 반응(oxidation half reaction)이 일어나는 전극**

  산화 반쪽 반응

  $Pb(s) + HSO_4^-(aq) \rightarrow PbSO_4(s) + H+(aq) + 2e$

  ☞ Pb 전극의 Pb 원자는 전극에 전자들을 내어놓으며 Pb^{2+} 이온으로 산화($Pb \rightarrow Pb^{2+} + 2e$)되고, Pb^{2+} 이온은 HSO_4^- 이온(황산 수소 이온, hydrogen sulfate ion)과 반응하여 황산 납($PbSO_4$, lead sulfate)으로 변한다.

- **이산화 납(PbO_2, lead dioxide) 전극 – 환원 반쪽 반응(reduction half reaction)이 일어나는 전극**

  환원 반쪽 반응

  $PbO_2(s) + HSO_4^-(aq) + 3H^+(aq) + 2e \rightarrow PbSO_4(s) + 2H_2O(l)$

  ☞ PbO_2 전극을 구성하는 PbO_2는 Pb 전극으로부터 이동해 온 전자들을 받아 Pb^{2+} 이온으로 환원($PbO_2 + 2e + 4H^+ \rightarrow Pb^{2+} + 2H_2O$)되고, Pb^{2+} 이온은 HSO_4^- 이온과 반응하여 $PbSO_4$로 변한다.

- **방전 과정에서의 산화–환원 반응**

  Pb 전극에서의 산화 반쪽 반응(≒ 0.4 V vs. SHE)

  $Pb(s) + HSO_4^-(aq) \rightarrow PbSO_4(s) + H^+(aq) + 2e$

  PbO_2 전극에서의 환원 반쪽 반응(≒ 1.7 V vs. SHE)

  $PbO_2(s) + HSO_4^-(aq) + 3H^+(aq) + 2e \rightarrow PbSO_4(s) + 2H_2O(l)$

  산화–환원 반응(≒ 2.1 V vs. SHE)

  $Pb(s) + PbO_2(s) + 2HSO_4^-(aq) + 2H^+(aq) \rightarrow 2PbSO_4(s) + 2H_2O(l)$

■ 충전 과정(charging process)

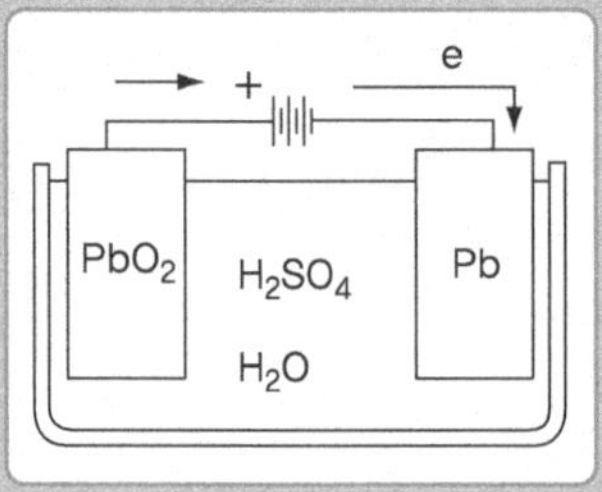

외부로부터의 전기 에너지 공급으로 비자발적(non-spontaneous)이어서 원래는 일어나지 않던 방향의 산화-환원 반응이 일어남

- **Pb 전극 - 환원 반쪽 반응이 일어나는 전극**

환원 반쪽 반응

$PbSO_4(s) + H^+(aq) + 2e \rightarrow Pb(s) + HSO_4^-(aq)$

☞ $PbSO_4$가 Pb로 환원된다.

- **PbO_2 전극 - 산화 반쪽 반응이 일어나는 전극**

산화 반쪽 반응

$PbSO_4(s) + 2H_2O(l) \rightarrow PbO_2(s) + HSO_4(aq) + 3H^+(aq) + 2e$

☞ $PbSO_4$가 PbO_2로 산화된다.

- **충전 과정에서의 산화-환원 반응**

산화 반쪽 반응

$PbSO_4(s) + 2H_2O(l) \rightarrow PbO_2(s) + HSO_4(aq) + 3H^+(aq) + 2e$

환원 반쪽 반응

$PbSO_4(s) + H^+(aq) + 2e \rightarrow Pb(s) + HSO_4^-(aq)$

산화-환원 반응

$2PbSO_4(s) + 2H_2O(l) \rightarrow PbO_2(s) + Pb(s) + 2HSO_4(aq) + 2H^+(aq)$

1.1.3 전기적 파라미터

다음은 전기화학적 분석법을 다루기 전에 알아두어야 할 몇 가지 기본적인 전기적 파라미터(electrical parameter)들을 소개하고 있다.

◎ 전하

전하(charge)란 주어진 물질의 전기적 잠재력을 결정하는 물리적 양(physical quantity)이며, 다음과 같이 정의할 수 있다.

> 단위 전하(unit charge) = 전자 한 개의 전하(– 부호 생략)
> = 양성자(proton) 한 개의 전하
> = 1.6×10^{-19} coulomb

◎ 전위와 전위차

가. 전위

전위(electrical potential)란 주어진 물질이 소유하는 전기적 잠재력을 의미한다.

주어진 물질이 소유하는 전위의 크기는 그 물질이 소유한 전하 밀도(charge density: 단위 부피당 전하의 크기)에 따라 결정된다. 전하 밀도가 높은 물질은 전위가 높고, 전하 밀도가 낮은 물질은 전위가 낮다.

주어진 물질이 그 물질의 고유한 전하 밀도를 소유하게 되는 전위를 절대 전위(absolute potential)라고 부른다.

나. 전위차

주어진 물질의 절대 전위는 그 크기를 알 수 없으며, 다양한 물질들이 소유한 절대 전위들 사이의 차이들만을 알아낼 수 있을 뿐이다.

서로 다른 두 물질들을 도선(conducting wire)으로 연결하면, 두 물질들이 소유한 절대 전위들의 차이가 나타나고, 그 값을 측정할 수 있다. 이렇게 알아낼 수 있는 두 물질들의 절대 전위들 사이의 차이를 상대적 전위차(relative potential difference): 앞으로는 전위차(potential difference)라고 함)라고 부른다.

다음은 A와 B라는 두 물질들을 사용하여 절대 전위와 전위차 그리고 두 물질들 사이에서 일어나는 전하의 이동(charge transfer)을 보여준다.

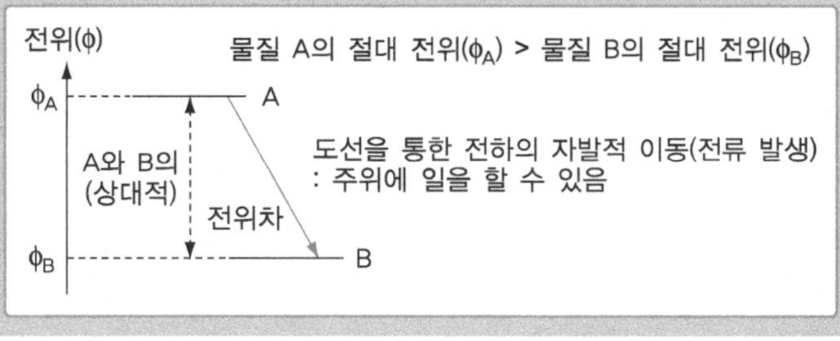

물질 A(절대 전위: ϕ_A)와 물질 B(절대 전위: ϕ_B)를 도선으로 연결하면, 전위차($\phi_A - \phi_B$)가 발생한다. 그러한 전위차에 의해 두 물질들 사이에서 전하의 자발적 이동(spontaneous transfer of charge)이 일어난다. 즉, 절대 전위가 더 높은 물질 A로부터 절대 전위가 더 낮은 물질 B로 전하가 자발적으로 이동하는 것이며, 다시 말해 두 물질들 사이에서 전류(electrical current)가 발생하는 것이다.

도선으로 연결한 물질 A와 B로 구성된 계(system)에서 두 물질들 사이의 전위차에 의해 발생하는 전류는 주위(surroundings)에 일(work)을 할 수 있다. 이와는 반대로 절대 전위가 더 낮은 B에서 절대 전위가 더 높은 A로 전하를 이동시키려면, A와 B의 전위차보다 더 큰 전기 에너지(전위차)를 계에 공급해 주어야 한다.

전류

전류란 주어진 두 물질들 사이에서 일어나는 전하의 흐름(flow of charge)을 의미한다.

도선으로 연결된 두 물질들 사이의 전위차가 커지면 전류의 크기도 증가한다. 1 second (sec) 동안 주어진 지점을 통해 1 coulomb(C)의 전하가 이동하는 경우, 1 ampere(A)의 전류가 발생한 것으로 정의한다.

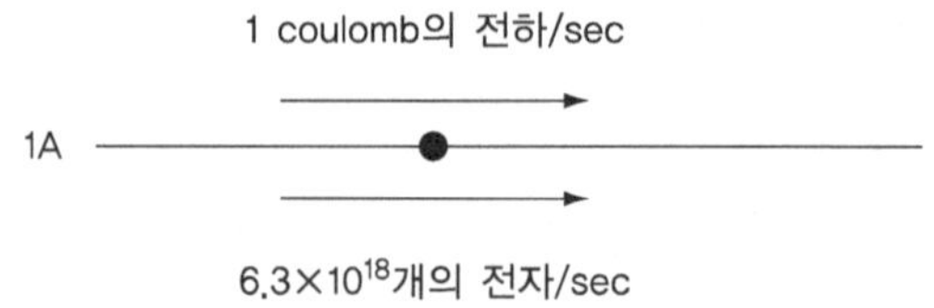

전압

전압(voltage)이란 도선으로 연결된 두 물질들 사이에서 전하의 이동을 일으키는 추진력으로, 전위차 또는 기전력(electromotive force)이라고도 부른다.

예를 들면, 앞의 그림에서 전위가 더 낮은 물질인 B로부터 전위가 더 높은 물질인 A로 전하가 이동하기 위해서는, 두 물질들 사이의 전압보다 더 큰 전압을 외부로부터 공급해 주어야 한다. 다음은 전압에 관한 몇 가지 정의들을 소개하고 있다.

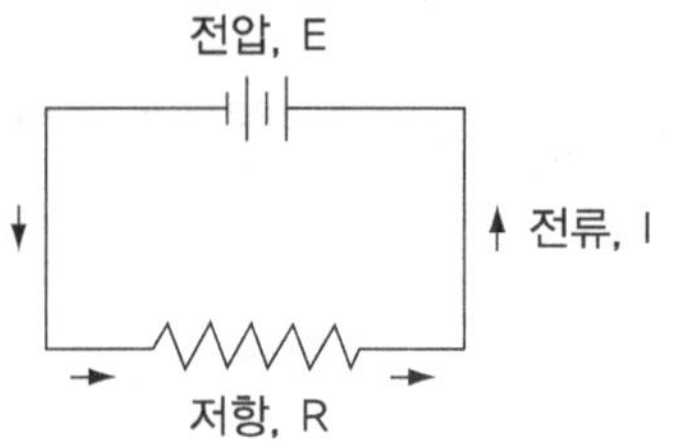

저항(전기저항, electrical resistance)
: 전자의 흐름을 방해하는 정도를 나타내는 물리적 양

- 1 volt(V)의 전압은 1 ohm(Ω)의 저항(resistance)을 나타내는 도체(conductor)를 통해 1 ampere(A)의 전류를 흐르게 하는 힘이다.
- 1 volt의 전압은 1 ampere의 전류를 흐르게 하여 1 watt(w)의 전력(electrical power)을 만들어내는 힘이다.
- 1 ohm의 저항체(resistor)를 통해 1 ampere의 전류가 흐르면, 그 저항체에서는 1 volt의 전압 강하(voltage drop, iR drop)가 발생한다.

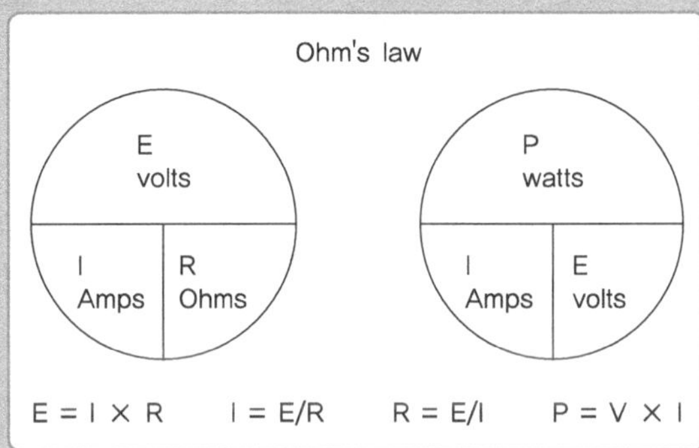

1.2 전기화학적 셀

전기화학적 분석법은 기본적으로 전기화학적 셀(electrochemical cell)의 활용에 그 근거를 두고 있으며, 분석대상물질(analyte)을 함유한 시료 용액(sample solution)은 전기화학적 셀을 구성하는 한 가지 성분이다.

따라서 전기화학적 셀들의 작동 방식들을 이해함으로써, 다양한 전기화학적 분석 기법들을 이해할 수 있는 것이다.

1.2.1 전기화학적 셀이란?

전기화학적 셀이란 자발적인 화학 반응으로 전기 에너지를 만들어 내거나, 전기 에너지의 공급으로 화학 반응을 일으킬 수 있는 장치로 정의할 수 있다.

가장 간단한 형태의 전기화학적 셀은 아래 그림 1.1에서 볼 수 있는 바와 같이 분석대상성분을 함유하는 전해질 용액(electrolyte solution – 시료 용액(sample solution)), 그 용액과 접촉하는 두 개의 전극(electrode)들, 그리고 그 전극들을 서로 연결하는 외부 회로(external circuit)로 구성된다.

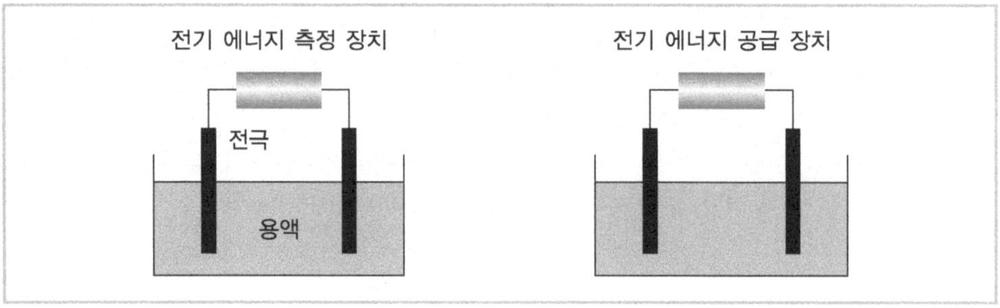

그림 1.1 전기화학적 셀의 기본 유형

전기화학적 셀은 작동 방식(mode of operation)에 따라 외부 회로에 전기 에너지를 공급하는 장치인 전원(electrical source)을 채용하거나, 또는 전기 에너지를 측정하는 장치인 전압계(voltmeter) 또는 전류계(ammeter)를 채용할 수 있다.

1.2.2 전기화학적 셀에 관련된 몇 가지 기본 개념들

● 전극/용액 계면

그림 1.2에서와 같이 주어진 전기화학적 셀에서 각 전극은 전해질 용액과 접촉하면서 전극/용액 계면(electrode/solution interface)(이하 '계면'이라 함)을 형성하게 된다.

여기서 계면이란 전극과 용액이 접촉한 부분으로 산화 반쪽 반응(oxidation half reaction)이나 환원 반쪽 반응(reduction half reaction)에 의해 전하의 이동이 일어나는 영역을 지칭하고, 전극과 계면 용액 층(전극에 인접한 일정한 두께의 용액 층으로, 전극과 직접적으로 전하를 주고받을 수 있는 용액 층)을 모두 포함한다.

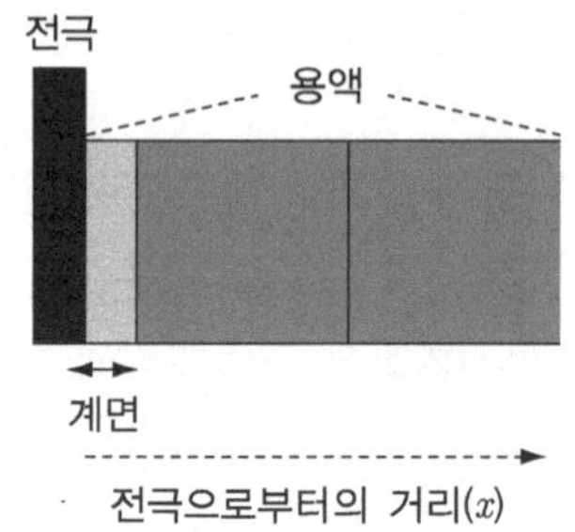

그림 1.2 전극이 용액과 접촉하면 전극/용액 계면이 형성된다. 이 전극/용액 계면에서만 화학종의 산화 또는 환원 반쪽 반응에 의한 전하의 이동이 일어날 수 있다.

확산층과 bulk 부분

가. 확산층

주어진 계면에서 전하의 이동이 일어난다는 것은 그 계면에서 주어진 화학종의 산화 또는 환원 반쪽 반응이 진행됨을 의미하며, 그러한 산화 또는 환원 반쪽 반응의 결과 계면 용액 층에서는 그 화학종의 농도는 증가하거나 감소하게 된다.

계면 용액 층에서 발생하는 주어진 화학종의 농도 변화(concentration change)는 계면 용액 층과 계면 용액 층에 바로 인접한 일정 두께의 용액 층 사이에서 해당 화학종의 농도 차(concentration gradient)를 발생시킨다.

이렇게 서로 인접한 두 용액 층들 사이에서 발생하는 주어진 화학종의 농도 차는 농도가 더 높은 용액 층으로부터 농도가 더 낮은 용액 층으로 해당 화학종이 이동하는 현상을 초래한다. 이와 같이 용액 중에서 일어나는 농도 차에 의한 화학종의 이동을 확산(diffusion)이라 부른다. 그리고 그러한 계면에서 전하의 이동(산화 반쪽 반응 또는 환원 반쪽 반응)이 일어난 후 시간이 지남에 따라, 계면에서의 전하의 이동으로 초래된 용액 층들 사이에서 일어나는 화학종의 확산 현상이 용액 전체로 퍼져 나가게 된다.

이제 계면에서 전하의 이동(산화 반쪽 반응 또는 환원 반쪽 반응)이 일어난 후 일정 시간이 지난 시점에서 화학종의 확산이 일어나고 있는 용액 층을 확산층(diffusion layer)이라 부른다. 그림 1.3에서와 같이 전극으로부터 용액 쪽으로의 방향을 x축이라고 한다면, x = 0인 곳이 계면 용액 층이고, 확산층은 주어진 계면 용액 층에 인접한 일정 두께의 용액 층을 가리킨다.

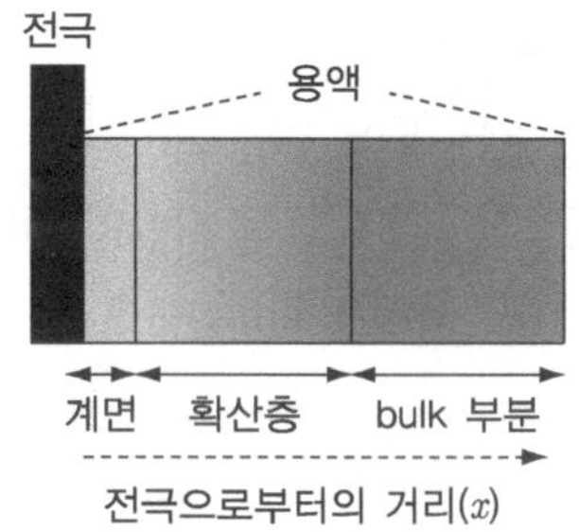

그림 1.3 계면에서 전하 이동이 일어난 후 일정 시간이 경과한 시점에서 형성된 계면, 확산층, 그리고 bulk 부분을 보여주고 있다.

확산층은 시간이 경과함에 따라 그 두께가 점차 더 넓어진다. 다시 말해 확산층은 시간이 지남에 따라 점차 용액 전반으로 퍼져 나간다.

그림 1.4는 시간이 지남에 따라 나타나는 확산층의 변화를 보여준다.

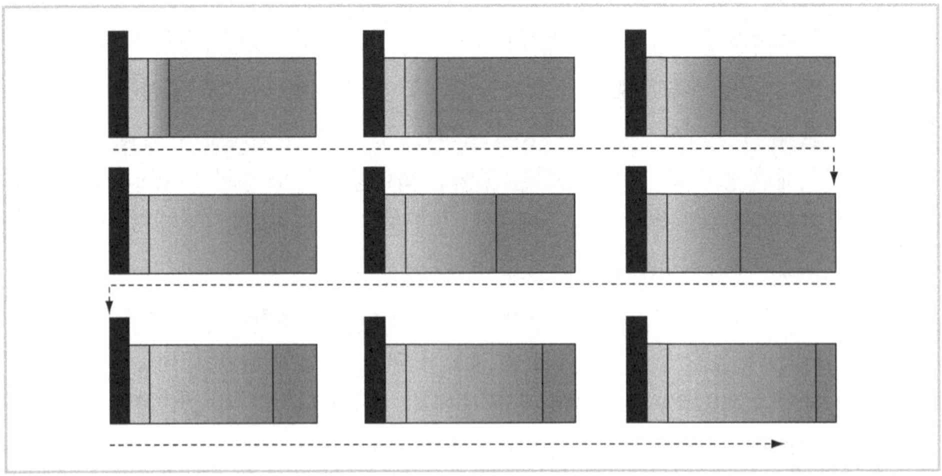

그림 1.4 시간이 지남에 따라 확산층이 용액 전반에 걸쳐 퍼져 나가는 모습을 보여주고 있다.

나. 용액의 bulk 부분

계면에서 전하의 이동이 발생한 후 특정 시점에서는 전체 용액 중 일부분만이 확산층을 이루게 되고, 그 확산층의 바깥 부분에 존재하는 용액은 계면의 형성이나 계면에서 일어나는 전하의 이동 그리고 확산층의 형성과 같은 제반 현상들과는 전혀 무관한 상태에 놓여 있게 된다.

이렇게 계면의 형성과 계면에서 일어나는 전하의 이동 그리고 확산층의 형성과 같은 제반 현상들에 의한 영향을 전혀 받지 않고, 초기 상태(또는 해당 화학종의 초기 농도)를 그대로 유지하고 있는 용액 층을 bulk 부분이라 부른다.

계면에서 일어나는 전하의 이동은 시간이 지남에 따라 용액 중 확산층이 용액 전반으로 퍼져 나가게 만들고, 동시에 bulk 부분은 반대로 그 폭이 점차 줄어든다.

● 계면에서 일어나는 전하의 이동

주어진 계면에서 전하가 이동한다는 것(산화 반쪽 반응 또는 환원 반쪽 반응이 일어난다는 것)은 그 계면에서 전자의 이동(transfer of electron or electron transfer)이나 이온의 이동(transfer of ion)이 진행됨을 의미한다.

이제 주어진 계면에서 일어나는 전자의 이동과 이온의 이동에 관해 알아보기로 한다.

가. 전자의 이동

그림 1.5는 백금(Pt) 전극이 Fe^{2+} 이온과 Fe^{3+} 이온을 함유하는 용액과 접촉하는 형태의 반쪽 셀에서 형성된 계면에서 일어나는 전자의 이동을 보여준다.

Fe^{2+} 이온과 Fe^{3+} 이온들을 함유한 용액과 백금(Pt) 전극이 접촉하여 계면을 이루면, 그 계면 용액 층에 존재하는 Fe^{3+} 이온과 Fe^{2+} 이온들은 각각 백금 전극을 매개체로 삼아 환원 반쪽 반응과 산화 반쪽 반응을 일으킨다. 다시 말해 계면 용액 층의 Fe^{3+} 이온은 백금 전극으로부터 전자를 받아 Fe^{2+} 이온으로 환원(reduction)되는데, 이때 Fe^{3+} 이온의 환원 과정($Fe^{3+} + e \rightarrow Fe^{2+}$)에 필요한 전자들은 계면 용액 층에 함께 존재하던 Fe^{2+} 이온이 Fe^{3+} 이온으로 산화(oxidation)($Fe^{2+} \rightarrow Fe^{3+} + e$)되면서 백금 전극에 내어놓은 전자들이다. 이렇게 Fe^{2+} 이온의 산화와 Fe^{3+} 이온의 환원이 일어나는 동안, 관련된 전자들은 계면을 통해(전극과 계면 용액 층 사이에서) 이동한다.

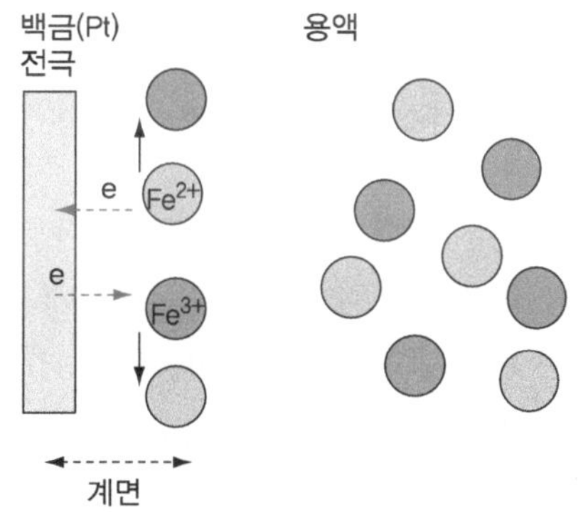

그림 1.5 백금 전극은 단순히 전자 주개(electron donor)나 전자 받개(electron acceptor)의 역할을 수행하며, 그 자체는 산화 또는 환원되지 않는다.

여기서 백금 전극은 전자 주개(electron donor)나 전자 받개(electron acceptor) 사이에서 전자를 전달하는 역할만을 수행하며, 그 자체는 산화 또는 환원되지 않는다.

Fe^{2+} 이온과 Fe^{3+} 이온들은 용액의 bulk 부분에서도 서로 전자를 주고받으면서 산화-환원 반응을 일으키기도 하는데, 이에 관해서는 차후 전극의 종류를 다루면서 따로 취급하게 될 것이다.

나. 이온의 이동

계면에서는 앞에서와 같은 전자의 이동뿐만 아니라 이온의 이동도 일어날 수 있다. 그림 1.6은 아연(Zn) 전극이 아연 이온(Zn^{2+})을 함유하는 용액과 접촉한 형태의 반쪽 셀의 경우를 예로 들고 있다.

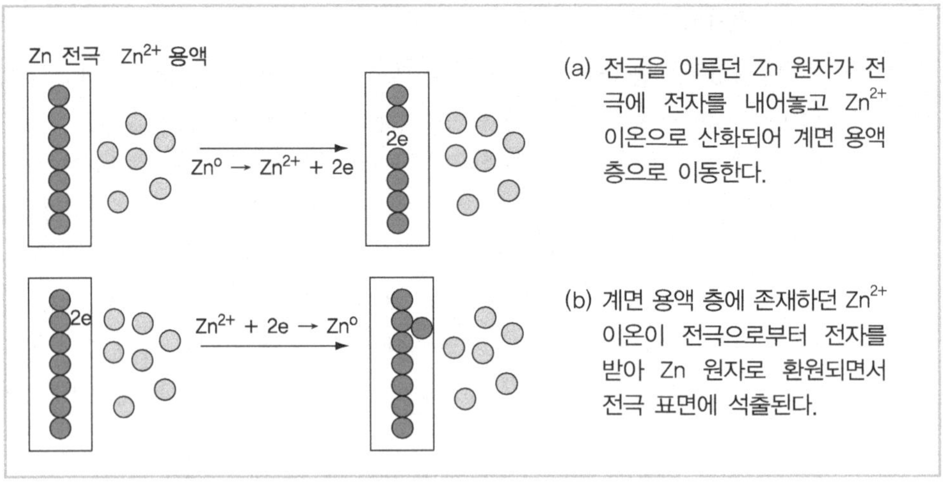

그림 1.6 $Zn(s)/Zn^{2+}(aq)$ 반쪽 셀에서 일어나는 전자와 이온의 이동

그림 1.6 (a)는 이 반쪽 셀의 계면에서 전극을 이루는 Zn 원자들이 산화($Zn \rightarrow Zn^{2+} + 2e$)되면서 전자들은 전극에 남겨지고 Zn^{2+} 이온들은 계면 용액 층으로 이동해 들어가는 모습을 보여준다.

그림 1.6 (b)의 경우 계면 용액 층에 존재하던 Zn^{2+} 이온이 전극으로부터 이동해 온 전자를 받아 Zn 원자로 환원($Zn^{2+} + 2e \rightarrow Zn$)되면서 동시에 전극의 표면에 석출(deposition)되는 과정이 진행됨을 보여준다.

즉, 이 반쪽 셀의 계면에서는 전자의 이동뿐만 아니라 이온의 이동도 일어남을 알 수 있다.

1.2.3 전기화학적 셀의 두 가지 기본적 작동 방식

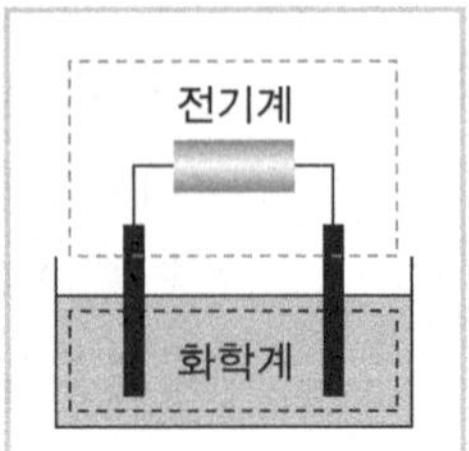

전기화학적 셀은 전기계(electrical system: 전극과 외부 회로 – 도선과 전기 에너지 측정 장치 또는 전기 에너지 공급 장치)와 화학계(chemical system: 계면)로 이루어져 있다고 할 수 있다.

전기화학적 셀은 전기계와 화학계 사이의 상호 작용 방식에 따라 다음과 같은 두 가지 유형의 작동 방식(operational mode)들로 구분할 수 있다.

◉ 패러데이 방식

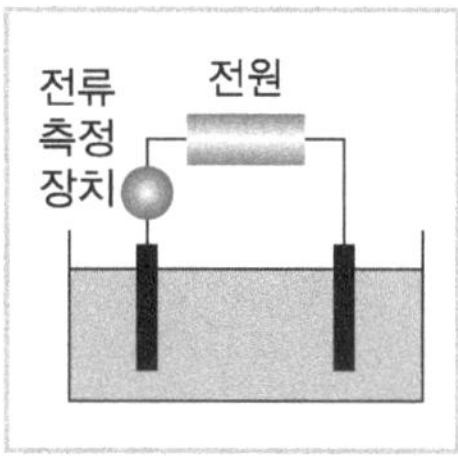

주어진 전기화학적 셀의 경우, 그 셀을 구성하는 계면들에서 산화 반쪽 반응과 환원 반쪽 반응들이 자발적으로는 일어나지 않을 수도 있다. 그러나 만일 그 셀의 외부 회로에 전원(voltage source)을 설치하여 계면들에 충분한 크기의 전기 에너지를(전압을) 공급한다면, 그 셀의 계면들에도 산화 반쪽 반응과 환원 반쪽 반응들이 일어날 수 있다.

만일 외부 회로에서 공급한 전기 에너지에 의해 주어진 전기화학적 셀의 계면들에서 산화 반쪽 반응과 환원 반쪽 반응들이 일어난다면, 그 셀의 계면들에서 화학종들의 산화와 환원이 일어나는 것이다. 주어진 전기화학적 셀의 계면들에서 일어나는 화학종들의 산화와 환원은 그 셀을 통한 전류를 발생시키고, 외부 회로에서 그 전류의 크기를 측정할 수 있다.

이와 같이 주어진 전기화학적 셀의 외부 회로에 설치한 전원으로부터 그 셀의 계면들에 공급된 전기 에너지에 의해 그 계면들에서 화학종들의 산화와 환원 반쪽 반응들이 일어나게 만든 후, 그 결과 셀을 통해 흐르는 전류의 크기를 측정하는 방식을 패러데이 방식(faradaic mode)이라 한다. 이 경우 주어진 전기화학적 셀을 통해 흐르는 전류의 크기는 계면들에서 산화 또는 환원되는 화학종의 농도에 따라 달라진다.

◉ 비패러데이 방식

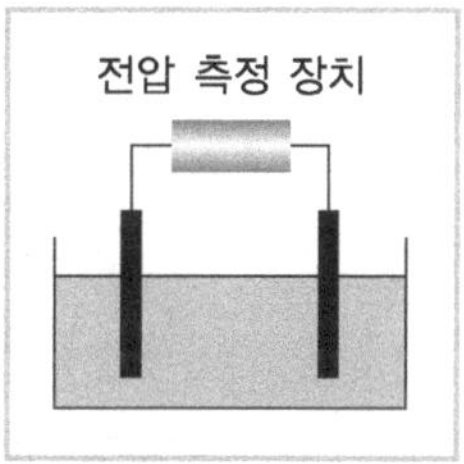

주어진 전기화학적 셀을 구성하는 계면들에서 산화 반쪽 반응과 환원 반쪽 반응들이 자발적으로 일어날 수도 있는데, 이 경우 그 셀의 계면들은 외부의 도움이 없이 자발적으로 산화 반쪽 반응과 환원 반쪽 반응들을 일으킬 수 있는 잠재력을 소유하는 것이다.

만일 주어진 전기화학적 셀이 자발적으로 산화 반쪽 반응과 환원 반쪽 반응들을 일으킬 수 있는 잠재력을 소유하는 계면들로 구성되어 있다는 것은, 그 셀의 계면들에서는 그러한 자발적인 산화 반쪽 반응과 환원 반쪽 반응들을 일으킬 수 있는 화학종들이 존재한다는 것을 의미한다.

그리고 주어진 전기화학적 셀이 소유하게 되는 자발적인 산화–환원 반응의 잠재력은 외부 회로에 설치한 전압 측정 장치(voltmeter)에서 그 크기가 측정될 수 있는데, 이 경우 측정되는 전압의 크기는 산화–환원 반응에 관련된 화학종들의 농도에 따라 달라진다.

이와 같이 자발적인 산화–환원 반응을 일으킬 수 있는 잠재력을 소유한 전기화학적 셀을 대상으로 그 셀이 나타내는 주어진 산화–환원 반응의 잠재력과 그 산화–환원 반응에 관련된 화학종들 사이의 연관성을 다루는 방식을 비패러데이 방식(non-faradaic mode)이라 한다.

1.3 전기화학적 분석에서의 정성적 정보와 정량적 정보

전기화학적 분석에서 시료 용액 중 분석대상성분의 존재 확인을 위한 정보(정성적 정보)와 존재가 확인된 성분의 양을 결정하기 위한 정보(정량적 정보)를 얻는 방법은 전기화학적 셀의 작동 방식에 따라 다르다.

● 비패러데이 방식

카드뮴(Cd, cadmium) 전극을 구리 이온(Cu^{2+})을 함유한 수용액에 접촉시키거나, 납(Pb) 전극을 카드뮴 이온(Cd^{2+})을 함유한 수용액에 접촉시키는 경우, Cd 전극과 Cu^{2+} 이온 함유 용액이 이루는 계면과 Pb 전극과 Cd^{2+} 이온 함유 용액이 이루는 계면에서는 자발적인 산화 반쪽 반응 또는 환원 반쪽 반응의 잠재력이 나타나지 않는다.

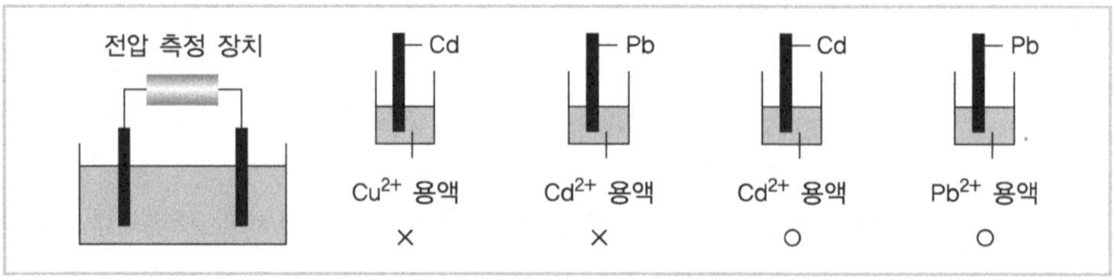

그러나 Cd 전극을 Cd^{2+} 이온 함유 용액과 접촉시키거나, Pb 전극을 Pb^{2+} 이온 함유 용액과 접촉시키는 경우에는, 각 계면들은 자발적인 산화 반쪽 반응 또는 환원 반쪽 반응의 잠재력을 가지게 된다. 이와 같이 주어진 전극이 어떤 화학종을 함유한 시료 용액과 접촉하느냐에 따라 해당 계면이 의미 있는 반쪽 반응의 잠재력을 나타내느냐가 결정된다는 특성에 근거하여, 시료 용액 중 분석대상성분의 존재 여부에 관한 정보를 얻는 정성 분석(qualitative analysis)이 가능하다.

그리고 주어진 계면이 나타내는 잠재력의 크기는 시료 용액 중에 존재하는 화학종들 중에서 그 계면에서 일어날 수 있는 반쪽 반응에 관련된 특정 화학종(분석대상성분)의 농도에 따라 달라진다는 특성에 근거하면, 시료 용액 중 분석대상성분의 양에 관한 정보를 얻는 정량 분석(quantitative analysis)이 가능하다.

● 패러데이 방식

외부 회로에서 전기 에너지를(전압을) 공급하는 전기화학적 셀의 경우, 주어진 전극과 함께 계면을 형성하는 시료 용액 속 분석대상성분의 종류에 따라 그 계면에서 산화 또는 환원 반쪽 반응이 일어나기 시작하는 전기 에너지(전압)의 크기가 다르다는 사실에 근거하여 시료 용액 속 분석대상성분의 확인이 가능한 정성적 분석이 가능하다.

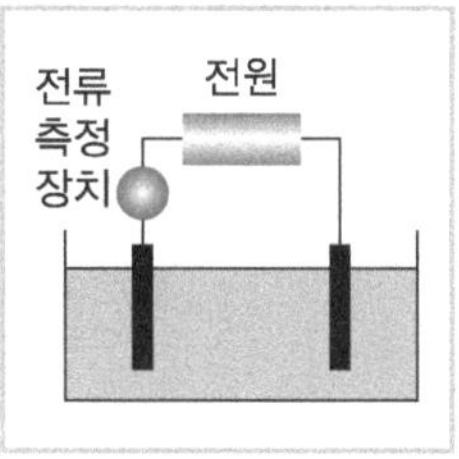

또한 계면에서 발생하는 주어진 산화 또는 환원 반쪽 반응에 의해 셀을 통해 흐르는 전류의 크기는 그 산화 또는 환원 반쪽 반응에 관련된 분석대상성분의 농도에 따라 달라진다는 점에 근거하며, 시료 용액 속에 분석대상성분의 양을 알아낼 수 있는 정량 분석이 가능하다.

1.4 전기화학적 분석법의 장점

다양성(variety)

전기화학적 분석에서는 전기적 신호의 발생 여부나 그 크기를 측정함으로써 시료 용액 중 분석대상성분에 대한 정성 및 정량 분석에 활용하는 다양한 전기분석 기법(electro-analytical technique)들을 사용한다. 다음의 표들은 몇 가지 주요 전기분석 기법들을 분류하는 방법들을 나타내고 있다.

전기화학적 분석법의 분류(I)

산화-환원 반응을 활용하는 방법(Faradaic method)들과 그렇지 않은 방법(Non-faradaic method)들로 분류

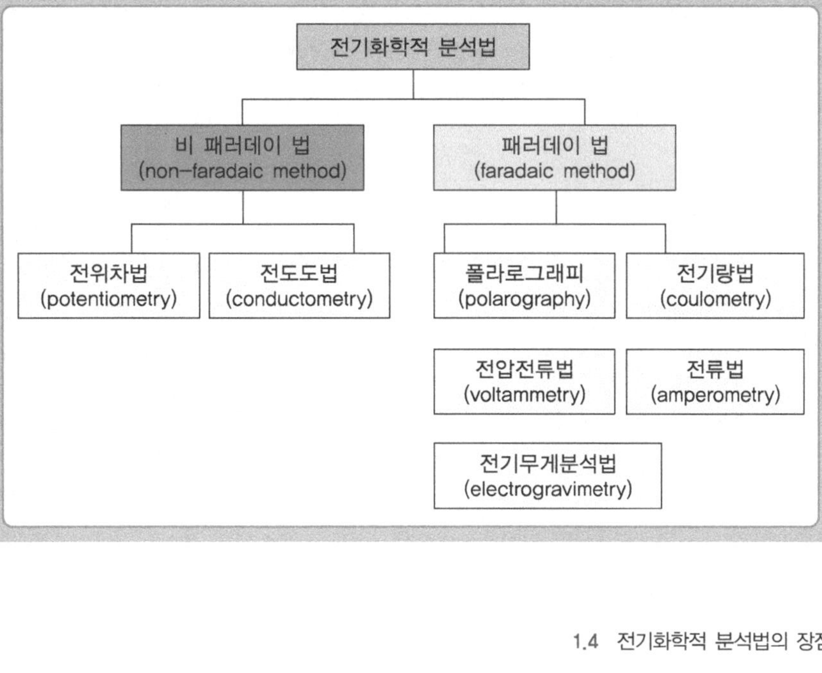

전기화학적 분석법의 분류(II)

계면에서 일어나는 제반 현상을 활용하는 방법들과 용액 전체의 성질을 활용하는 방법들로 분류

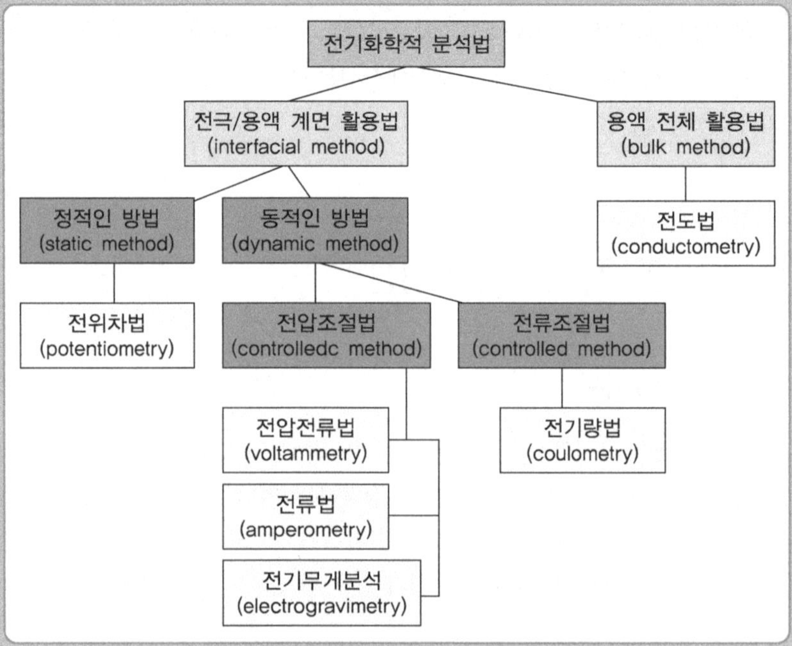

종류	조절하는 전기적 신호	측정하는 전기적 신호	특징
전위차법 **(potentiometry)**	전류 (current, I)	전압 (voltage, E)	시료 용액과 두 가지의 전극들을 사용하여 전기화학적 셀을 만든 후, 그 셀을 통해 전류는 거의 흐르지 않는 조건에서 셀 전위의 발생 여부 및 그 크기를 알아냄으로써 시료 용액 중 분석대상성분에 대한 정보를 얻는다.
전압전류법 **(voltammetry)** **폴라로그래피** **(polarography)**	전압(E)	전류(I)	전기화학적 셀에 일정한 비율로 변화하는 전압을 걸어주면서 전류의 발생 여부와 그 크기를 알아내어 시료 용액 중 분석대상성분에 대한 정보를 얻는다.
전도도법 **(conductometry)**	전압(E)	전도도 (conductance, L)	전기화학적 셀에 교류 전압을 걸어준 후, 두 전극 사이에 존재하는 시료 용액의 전기 전도도를 측정하여 시료에 관한 정보를 얻는다.

종류	조절하는 전기적 신호	측정하는 전기적 신호	특징
전기량법 (coulometry)	전류(I) 혹은 전압(E)	전기량 (coulomb, Q)	시료 용액 중 분석대상성분이 모두 전기화학적 반응(전기분해 반응)을 끝내는 동안 흐른 전기량을 측정하여 분석대상성분에 대한 정보를 얻는다.
전기무게분석법 (electrogravimetry)	전류(I) 혹은 전압(E)	무게(weight)	주어진 전극 표면에 석출된 분석대상성분의 양(무게)을 측정하여 시료 용액 중 분석대상성분의 농도를 알아낸다.
전류법 (amperometry)	전압(E)	전류(I)	셀에 걸어 주는 전압의 크기를 특정 값에 고정시킨 상태에서 전기화학적 셀을 통해 흐르는 전류를 측정하여 시료 용액 중 분석대상성분의 농도를 알아낸다.

비용이 저렴한 기술(inexpensive technique)

다른 분석 기법들에 비해 상대적으로 저렴한 기기 및 장치들을 사용한다.

낮은 측정 한계(low limit of detection)

주어진 분석 기법의 측정 한계가 낮다는 것은 시료 용액 중에 존재하는 분석대상성분의 농도가 매우 묽은 경우에도 분석대상성분에 대한 정량 분석이 가능하다는 점을 의미하고, 그 분석 기법의 감도(sensitivity)는 높은 것으로 받아들일 수 있다.

전기화학적 분석 기법은 고도의 정확성을 가진 각종 기기들의 개발과 관련 기술 및 재료 물질들의 발전 등에 의해 측정 한계가 충분히 낮아지고 있다.

원천적인 신호의 측정(measurement of original signal)

일반적으로 주어진 분석 기법에서 발생한 신호(signal)들은 그 크기의 측정과 정량적인 취급을 위해 다른 형태의 신호로 변환시켜 줄 필요가 있다.

예를 들면, 광학적 분석법(optical method)들의 경우 시료 중 분석대상성분에 의해 발생한 광학적 신호(optical signal)를 전기적인 신호(electrical signal)로 변환해 주는 장치를 필요로 한다. 그러나 그러한 신호 변환장치(signal transducer)들의 경우 신호 변환 능력에 있어서 물리적인 한계성을 지니며, 그에 따라 분석 기법의 측정 한계에도 부정적인 영향을 미칠 수 있다.

반면에, 전기화학적 분석 기법들에서는 분석대상성분에 의해 전기적인 신호들이 발생하는데, 이 신호들은 별도의 신호 변환 작업을 거치지 않고 그대로 측정이 가능하므로 전기화학적 분석 기법들을 사용한 분석대상성분의 정성 및 정량 과정에서 오차를 최소화할 수 있는 것이다.

1.5 이 교재에서 다룰 전기화학적 분석법들

◉ 전위차법

전위차법(potentiometry)은 주어진 전기화학적 셀에서 산화–환원 반응의 잠재력(외부 회로에서 측정되는 전압)의 발생 여부는 전극과 시료 용액 중 분석대상성분 사이의 상호 감응 여부(주어진 전극이 시료 용액과 접촉함으로써 형성되는 계면에서 시료 용액 중 분석대상성분이 관련된 산화 또는 환원 반쪽 반응이 일어나려는 경향성의 존재 여부)에 의해 결정되며(정성 분석의 근거), 전기화학적 셀에서 발생하는 잠재력(외부 회로에서 측정되는 전압)의 크기는 해당 산화 또는 환원 반쪽 반응에 관련된 분석대상성분의 농도에 따라 변한다는 점(정량 분석의 근거)을 채용한 분석법이다.

그런데 주어진 전기화학적 셀에서 자발적으로 전압이 발생하고 외부 회로에서 그 전압의 크기가 측정되어 그 셀을 구성하는 시료 용액 속 특정 분석대상성분에 관한 정성적 정보와 정량적 정보를 얻어내기 위해서는 그 셀의 계면들에서 반드시 산화 또는 환원 반쪽 반응이 일어나려는 잠재력이 존재해야만 하는 것은 아니다. 차후에 이와 관련된 내용들을 다룰 것이다.

◉ 전압전류법과 폴라로그래피

전압전류법(voltammetry)은 주어진 계면에서 산화 또는 환원 반쪽 반응을 일으키기 위해 외부 회로에서 가해주어야 하는 전압의 크기가 그 반응에 참여하는 분석대상성분에 따라 달라지며(정성 분석의 근거), 산화 또는 환원 반쪽 반응이 진행됨에 따라 발생하는 전류의 크기가 해당 성분의 농도에 따라 변한다는 점(정량 분석의 근거)을 채용한 분석법이다.

폴라로그래피(polarography)는 전기화학적 셀을 구성하는 하나의 전극으로 적하수은 전극(dropping mercury electrode, dme)을 사용하는 전압전류법이다.

제2장

전기화학적 분석의 기본 개념(I)

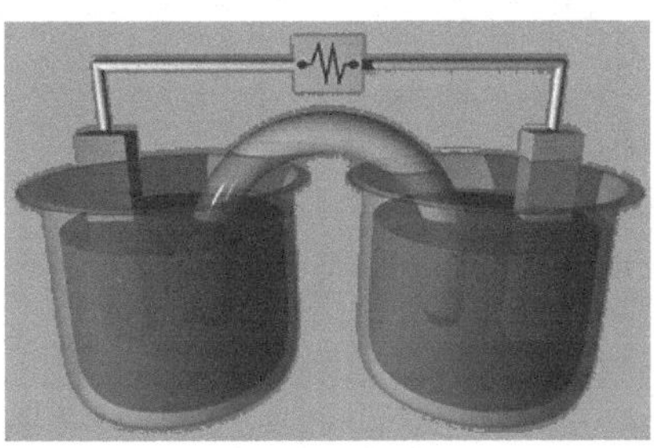

2.1 산화-환원 반응

주어진 산화-환원 반응은 두 개의 반쪽 반응들로 이루어지며, 이들 반쪽 반응들은 독자적으로는 일어나지 못하고 반드시 서로 짝을 이루어 일어나야 한다. 다시 말해 주어진 물질이 전자를 내어놓고 산화되기 위해서는 다른 물질이 그 전자를 받아들여 환원되어야 하는 것이다.

그림 2.1은 철(Fe, iron)의 전기화학적 부식(electrochemical corrosion) 과정에 관련된 산화 및 환원 반쪽 반응들을 보여준다.

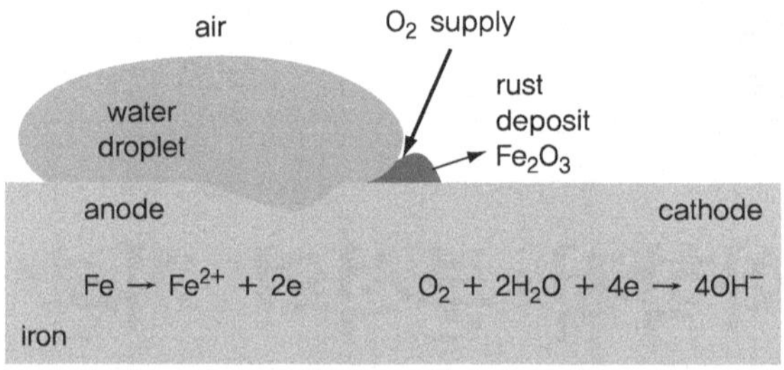

anode: 산화 반쪽 반응이 일어나는 전극 – 철(Fe)

산화 반쪽 반응 $2Fe \rightarrow 2Fe^{2+} + 4e$ $(Fe^{2+} \rightarrow Fe^{3+} + e)$

cathode: 환원 반쪽 반응이 일어나는 전극 – 산소 기체(O_2)

환원 반쪽 반응 $O_2 + 2H_2O + 4e \rightarrow 4OH^-$

산화-환원 반응 $2Fe + O_2 + 2H_2O \rightarrow 2Fe^{2+} + 4OH^- \rightarrow 2Fe(OH)_2$

$4Fe(OH)_2 + O_2 \rightarrow 2Fe_2O_3 \cdot H_2O + 2H_2O$

- 철이 산화되면서 내어놓는 전자들은 철 내부를 이동하여 산소 기체가 있는 곳에 도달한다. 산소 기체는 그 전자들을 소비하여 환원되면서 수산화 이온(OH^-)을 만들어낸다. 수산화 이온은 물에서 이동해 온 이온과 반응하여 수산화 철을 형성하고, 수산화 철은 녹(rust, $2Fe_2O_3 \cdot H_2O$)의 형태로 변한다.

그림 2.1 철의 부식(corrosion)

그림 2.1을 보면 철에서 녹이 형성(formation of rust)되는 현상은 실제로 철이 침식(erosion)되어 구덩이가 생기는(pitting) 부분이 아니라, 그 장소에서 어느 정도 떨어진 곳에서도 일어날 수 있다는 사실을 알 수 있다.

철의 산화 과정에서 발생한 전자(electron)들은 철의 내부를 이동할 수 있고, 철이 산화되면서 생성되는 이온들(Fe^{2+}와 Fe^{3+})도 물 층에서의 확산을 통해 산소의 공급이 가능한 철 표면의 다른 곳으로 이동할 수 있다. 이런 과정을 통해 하나의 전기화학적 셀이 형성된다. 즉, 철은 양극(anode: 산화 반쪽 반응이 일어나는 전극)으로 작용하고, 산소 기체는 음극(cathode: 환원 반쪽 반응이 일어나는 전극)으로 작용하며, 철 이온들이 녹아 있는 물 층(수용액)은 염다리(salt bridge)(※ 차후에 자세히 설명함)로서의 역할을 하게 된다.

이렇게 철의 부식 과정에 물이 관련된다는 사실은 철의 부식 과정이 사막과 같은 건조한 환경보다는 습도가 높은 환경에서 훨씬 더 잘 일어나게 됨을 의미한다.

그런데 철의 부식 과정은 다른 요인들에 의해서도 영향을 받는다. 예로써, 염(salt)이 있으면 철의 부식이 더 잘 일어난다. 금속 표면에 있는 물에 염이 녹게 되면 그 수용액의 전기 전도도(electrical conductivity)가 증가하고, 그 때문에 철의 전기화학적 부식 속도가 빨라진다. 이러한 사실에 근거하면 도로에 쌓인 눈을 녹일 때 사용하는 염이나 바닷가의 습하고 염분을 함유한 공기에 노출되면 철이나 강철(steel)이 더 쉽게 녹스는 현상을 이해할 수 있게 된다.

그림 2.2는 철로 만든 용기의 부식을 방지하기 위해 사용하는 철의 음극화 보호법을 보여준다.

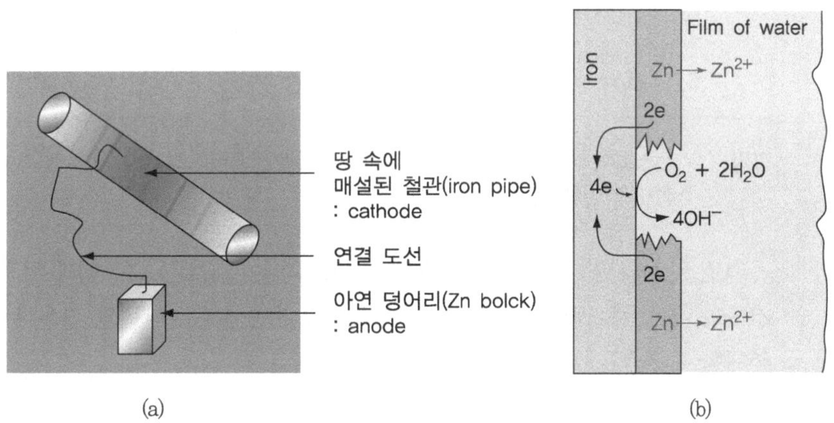

(a) 땅속에 매설된 철관(iron pipe)을 통해 물을 수송하는 경우 철관을 그대로 사용하면 철관의 부식 현상이 쉽게 일어날 수 있다. 그러나 위의 그림처럼 아연 조각을 연결해 함께 매설하는 경우, Fe 대신 Zn의 산화가 일어나면서 철관의 부식 현상을 방지할 수 있다.

(b) Zn으로 도금된 철(galvanized iron)의 경우 철의 부식이 억제되는 현상을 보여주고 있다. 철은 음극(cathode)으로 작용하며, 철의 표면에서는 환원 반쪽 반응($O_2 + 2H_2O + 4e \rightarrow 4OH^-$)이 일어난다. 이러한 환원 반쪽 반응에 필요한 전자들은 아연이 산화되는 반쪽 반응($2Zn \rightarrow 2Zn^{2+} + 4e$)에 의해 공급된다.

그림 2.2 철의 음극화 보호(cathodic protection)

2.2 전기화학적 셀 자세히 다루기

2.2.1 두 개의 반쪽 셀들로 이루어진 전기화학적 셀

● 전기화학적 반쪽 셀(electrochemical half-cell)

그림 2.3은 가장 간단한 형태의 전기화학적 반쪽 셀을 보여주고 있으며, 금속(M) 전극이 그 금속 양이온(M^{n+})의 수용액과 접촉하고 있는 형태이다.

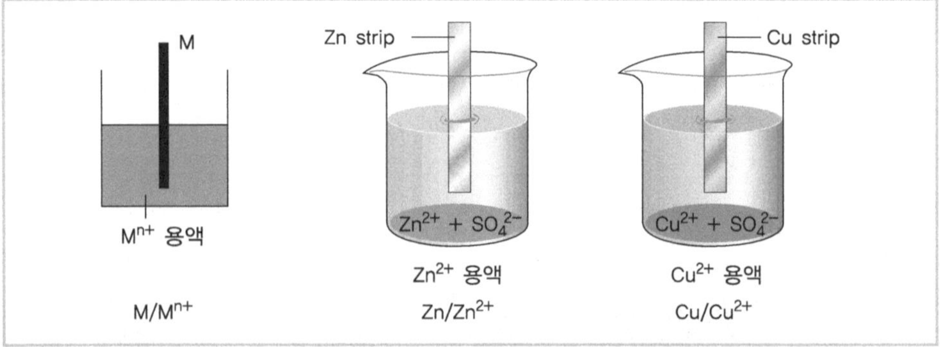

그림 2.3 전기화학적 반쪽 셀의 기본적 유형: 금속이 그 금속의 양이온을 함유한 용액과 접촉하는 형태의 반쪽 셀들

그림 2.3에서와 같이 금속(M)을 그 금속의 양이온(M^{n+}) 수용액과 접촉하게 하면 금속 전극과 용액 사이에는 계면이 형성되고, 그 계면에서는 다음과 같은 두 가지 경향성이 존재할 수 있다.

- $M^{n+} + ne \rightarrow M^{o}$
  금속 이온이 전극으로부터 전자를 받아 환원되면서 전극 표면에 석출되려는 경향성
- $M \rightarrow M^{n+} + ne$
  전극을 이루는 금속 원자가 전자를 전극에 내어놓고 금속 이온으로 산화되면서 용액 속으로 녹아 들어가려는 경향성

그림 2.4는 이 두 가지 경향성을 함께 보여주고 있다.

이러한 두 가지 경향성들이 서로 평형(equilibrium)에 도달한 상태는 다음과 같이 나타낼 수 있다.

$$M^{n+} + ne \rightleftarrows M^{o}$$

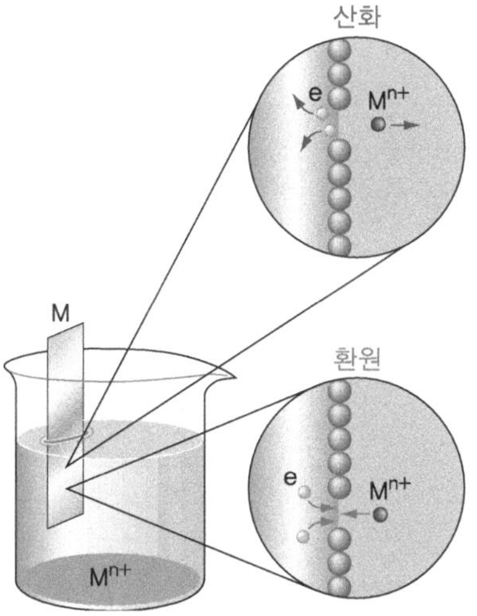

그림 2.4 금속(M) 전극과 그 금속의 양이온(M^{n+}) 용액이 이루는 계면에 존재하는 경향성들

만일 환원(→)의 경향성이 산화(←)의 경향성보다 더 크다면, 전극은 용액에 비해 상대적으로 +로 하전(용액은 전극에 비해 더 음으로 하전)되고, 그 반대의 경우에는 전극은 용액에 비해 상대적으로 −로 하전(용액은 전극에 비해 더 양으로 하전)된다.

● 두 개의 반쪽 셀들로 이루어진 전기화학적 셀

그림 2.5는 Ag 전극이 Ag^{+} 이온 수용액과 접촉한 반쪽 셀과 Cd 전극이 Cd^{2+} 이온 수용액과 접촉한 반쪽 셀을 외부 도선을 통해 서로 연결한 형태의 전기화학적 셀을 보여준다.

은(Ag)의 경우 산화 반쪽 반응($Ag^{o} \rightarrow Ag^{+} + e$)보다 환원 반쪽 반응($Ag^{+} + e \rightarrow Ag^{o}$)의 경향성이 더 크며, 카드뮴(Cd)은 환원 반쪽 반응($Cd^{2+} + 2e \rightarrow Cd^{o}$)보다 산화 반쪽 반응($Cd^{o} \rightarrow Cd^{2+} + 2e$)의 경향성이 더 크다(※ 산화 및 환원 반쪽 반응의 경향성들을 알아내는 방법은 나중에 다루게 됨). 따라서 이 전기화학적 셀에서는

$$2Ag^{+} + Cd^{o} \rightleftarrows 2Ag^{o} + Cd^{2+}$$

와 같은 산화–환원 반응이 자발적으로 일어나게 된다.

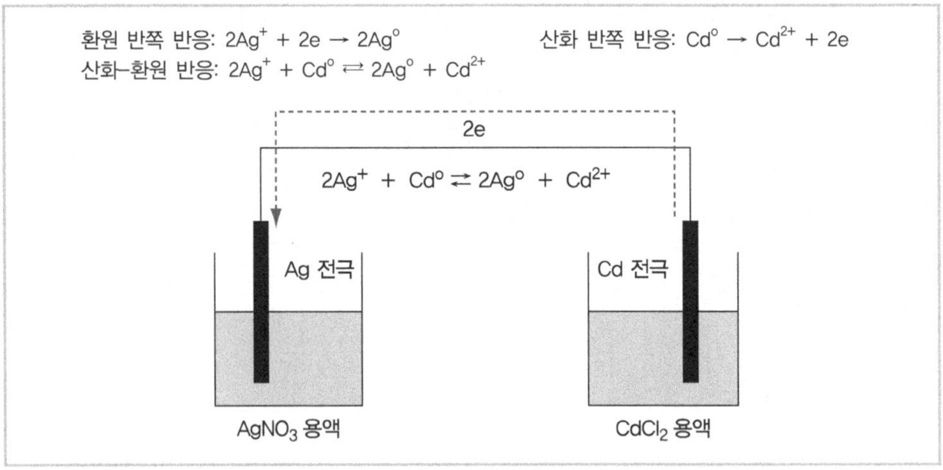

그림 2.5 두 개의 반쪽 셀들로 이루어진 전기화학적 셀

즉, Cd/Cd^{2+} 반쪽 셀에서 일어나는 산화 반쪽 반응($Cd^o \rightarrow Cd^{2+} + 2e$)에서 생겨난 전자들이 Ag/Ag^+ 반쪽 셀로 이동하여 Ag/Ag^+ 반쪽 셀에서의 환원 반쪽 반응($2Ag^+ + 2e \rightarrow 2Ag^o$)에 소비된다.

2.2.2 염다리가 채용된 전기화학적 셀

● 염다리의 필요성

앞의 그림 2.5에서와 같은 전기화학적 셀의 경우 산화–환원 반응이 진행되면서 $AgNO_3$ 용액에서는 Ag^+ 이온의 수가 점차 감소하면서 과량의 음전하(excess negative charge)를 띠게 되고, $CdCl_2$ 용액에서는 Cd^{2+} 이온의 수가 늘어나면서 과량의 양전하(excess positive charge)가 발생한다.

이와 같이 양쪽 용액들에서 과량의 전하들이 발생하면 두 개의 반쪽 셀들 사이에서는 더 이상 전자의 흐름이 지속되지 못하게 되는데, 그 이유는 +로 하전된 Cd^{2+} 용액은 전자가 Cd 전극이 Cd^{2+} 이온 수용액과 접촉한 반쪽 셀로부터 외부로 나가지 못하도록 전자들에 대한 인력(attractive force)을 나타내고 −로 하전된 Ag^+ 용액은 Ag 전극이 Ag^+ 이온 수용액과 접촉한 반쪽 셀로 들어오는 전자들에 대한 반발력(repulsive force)을 나타내기 때문이다. 따라서 두 반쪽 셀들 사이에서 전자의 흐름이 지속되게 만들어 주기 위해서는 양쪽 용액들에서 발생하는 과량의 전하들을 제거(중화)시켜 주어야 한다.

양쪽 셀들에서 발생하는 과량의 전하들을 제거하기 위해서 그림 2.6과 같이 염다리(salt bridge)를 채용한다. 즉, 염다리의 채용으로 이제 셀은 완전한 전기화학적 셀의 형태를 갖추게 되는 것이다.

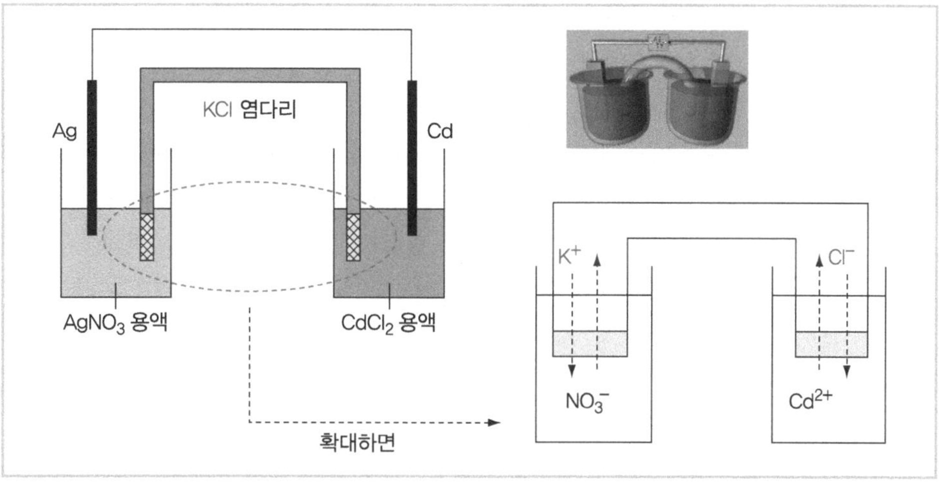

그림 2.6 염다리가 채용된 전기화학적 셀

염다리의 작동 방식

염다리의 끝 부분에는 반투막(semipermeable membrane)과 같은 작용을 할 수 있는 마개(plug) 등이 설치되어 있는데, 이 마개의 역할은 용액의 제한 없는 흐름은 방지(특히 염다리 내부의 전해질 용액이 빠른 속도로 각 반쪽 셀 용액 쪽으로 흘러나오는 현상을 방지)하면서도 소량의 액체 통로는 제공함으로써 그 액체 통로를 통해 양이온이나 음이온들이 쉽게 이동할 수 있게 해 주는 것이다.

염다리의 내부에 채워진 전해질 용액의 양이온이나 음이온들은 이와 같은 마개를 통해 각각 반대 부호로 하전된 반쪽 셀 용액 쪽으로 이동함(물론 농도 차에 의해 각 반쪽 셀 용액에 존재하는 양이온이나 음이온들도 염다리의 내부로 이동해 들어갈 수도 있음)으로써, 각 반쪽 셀 용액에서 발생하는 과량의 전하를 제거(중화)하여 셀을 통한 전자의 지속적인 흐름을 가능하게 만든다.

염다리의 채용 시 고려 사항

염다리를 채용하여 전기화학적 셀을 만드는 경우에는 다음과 같은 사항들을 고려해 주어야 한다.

첫째, 시료 용액에 의해서 염다리의 마개 부분에서 형성되어야 할 용액(이온)의 이동 경로가 막혀버릴 가능성은 없는지를 고려해야 한다. 시료 용액의 점도(viscosity)가 높거나 시료 용액 중에 미세한 크기의 고형 불순물(solid impurity)들이 존재하면 그 때문에 염다리의 마개 부분이 막혀버릴 수 있다. 또한 시료 용액 중의 특정 성분이 염다리용 전해질을 구성하는 성분과 화학 반응(침전 반응, precipitation reaction)을 일으켜 그 생성물이 마개 부분의 액체 이동 경로를 막아버림으로써 그 이동 경로를 통한 소량의 액체 이동(이온의 이동)을 방해할 수도 있기 때문이다.

둘째, 염다리 용액에 의해 주어진 반쪽 셀 용액이 오염될 가능성은 없는지도 고려해 주어야 한다. 예를 들면, Cl^- 이온의 분석을 위한 전기화학적 셀의 경우 Cl^- 이온을 함유하는 시료 용액을 이용하여 반쪽 셀을 구성하게 되는데, KCl 용액이 채워진 염다리를 사용하는 경우 염다리에서 이동해 나오는 용액 속 Cl^- 이온에 의해 시료 용액이 오염될 수도 있기 때문이다(그림 2.7). 이 경우 염다리에는 KNO_3와 같은 전해질 용액을 사용한다.

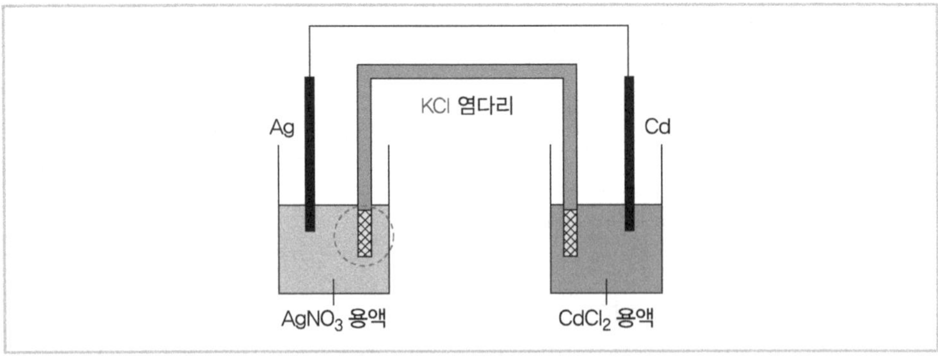

그림 2.7 염다리 용액의 Cl^- 이온이 반쪽 셀 용액($AgNO_3$ 용액)의 Ag^+ 이온과 반응하여 만들어진 AgCl 침전 입자들이 염다리 마개 부분의 액체 이동 경로를 막아버릴 수 있다.

$$Ag^+ + Cl^- \rightleftarrows AgCl(\downarrow)$$

● 염다리의 역할을 수행하는 접속부

전기화학적 셀에서 사용하는 염다리의 역할은 두 개의 반쪽 셀들 사이에 전기적인 연결을 제공하여 각 반쪽 셀들에서 발생하는 과량의 전하들을 제거하는 것이다.

앞에서 볼 수 있었듯이 각 반쪽 셀이 별도의 전해질 용액과 접촉하는 전극의 형태로 제작되는 경우에는 U자관을 거꾸로 한 형태의 염다리를 사용할 수 있지만, 그림 2.8에서와 같이 염다리 대신 접속부(junction)라고 부르는 연결 방식을 채택할 수도 있다.

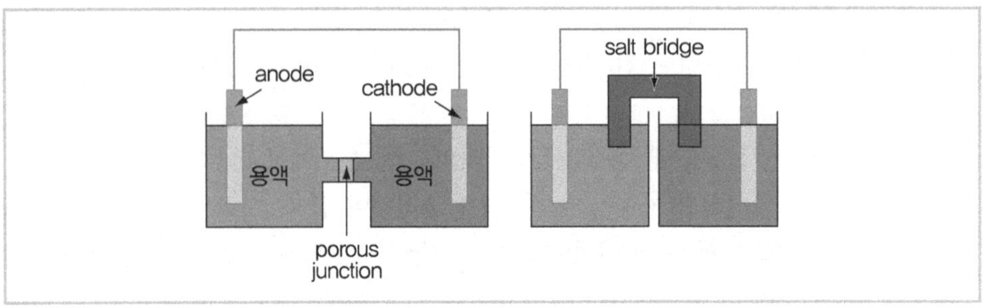

그림 2.8 두 개의 반쪽 셀들이 각각 별도의 전해질 용액과 접촉하는 전극으로 구성된 전기화학적 셀에 적용된 junction과 salt bridge

반면에 두 개의 반쪽 셀들이 동일한 전해질 용액과 접촉하는 모습의 전기화학적 셀의 경우에는 앞의 그림과 같은 형태의 염다리나 접속부를 사용하지 않는다. 이와 같이 기본적으로는 두 개의 전극들이 한 종류의 전해질 용액과 직접적인 접촉을 이루는 형태의 전기화학적 셀의 경우에는 염다리나 접속부를 필요로 하지 않는다.

그러나 두 개의 전극들이 동일한 전해질 용액과 접촉하는 형태의 전기화학적 셀이라 하더라도 그림 2.9에 실려 있는 전극과 같이 주어진 반쪽 셀의 전극이 반쪽 셀을 함께 구성하는 전해질 용액과 직접적인 접촉을 하지 않는 형태, 즉 전극이 또 다른 전해질 용액(내부 전해질 용액)을 통해 반쪽 셀의 전해질 용액과 연결이 되어 있는 형태라면, 그 내부 전해질 용액과 반쪽 셀의 전해질 용액을 전기적으로 이어줄 수 있는 연결부가 필요하게 된다.

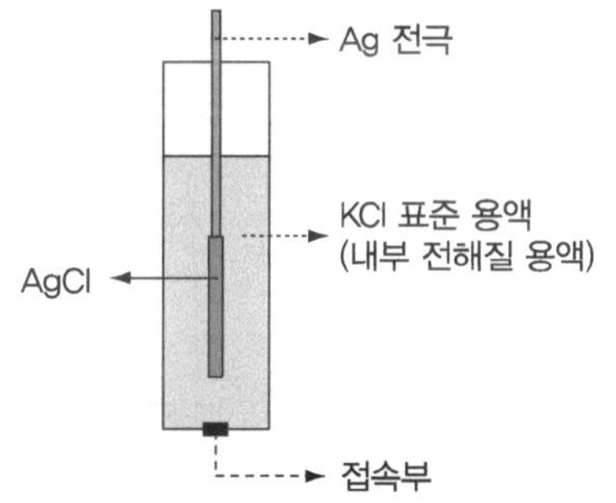

그림 2.9 Ag/AgCl 전극(※ 차후 반쪽 셀의 표시법에서 다룸) – AgCl로 코팅된 Ag 전극이 Cl^- 이온 수용액과 접촉한 형태의 반쪽 셀: 이러한 구조를 가진 2급 전극은 내부 전해질 용액(KCl 표준 용액)과 접촉하고, 내부 전해질 용액은 접속부를 통해 외부 전해질 용액(시료 용액)과 접촉한다.

즉, 내부 전해질 용액을 사용하는 형태의 반쪽 셀(2급 전극으로 기준 전극〈reference electrode, RE〉이나 이온 선택성 전극〈ion selective electrode, ISE〉으로 활용하며, 차후 자세히 설명이 될 예정임)이 외부 전해질 용액(시료 용액)과 접촉하는 경우, 반쪽 셀의 내부 전해질 용액과 외부 전해질 용액 사이의 전기적 연결을 위해 그림 2.10과 같은 여러 가지 유형의 접속부들이 채용된다.

이러한 접속부들은 각 반쪽 셀의 내부 전해질 용액과 외부 전해질 용액 사이에 액체 이동 경로를 제공하고, 그 액체 이동 경로를 따라 내부 용액과 외부 용액 속에 들어 있는 이온들의 상호 이동이 가능하게 하여 전기화학적 셀을 이루는 각 반쪽 셀에서 발생할 수 있는 과량의 전하들을 중화시켜 주는 역할을 수행하는 것이다.

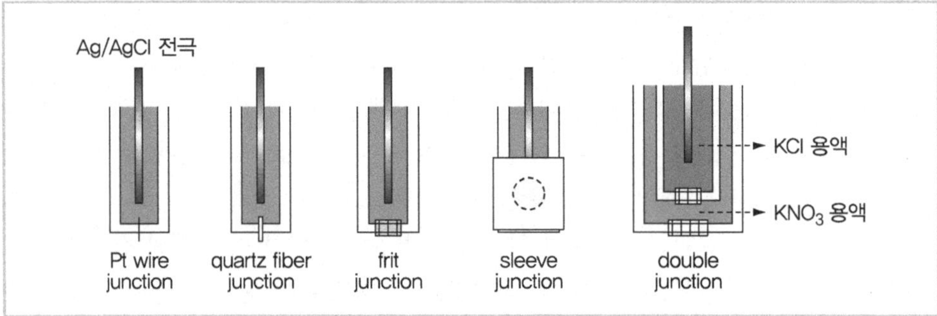

그림 2.10 2급 전극에 적용되는 다양한 종류의 junction들

그림 2.11은 이중 접속부를 채용한 반쪽 셀의 모습을 보여준다. 이중 접속부(double junction)의 경우 반쪽 셀의 내부 전해질 용액에 의해 외부 시료 용액이 오염될 우려가 있을 때나 내부 전해질 용액 속 이온과 시료 용액 속 이온이 반응하여 접속부를 막히게 할 수 있을 때 적용한다.

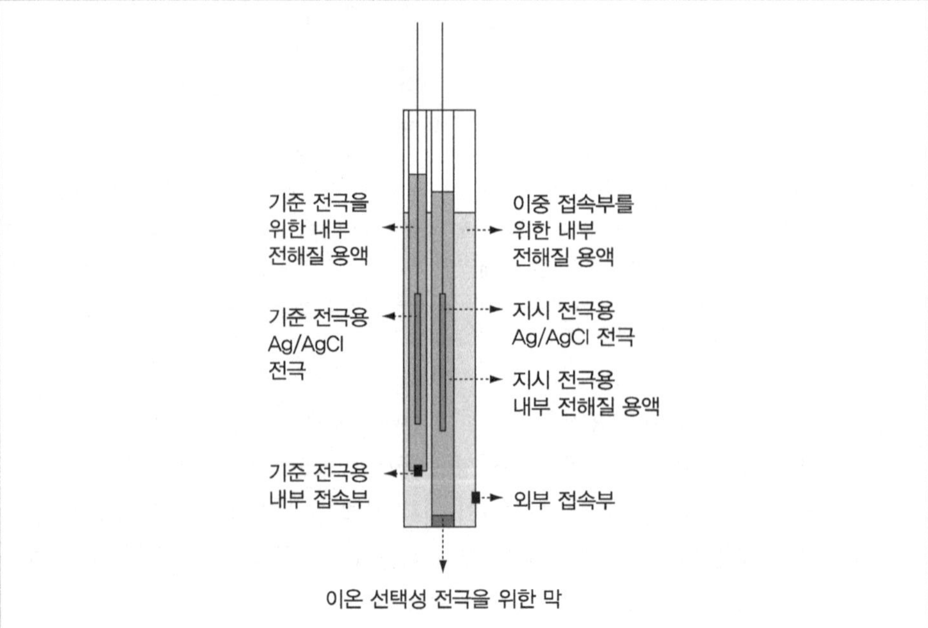

그림 2.11 이중 접속부를 채용한 결합 전극(combination electrode: 지시 전극과 기준 전극을 함께 결합)의 모습

2.2.3 전기화학적 셀의 분류

갈바니 전지(또는 볼타 전지)

갈바니 전지(Galvanic cell)(또는 볼타 전지(voltaic cell))는 다음의 그림 2.12 (a)와 같이 각 계면들에서의 산화 및 환원 반쪽 반응의 경향성들에 의해 $Zn + Cu^{2+} \rightleftarrows Zn^{2+} + Cu^{o}$와 같은 산화–환원 반응이 자발적으로 일어나고, 그러한 산화–환원 반응의 추진력은 외부 회로에 전압의 형태로 전달되는 셀이다.

전해 셀

전해 셀(electrolytic cell)은 외부 회로로부터 두 개의 계면들에 충분한 크기의 전기 에너지를 공급하면, 각 계면에서 원래는 비자발적이던(그래서 진행하지 않던) 산화–환원 반쪽 반응들이 일어나는 셀을 지칭한다.

예로써, 그림 2.12 (a)와 같은 Galvanic cell에서는

$$Zn + Cu^{2+} \rightleftarrows Zn^{2+} + Cu^{o}$$

와 같은 산화–환원 반응이 자발적으로 일어나고 그 결과 전기 에너지가(전압이) 외부 회로에 전달된다. 그런데 이 셀의 외부 회로에 전원을 설치하여 그 전압보다 더 큰 전압을 거꾸로 걸어주면, 그 셀에서 원래는 일어나지 않던

$$Zn^{2+} + Cd^{o} \rightleftarrows Zn^{o} + Cu^{2+}$$

와 같은 산화–환원 반응이 진행될 수 있는 것이다.

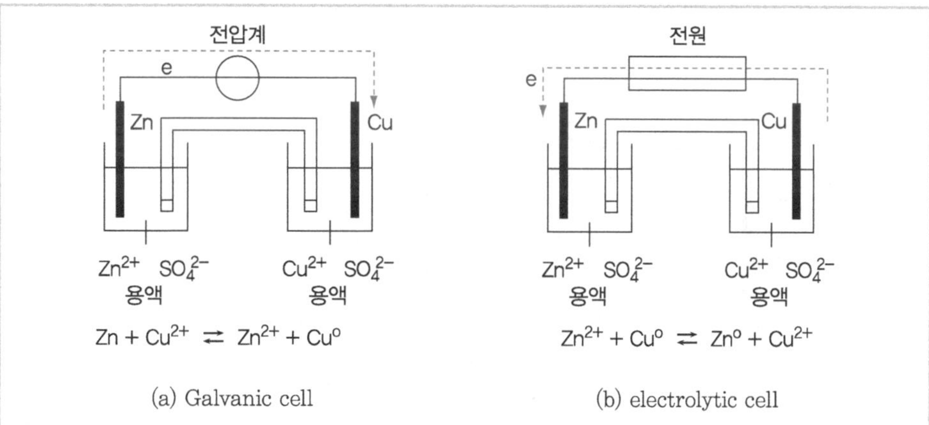

그림 2.12 갈바니 전지와 전해 셀

2.2.4 전기화학적 셀의 표시법

◎ 규칙

- 「/」는 상(phase)의 분리에 사용한다. 즉, 액체, 고체 그리고 기체 상태의 물질들을 서로 구분하기 위해 사용한다.
- 「,」는 주어진 상에서 화학종의 분리에 사용한다. 주어진 상에 존재하는 두 개 이상의 화학종들을 서로 구분하여 표시하기 위해 사용한다.
- 「//」는 염다리를 표현하기 위해 사용한다.

◎ 몇 가지 예

가. 염다리가 없는 셀

그림 2.13은 염다리를 채용하지 않은 전기화학적 셀과 그 셀의 표시 방법을 보여준다.

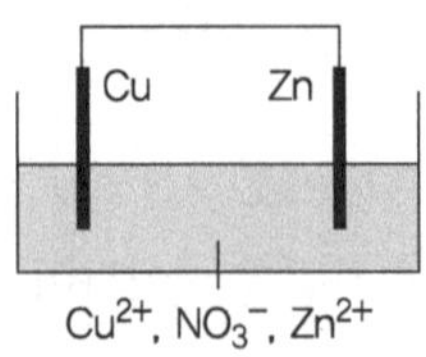

$Cu(s)/Cu^{2+}(aq)$, $NO_3^-(aq)$, $Zn^{2+}(aq)/Zn(s)$

그림 2.13 염다리 또는 접속부가 없는 cell

나. 염다리를 채용한 셀

그림 2.14는 염다리를 채용하여 제작한 전기화학적 셀의 모습과 그 셀의 표시 방법을 보여준다.

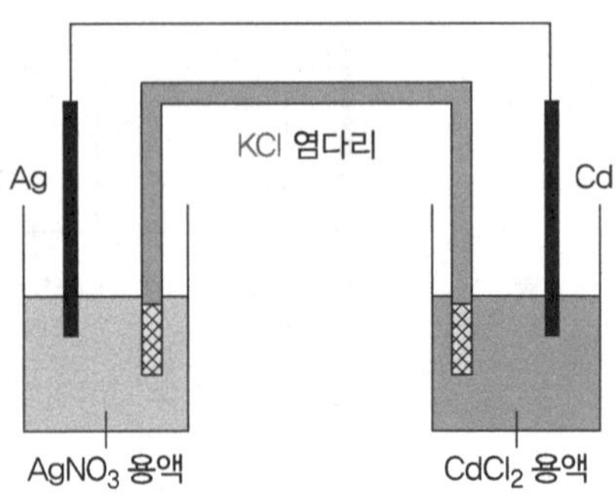

$Ag(s)/AgNO_3(aq,\ x\ M)//KCl(aq,\ sat'd)//CdCl_2(aq,\ y\ M)/Cd(s)$

또는

$Ag(s)/Ag^+(aq,\ x\ M)$, $NO^{3-}(aq,\ x\ M)//KCl(aq,\ sat'd)//Cd^{2+}(aq,\ y\ M)$, $Cl^-(aq,\ 2y\ M)/Cd(s)$

그림 2.14 염다리를 채용한 cell

다. 표준 수소 전극을 사용하고 염다리를 채용한 셀

그림 2.15는 표준 수소 전극을 사용하고 염다리가 채용된 셀의 모습과 그 표시법을 보여준다.

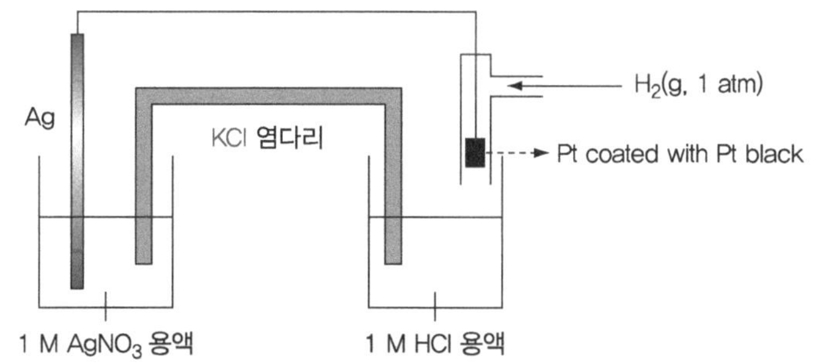

$Ag(s)/AgNO_3(aq, 1\ M)//KCl(aq)//HCl(aq, 1\ M)/H_2(g, 1\ atm)/Pt(s)$

그림 2.15 표준 수소 전극과 염다리를 채용한 셀

제3장

전기화학적 분석의 기본 개념(II)

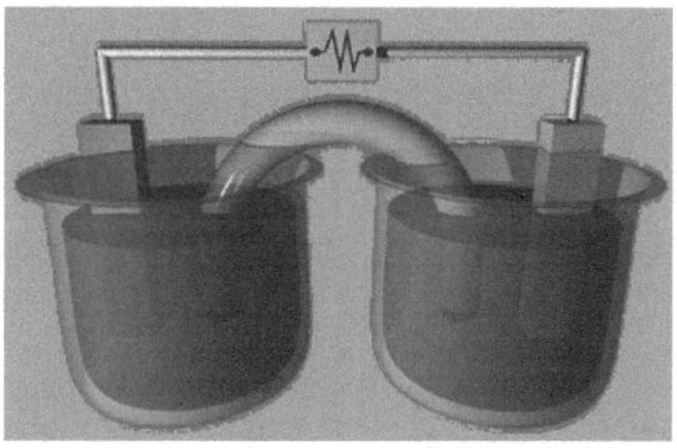

3.1 반쪽 셀의 전극 전위와 셀 전위 그리고 Nernst식

3.1.1 반쪽 셀의 전극 전위와 표준 전극 전위

◉ 반쪽 셀의 전극 전위

만일 두 개의 반쪽 셀들을 사용하여 Galvanic cell을 만들면서 주위(외부)에 최대한 많은 양의 전기 에너지를 공급할 수 있는 Galvanic cell을 만들고자 한다면, 그 Galvanic cell은 어떤 반쪽 셀들로 구성해야 할까?

주어진 Galvanic cell이 주위에 공급하는 전기 에너지의 크기는 그 셀에서 자발적인 산화–환원 반응이 얼마나 쉽게 잘 일어나느냐에 따라 달라진다. 따라서 서로 상반되는 반쪽 반응들의 잠재력을 소유함과 동시에 그 잠재력들의 차이가 매우 큰 두 개의 반쪽 셀들을 사용하여 주어진 Galvanic cell을 구성한다면, 그 Galvanic cell에서는 산화–환원 반응이 매우 잘 일어나게 되어 많은 양의 전기 에너지를 주위에 공급할 수 있게 되는 것이다.

앞에서 이미 다루었던 것처럼, 반쪽 셀의 계면에서는 산화 반쪽 반응이나 환원 반쪽 반응이 일어날 수 있는 잠재력을 소유하는데, 이제 주어진 반쪽 셀이 소유하는 산화 또는 환원 반쪽 반응의 잠재력을 전극 전위(electrode potential)라고 하며, 그 반쪽 셀의 계면에서 일어나게 되는 산화 또는 환원 반쪽 반응을 전극 반응(electrode reaction)이라고 부른다.

이제 반쪽 셀들이 소유한 전극 전위들을 알아내는 방법을 다루어 보자. 우선 주어진 반쪽 셀이 소유한 전극 전위를 알아내는 과정에서는 "주어진 반쪽 셀에서 일어날 수 있는 전극 반응은 환원 반쪽 반응으로 표현한다."라는 약속을 따르기로 한다. 다시 말해 그 종류나 형태와는 무관하게 반쪽 셀들에서 일어나게 되는 전극 반응들은 모두 다 환원 반쪽 반응들로 표현하고, 각 반쪽 셀들이 소유하는 전극 전위들은 해당 환원 반쪽 반응들을 일으키려는 잠재력으로서의 전극 전위들로 받아들이기로 한다. 이와 같은 이유 때문에 주어진 반쪽 셀이 나타내는 전극 전위를 환원 전위(reduction potential)라고 부르기도 한다.

◉ 반쪽 셀의 표준 전극 전위

가. 표준 전극 전위란?

주어진 반쪽 셀의 전극 전위(환원 전위)는 그 반쪽 셀의 표준 전극 전위(standard electrode potential)(표준 환원 전위, standard reduction potential)를 Nernst식에 적용하여 알아낼 수 있다.

주어진 반쪽 셀의 표준 전극 전위(표준 환원 전위)란 계면에서 일어나는 전극 반응에 직접 또는 간접적으로 관여하는 화학종의 활동도(activity)가 1인 상태에서, 그 반쪽 셀이 나타내는 전극 전위를 의미한다.

여기서 주어진 화학종의 활동도가 1이라는 것은 그 화학종이 표준 상태(standard state)에 있음을 의미한다. 예를 들면, 주어진 화학종이 수용액 속에 존재하는 하전된 물질(양이온이나 음이온)인 경우에는 그 화학종의 농도가 1 M일 때 그리고 주어진 화학종이 기체 상태의 물질(예: 수소 기체)인 경우에는 그 기체의 부분 압력(partial pressure)이 1기압(atm)일 때가 해당 화학종들이 표준 상태에 있는 것으로 정의한다. 다음의 예들을 살펴보자.

은(Ag) 전극이 Ag^+ 이온 수용액과 접촉하고 있는 형태인 $Ag(s)/Ag^+$ 반쪽 셀의 경우, 이 반쪽 셀의 계면에서 일어날 수 있는 전극 반응($Ag^+ + e \rightleftarrows Ag^o$)에 직접 참여하는 Ag^+ 이온의 농도가 1 M이면, Ag^+ 이온은 표준 상태에 있는 것이다. 그리고 백금(platinum, Pt) 전극이 H^+ 이온 수용액 그리고 H_2 기체와 접촉하는 형태인 $Pt(s)/H_2(g)/H^+(aq)$ 반쪽 셀의 경우, 이 반쪽 셀의 계면에서 일어날 수 있는 전극 반응($2H^+ + 2e \rightleftarrows H_2(g)$)에 직접 참여하는 H^+ 이온의 농도가 1 M일 때 그리고 H_2 기체의 부분 압력이 1 atm이면, H^+ 이온과 H_2 기체는 모두 다 표준 상태에 있는 것이다. 다음은 표준 전극 전위의 표현법을 보여준다.

표준 전극 전위의 표현법

$E_{ox/red}^{o}$

- ° → 표준 상태를 의미
- : 표준 상태에서 ox가 red로 환원되려는 잠재력
- ox/red → 환원의 형태로 표시

나. 표준 전극 전위 알아내기

■ 표준 수소 전극

반쪽 셀들의 표준 환원 전위들을 알아내기 위해서는 제1차 기준 전극(primary reference electrode)인 표준 수소 전극(standard hydrogen electrode, SHE)을 기준 전극(reference electrode, RE)으로 사용한다. 그림 3.1은 표준 수소 전극의 해부도를 보여주고 있다.

표준 수소 전극($Pt(s)/H_2(g,\ 1\ atm)/H^+(aq,\ 1\ M)$)의 전극 반응과 표준 전극 전위는 다음과 같다.

- 전극 반응: $2H^+ + 2e \rightleftarrows H_2(g)$

- 표준 전극 전위: $E^o_{H^+/H_2} = 0.000$ V
  - 표준 수소 전극의 계면에서는 산화 반쪽 반응의 잠재력과 환원 반쪽 반응의 잠재력이 서로 똑같다.

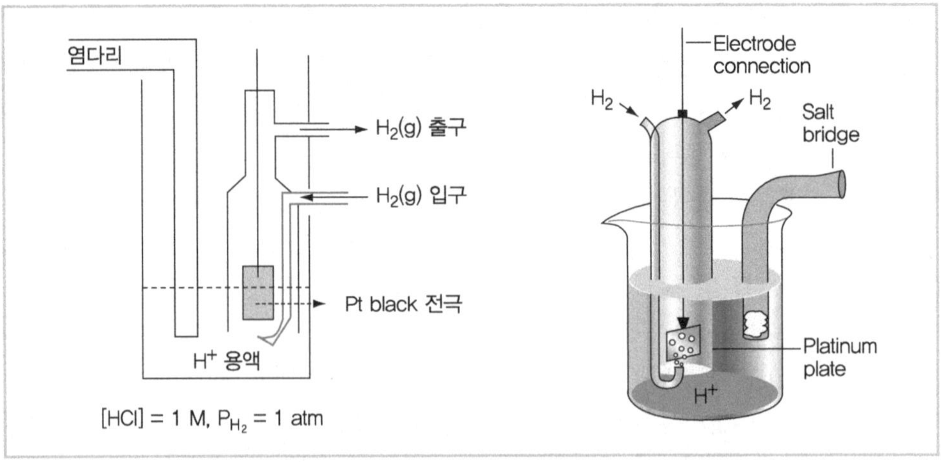

그림 3.1 표준 수소 전극(standard hydrogen electrode, SHE): 넓은 표면적을 가진 형태로 만든 백금 전극(platinum black electrode)의 표면이 부분 압력이 1 atm인 수소 기체(hydrogen gas)와 H^+ 이온의 농도가 1 M인 수용액과 접촉하고 있다. 입구로 들어온 수소 기체는 H^+ 이온 수용액으로 유도되어, 수용액에서 기포 형태로 변하여 Pt 전극의 표면과 접촉한다. 수용액 밖으로 나오는 수소 기체는 출구를 통해 외부로 배출된다. Pt 전극의 표면은 수용액 속 H^+ 이온과 접촉함과 동시에 수소 기체 기포와도 접촉한다.

■ 반쪽 셀의 표준 전극 전위 측정

주어진 반쪽 셀의 표준 전극 전위(표준 환원 전위)는 그 반쪽 셀을 SHE와 연결시킨 후, SHE의 표준 환원 전위(0.000 V)에 대한 상대적인 값으로 구한다(그림 3.2).

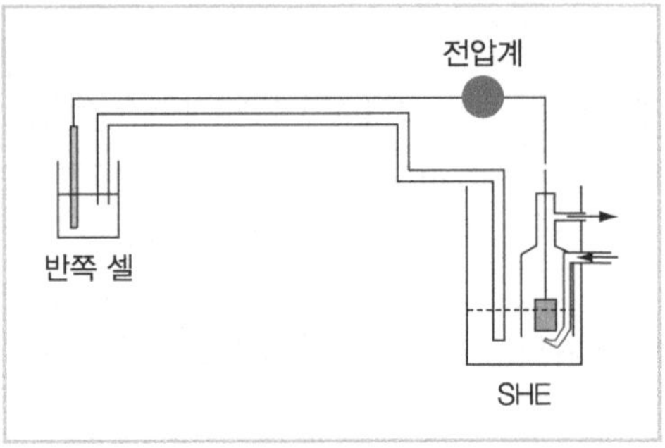

그림 3.2 반쪽 셀의 표준 환원 전위 측정: 표준 상태에 있는 주어진 반쪽 셀을 표준 수소 전극(SHE)과 연결한 후, 두 반쪽 셀들 사이의 전위차를 전압계에서 읽어낸다.

Reduction Half-Reaction	E°, V
Acidic solution	
$F_2(g) + 2e^- \longrightarrow 2F^-(aq)$	+2.866
$O_3(g) + 2H^+(aq)) + 2e^- \longrightarrow O_2(g) + H_2O(l)$	+2.075
$S_2O_8^{2-}(aq) + 2e^- \longrightarrow 2SO_4^{2-}(aq)$	+2.01
$H_2O_2(aq) + 2H^+(aq)) + 2e^- \longrightarrow 2H_2O(l)$	+1.763
$MnO_4^-(aq) + 8H^+(aq) + 5e^- \longrightarrow Mn^{2+}(aq) + 4H_2O(l)$	+1.51
$PbO_2(s) + 4H^+(aq) + 2e^- \longrightarrow Pb^{2+}(aq) + 2H_2O(l)$	+1.455
$Cl_2(g) + 2e^- \longrightarrow 2Cl^-(aq)$	+1.358
$Cr_2O_7^{2-}(aq) + 14H^+(aq) + 6e^- \longrightarrow Mn^{2+}(aq) + 2H_2O(l)$	+1.33
$MnO_2(s) + 4H^+(aq) + 2e^- \longrightarrow Mn^{2+}(aq) + 2H_2O(l)$	+1.23
$O_2(g) + 4H^+(aq) + 4e^- \longrightarrow 2H_2O(l)$	+1.229
$2IO_3^-(aq) + 12H^+(aq) + 10e^- \longrightarrow I_2(s) + 6H_2O(l)$	+1.20
$Br_2(l) + 2e^- \longrightarrow 2Br^-(aq)$	+1.065
$NO_3^-(aq) + 4H^+(aq) + 3e^- \longrightarrow NO(g) + 2H_2O(l)$	+0.956
$Ag^+(aq) + e^- \longrightarrow Ag(s)$	+0.800
$Fe^{3+}(aq) + e^- \longrightarrow Fe^{2+}(aq)$	+0.771
$O_2(g) + 2H^+(aq) + 2e^- \longrightarrow H_2O_2(aq)$	+0.695
$I_2(s) + 2e^- \longrightarrow 2I^-(aq)$	+0.535
$Cu^{2+}(aq) + 2e^- \longrightarrow Cu(s)$	+0.340
$SO_4^{2-}(aq) + 4H^+(aq) + 2e^- \longrightarrow 2H_2O(l) + SO_2(g)$	+0.17
$Sn^{4+}(aq) + 2e^- \longrightarrow Sn^{2+}(aq)$	+0.154
$S(s) + 2H^+(aq) + 2e^- \longrightarrow H_2S(g)$	+0.14
$2H^+(aq) + 2e^- \longrightarrow H_2(g)$	0
$Pb^{2+}(aq) + 2e^- \longrightarrow Pb(s)$	−0.125
$Sn^{2+}(aq) + 2e^- \longrightarrow Sn(s)$	−0.137
$Fe^{2+}(aq) + 2e^- \longrightarrow Fe(s)$	−0.440
$Zn^{2+}(aq) + 2e^- \longrightarrow Zn(s)$	−0.763
$Al^{3+}(aq) + 3e^- \longrightarrow Al(s)$	−1.676
$Mg^{2+}(aq) + 2e^- \longrightarrow Mg(s)$	−2.356
$Na^+(aq) + e^- \longrightarrow Na(s)$	−2.713
$Ca^{2+}(aq) + 2e^- \longrightarrow Ca(s)$	−2.84
$K^+(aq) + e^- \longrightarrow K(s)$	−2.924
$Li^+(aq) + e^- \longrightarrow Li(s)$	−3.040
Basic solution	
$O_3(g) + H_2O(l) + 2e^- \longrightarrow O_2(g) + 2OH^-(aq)$	+1.246
$OCl^-(aq) + H_2O(l) + 2e^- \longrightarrow Cl^-(aq) + 2OH^-(aq)$	+0.890
$O_2(g) + 2H_2O(l) + 4e^- \longrightarrow 4OH^-(aq)$	+0.401
$2H_2O(l) + 2e^- \longrightarrow H_2(g) + 2OH^-(aq)$	−0.828

다. 표준 환원 전위가 나타내는 의미

표준 전극 전위가 +값이면 해당 환원 반쪽 반응의 추진력을 의미하고, −값인 경우에는 해당 환원 반쪽 반응의 역반응(산화 반쪽 반응)의 추진력을 의미한다. 예를 들면,

- 전극 반응이 $Ag^+ + e \rightleftarrows Ag^o$인 Ag^o/Ag^+ 반쪽 셀의 경우

$E^o_{Ag^+/Ag^o}$ = 0.800 V이다. 이는 표준 상태에서 반쪽 셀의 계면에서는 0.800 V라는 추진력으로 $Ag^+ + e \rightarrow Ag^o$와 같은 환원 반쪽 반응이 일어날 수 있음을 의미한다.

- 전극 반응이 $Cd^{2+} + 2e \rightleftarrows Cd^o$인 Cd^o/Cd^{2+} 반쪽 셀의 경우

$E^o_{Cd^{2+}/Cd^o}$ = −0.402 V이다. 이는 표준 상태에서 반쪽 셀의 계면에서는 환원 반쪽 반응($Cd^{2+} + 2e \rightarrow Cd^o$)이 아니라 산화 반쪽 반응($Cd^o \rightarrow Cd^{2+} + 2e$)이 일어날 수 있으며, 그 산화 반쪽 반응의 추진력은 0.402 V라는 사실을 의미한다.

- 전극 반응이 $Pb^{2+} + 2e \rightleftarrows Pb^o$인 Pb^o/Pb^{2+} 반쪽 셀의 경우

$E^o_{Pb^{2+}/Pb^o}$ = −0.125 V이다. 이는 표준 상태에서 반쪽 셀의 계면에서는 환원 반쪽 반응($Pb^{2+} + 2e \rightarrow Pb^o$)이 아니라 산화 반쪽 반응($Pb^o \rightarrow Pb^{2+} + 2e$)이 일어날 수 있으며, 그 산화 반쪽 반응의 추진력은 0.125 V라는 사실을 의미한다.

- 두 가지의 반쪽 반응들을 서로 짝을 지어 산화-환원 반응을 일으키는 경우, 표준 환원 전위가 +방향으로 더 큰 값을 가지는 반쪽 반응은 환원 반쪽 반응 그리고 더 작은 값을 가지는 반쪽 반응은 산화 반쪽 반응을 일으킨다.

$E^o_{Pb^{2+}/Pb^o}$ = −0.125 V인 Pb^o/Pb^{2+} 반쪽 셀과 $E^o_{Cd^{2+}/Cd^o}$ = −0.402 V인 Cd^o/Cd^{2+} 반쪽 셀을 사용하여 전기화학적 셀을 구성하는 경우, +방향으로 더 큰 표준 환원 전위(−0.125 V)를 가진 반쪽 셀에서는 환원 반쪽 반응, 그리고 더 작은 표준 환원 전위(−0.402 V)를 가진 반쪽 셀에서는 산화 반쪽 반응을 일으키게 된다. 따라서 이 두 개의 반쪽 셀들로 구성된 전기화학적 셀에서 진행되는 산화-환원 반응식은

$$Pb^{2+} + Cd^o \rightarrow Pb^o + Cd^{2+}$$

이다.

3.1.2 표준 환원 전위의 활용

산화-환원 반응의 가능성 알아내기

다양한 반쪽 반응들의 표준 환원 전위들은 주어진 두 화학종들 사이에서 산화-환원 반응이 일어날 것인가에 대한 판단을 내릴 수 있는 근거로 활용될 수 있다. 다음은 표준

환원 전위들을 하나의 선상에 표시하여 만든 전위 수치선(potential number line)을 보여준다.

potential number line

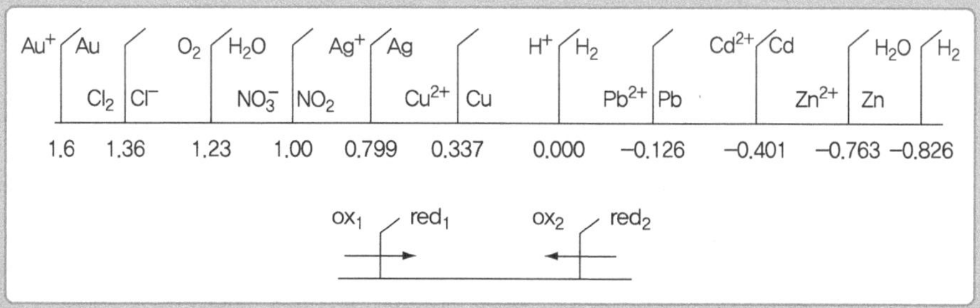

$ox_1 \rightarrow red_1$과 $red_2 \rightarrow ox_2$만이 동시에 일어나면서 산화–환원 반응을 구성할 수 있다.

가. Ag^o, Ag^+ 이온, Pb^o 그리고 Pb^{2+} 이온 사이에서 일어날 수 있는 산화–환원 반응들은 어떤 것(들)일까?

Ag^o + Pb^o: 반응이 일어나지 않는다.
Ag^+ + Pb^{2+}: 반응이 일어나지 않는다.
Ag^o + Pb^{2+}: 반응이 일어나지 않는다.

왜냐하면, 위 세 가지 반응들의 경우, 두 가지의 반응물들이 「⌈」를 중심으로 모두 다 같은 영역(region)에 존재하면서 열역학적으로 안정하기 때문이다. 그러나 Ag^+ + Pb^o의 경우 $2Ag^+ + Pb^o \rightarrow 2Ag^o + Pb^{2+}$과 같은 산화–환원 반응을 일으킬 수 있다.

나. Pb, Cd, Zn, Cu, Ag 그리고 Au 중에서 염산(HCl) 수용액에 녹을 수 있는 금속은 어떤 것들인가?

염산(HCl) 수용액에는 H^+ 이온과 Cl^- 이온이 존재하므로, 이들 이온들과 산화–환원 반응을 일으킬 수 있는 금속들이 HCl 수용액에 녹을 수 있는 것들이다.

- Pb, Cd, Zn, Cu, Ag 그리고 Au 중에서 「⌈」를 중심으로 H^+ 이온의 오른쪽 반대 영역에 있는 금속들인 Pb, Cd 그리고 Zn는 H^+ 이온과 산화–환원 반응을 일으키며 녹지만, Cu, Ag, Au는 녹지 않는다.
- Cl^- 이온의 경우 이들 금속과 산화–환원 반응을 일으키지 못하므로, 금속을 녹이는 과정에서 아무런 역할을 할 수 없다.

다. Pb, Cd, Zn, Cu, Ag, Au 중에서 질산(HNO_3) 수용액에 녹을 수 있는 금속은 어떤 것들인가?

질산(HNO_3) 수용액에는 H^+ 이온과 NO_3^- 이온이 존재하므로, 이들 이온들과 산화-환원 반응을 일으킬 수 있는 금속들이 HNO_3 수용액에 녹을 수 있는 것들이다.

- Pb, Cd, Zn, Cu, Ag 그리고 Au 중에서 「ʃ」를 중심으로 H^+ 이온의 오른쪽 반대 영역에 있는 금속들인 Pb, Cd 그리고 Zn는 H^+ 이온과 산화-환원 반응을 일으키며 녹지만, Cu, Ag, Au는 녹지 않는다.
- 그리고 「ʃ」를 중심으로 NO_3^- 이온의 오른쪽 반대 영역에 있는 금속들인 Cu와 Ag은 NO_3^- 이온과 산화-환원 반응을 일으키며 녹는다. 그러나 Au은 두 가지 이온들(H^+ 이온과 NO_3^- 이온)과 산화-환원 반응을 일으키지 않으므로, HNO_3 수용액에도 녹지 않는다.

산화제와 환원제

주어진 화학종이 좋은 산화제(oxidizing agent) 또는 환원제(reducing agent)가 될 수 있는지를 어떻게 알 수 있을까?

주어진 환원 반쪽 반응의 표준 환원 전위가 +값인 경우 산화된 형태(ox)는 좋은 산화제가 될 수 있고, -값인 경우에는 환원된 형태(red)가 좋은 환원제로 작용할 수 있다.

- $E^\circ \ll 0$이면, red가 좋은 환원제

$Zn^{2+} + 2e \rightleftarrows Zn^\circ$ $E^\circ = -0.763$ V ➡ Zn은 좋은 환원제이다.

$Na^+ + e \rightleftarrows Na^\circ$ $E^\circ = -2.710$ V ➡ Na는 더 강력한 환원제이다.

- $E^\circ \gg 0$이면, ox가 좋은 산화제

$Ag^+ + e \rightleftarrows Ag^\circ$ $E^\circ = 0.799$ V ➡ Ag^+ 이온은 좋은 산화제이다.

$Cl_2 + 2e \rightleftarrows 2Cl^-$ $E^\circ = 1.36$ V ➡ Cl_2는 더 강력한 산화제이다.

- E°가 중간치의 값이면, 산화제와 환원제 모두 다 될 수 있다.

$Cu^{2+} + Zn^\circ \rightleftarrows Cu^\circ + Zn^{2+}$ ➡ Cu^{2+} 이온은 산화제이다.

$2Ag^+ + Cu^\circ \rightleftarrows 2Ag^\circ + Cu^{2+}$ ➡ Cu는 환원제이다.

◎ Nernst식에 적용하여 반쪽 셀의 전극 전위 구하기

가. Nernst식

주어진 반쪽 셀의 전극 전위는 그 반쪽 셀에서 일어날 수 있는 전극 반응의 방향과 추진력을 나타내며, 그 값은 전극 반응에 직접 또는 간접적으로 관여하는 화학종의 농도에 따라 변한다.

다음은 ox + ne ⇄ red와 같은 환원 반쪽 반응이 일어날 수 있는 반쪽 셀의 전극 전위와 환원 반쪽 반응에 관련된 화학종들의 농도사이에서 성립하는 Nernst식을 보여준다.

ox + ne ⇄ red와 같은 반쪽 반응을 적용한 Nernst식은 다음과 같이 표현한다.

$$E_{ox/red} = E^{o}_{ox/red} + (\frac{RT}{nF})\ln(\frac{a_{ox}}{a_{red}})$$

여기서 a_i: 화학종 i의 활동도(activity) = $f_i[i]$

f_i: i의 활동도 계수(activity coefficient)

$[i]$: i의 몰농도

$$E_{ox/red} = E^{o}_{ox/red} + (\frac{RT}{nF})\ln(\frac{f_{ox}[ox]}{f_{red}[red]})$$

$$E_{ox/red} = E^{o}_{ox/red} + (\frac{RT}{nF})\ln(\frac{f_{ox}}{f_{red}}) + (\frac{RT}{nF})\ln(\frac{[ox]}{[red]})$$

$$E_{ox/red} = E^{o'}_{ox/red} + (\frac{RT}{nF})\ln(\frac{[ox]}{[red]})$$

여기서 $E^{o'}_{ox/red} = E^{o}_{ox/red} + (\frac{RT}{nF})\ln(\frac{f_{ox}}{f_{red}})$

: 형식 전위(formal potential)라고 하며, 나중에 자세히 다룬다.

만일 $f_{ox} = f_{red}$ 또는 $f_{ox} = f_{red} \fallingdotseq 1$이면,

$$E_{ox/red} = E^{o}_{ox/red} + (\frac{RT}{nF})\ln(\frac{[ox]}{[red]})$$

가 되고, 25°C 수용액에서는

(R : 8.314 J/mol · K, T : 298K, F : 96,520 C/mol)

$$\mathbf{E_{ox/red} = E^{o}_{ox/red} = \frac{0.0591}{n}\log\frac{[ox]}{[red]}}$$

와 같은 간편한 Nernst식이 얻어진다.

나. Nernst식의 의미

$$E_{ox/red} = E^{o}_{ox/red} = \frac{0.0591}{n} \log \frac{[ox]}{[red]}$$

■ 첫 번째 의미

주어진 전극 반응이 Nernst식을 따르는 경우, 그 반응은 전기화학적으로 가역적 반응(reversible reaction)이다.

가역성(reversibility)에 관하여

- $H_2(g) + 2AgCl(s) \rightarrow 2Ag(s) + 2H^+(aq) + 2Cl^-(aq)$와 같은 산화–환원 반응이 일어나는 cell의 경우

  이러한 반응에 의해 발생하는 셀 전위보다 더 큰 전압을 반대방향으로 걸어주면, 다음과 같은 역반응이 일어날 수 있다.

  $2Ag(s) + 2H^+(aq) + 2Cl^-(aq) \rightarrow H_2(g) + 2AgCl(s)$

  따라서 이 cell에서 일어날 수 있는 산화–환원 반응은 가역적인 반응이므로 다음과 같은 반응식으로 표현할 수 있다.

  $H_2(g) + 2AgCl(s) \rightleftarrows 2Ag(s) + 2H^+(aq) + 2Cl^-(aq)$

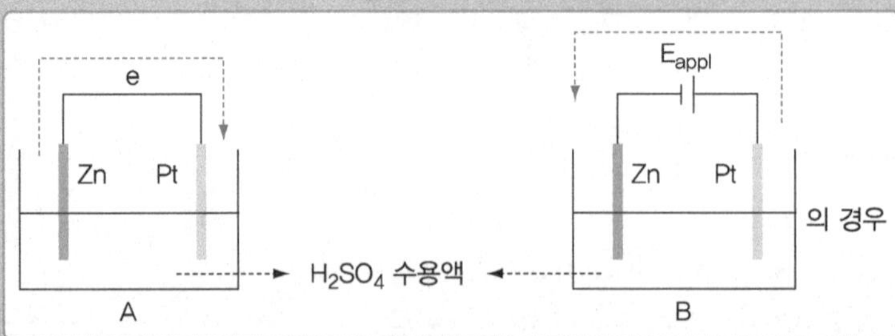

  A의 경우 다음과 같은 산화–환원 반응이 자발적으로 일어나면서

  $Zn(s) + 2H^+(aq) \rightarrow H_2(g) + Zn^{2+}(aq)$

  Zn 반쪽 셀로부터 Pt 반쪽 셀로 전자들이 이동한다. 즉, Zn 반쪽 셀의 계면에서는 Zn의 산화 반쪽 반응($Zn \rightarrow Zn^{2+} + 2e$)이 일어나고, Pt 반쪽 셀에서는 수용액 중 H^+ 이온의 환원 반쪽 반응($2H^+ + 2e \rightarrow H_2$)이 일어난다.
  그러나 B에서처럼 외부 회로에 설치된 전원을 사용하여 적절한 크기의 전기 에너지(전압)를 걸어 주어 전자의 흐름을 반대로 바꾸어주면, 셀에서는 다음과 같은 산화–환원 반응이 일어나게 된다.

Zn 반쪽 셀에서의 환원 반쪽 반응: $2H^+(aq) + 2e \rightarrow H_2(g)$
Pt 반쪽 셀에서의 산화 반쪽 반응: $2H_2O(l) \rightarrow O_2(g) + 4H^+(aq) + 4e$

산화–환원 반응: $2H_2O(l) \rightarrow 2H_2(g) + O_2(g)$

그러므로 이 경우 산화–환원 반응은 비가역적 반응(irreversible reaction)이다.

■ 두 번째 의미

「$ox + ne \rightleftarrows red$」와 같은 가역적인 반응은 그 속도가 충분히 빠르다. 따라서 계면에서 ox나 red의 농도 변화가 일어나면, ox와 red 사이의 평형이 신속하게 다시 성립한다. 다시 말해 주어진 반쪽 셀의 계면에서 ox와 red의 농도 비가 변하면, 해당 반쪽 셀의 전극 전위는 Nernst식에 따라 결정되는 새로운 값을 가지게 된다.

■ 세 번째 의미

외부에서 주어진 반쪽 셀의 계면으로 전기 에너지가(전압이) 가해지면, 그 계면에 존재하는 ox나 red의 농도가 변하게 된다. 다시 말해 외부에서 전기 에너지가 공급되면, 계면에서는 ox와 red의 새로운 농도비가 성립하고, 그 값은 Nernst식에 의해 결정된다.

다. 반쪽 셀의 전극 전위 구하기

다음은 표준 상태에 있지 않은 반쪽 셀의 전극 전위(환원 전위)를 구하는 과정에서 반쪽 셀의 표준 환원 전위와 Nernst식을 사용하는 몇 가지 예들을 보여준다.

예제 3-1

$Cd(s)/Cd^{2+}(aq, 0.010\ M)$ 반쪽 셀의 전극 전위를 구하시오.

풀이 전극 반응: $Cd^{2+} + 2e \rightleftarrows Cd(s)$

$$E_{Cd^{2+}/Cd^o} = E^o{}_{Cd^{2+}/Cd^o} + (\frac{0.0591}{2})\log\frac{[Cd^{2+}]}{[Cd^o]}$$

$$E_{Cd^{2+}/Cd^o} = -0.402 + (\frac{0.0591}{2})\log(\frac{0.010}{1}) = -0.461\ V$$

예제 3-2

$Ag(s)/AgCl(s)/Cl^-(0.010\ M)$ 반쪽 셀의 전극 전위를 구하시오.

풀이 전극 반응:

(a) $AgCl(s) \rightleftarrows Ag^+ + Cl^-$ $\quad K_{sp} = [Ag^+][Cl^-] = 1.8 \times 10^{-10}$

$Ag^+ + e \rightleftarrows Ag^o$ $\quad E^o_{Ag^+/Ag^o} = 0.799\ V$

(b) $AgCl(s) + e \rightleftarrows Ag^o + Cl^-$ $\quad E^o_{AgCl/Ag^o,\ Cl^-} = 0.222\ V$

전극 반응 (a)를 사용하는 경우의 전극 전위

$$E_{Ag^+/Ag^o} = E^o_{Ag^+/Ag^u} + (\frac{0.0591}{1})\log[Ag^+]$$

$$= 0.799 + (\frac{0.0591}{1})\log(\frac{K_{sp}}{[Cl^-]})$$

$$= 0.799 + (\frac{0.0591}{1})\log\{\frac{(1.8\times10^{-10})}{(0.010)}\} = 0.340\ V$$

전극 반응 (b)를 사용하는 경우의 전극 전위

$$E_{AgCl/Ag^o,Cl^-} = E^o_{AgCl/Ag^o,\ Cl^-} + (\frac{0.0591}{1})\log(\frac{1}{[Cl^-]})$$

$$= 0.222 + (\frac{0.0591}{1})\log(\frac{1}{0.010}) = 0.340\ V$$

3.1.3 표준 셀 전위와 셀 전위

두 개의 반쪽 셀들을 사용하여 전기화학적 셀을 구성하는 경우, 그 셀에서 일어나게 될 산화–환원 반응의 잠재력을 셀 전위(cell potential)라 한다. 그리고 산화–환원 반응에 관련된 모든 화학종들이 표준 상태에 있는 경우 산화–환원 반응의 잠재력을 표준 셀 전위(standard cell potential)라 한다.

주어진 전기화학적 셀에서 환원 반쪽 반응이 일어나는 반쪽 셀은 cathode(음극)라 하고, 산화 반쪽 반응이 진행되는 반쪽 셀은 anode(양극)라 부른다. 그리고 두 개의 반쪽 셀들로 구성된 전기화학적 셀의 셀 전위는 환원 반쪽 반응이 일어나는 반쪽 셀의 전극 전위와 산화 반쪽 반응이 일어나는 반쪽 셀의 전극 전위 사이의 차이로 구한다.

● 표준 셀 전위(E^o_{cell}) 구하기

주어진 전기화학적 셀의 표준 셀 전위를 구하기 위해서는 각 반쪽 셀들의 표준 환원 전위들을 구한 후, 환원 반쪽 반응이 일어나는 반쪽 셀의 표준 환원 전위로부터 산화 반쪽 반응이 일어나는 반쪽 셀의 표준 환원 전위를 빼준다.

E^o_{cell} = (환원 반쪽 반응이 일어나는 반쪽 셀의 표준 환원 전위)
− (산화 반쪽 반응이 일어나는 반쪽 셀의 표준 환원 전위)
$= E^o_{cathode} - E^o_{anode}$

예제 3-3

Ag(s)/AgCl(s) 반쪽 셀과 Cd(s)/$CdCl_2$(aq, 0.0167 M) 반쪽 셀로 구성된 전기화학적 셀의 표준 셀 전위를 구하시오. 단, $E^o_{AgCl/Ag^o,\ Cl^-} = 0.222$ V, $E^o_{Cd^{2+}/Cd^o} = -0.402$ V이다.

풀이 표준 환원 전위를 비교해 보면, $E^o_{AgCl/Ag^o,\ Cl^-}$가 $E^o_{Cd^{2+}/Cd^o}$보다 더 크다. 따라서

Ag(s)/AgCl(s) 반쪽 셀: cathode
Cd(s)/$CdCl_2$(aq, 0.0167 M) 반쪽 셀: anode

로 취급할 수 있다. 이제 다음과 같이 표준 셀 전위를 구한다.

$$\therefore E^o_{cell} = E^o_{AgCl/Ag^o,Cl^-} - E^o_{Cd^{2+}/Cd^o} = 0.222\ \text{V} - (-0.402\ \text{V}) = 0.624\ \text{V}$$

셀 전위 구하기

주어진 전기화학적 셀의 셀 전위를 구하기 위해서는 각 반쪽 셀들의 전극 전위를 구한 후, 환원 반쪽 반응이 일어나는 반쪽 셀의 전극 전위로부터 산화 반쪽 반응이 일어나는 반쪽 셀의 전극 전위를 빼어준다.

E_{cell} = (환원 반쪽 반응이 일어나는 전극의 전극 전위)
− (산화 반쪽 반응이 일어나는 전극의 전극 전위)
= $E_{cathode} - E_{anode}$

예제 3-4

Ag(s)/AgCl(s)/$CdCl_2$(aq, 0.0167 M)/Cd(s)의 셀 전위를 구하시오.

풀이 $E^o_{AgCl/Ag^o,\ Cl^-} > E^o_{Cd^{2+}/Cd^o}$이므로

Ag(s)/AgCl(s) 반쪽 셀: cathode
Cd(s)/$CdCl_2$(aq, 0.0167 M) 반쪽 셀: anode

그리고

$$E_{cell} = E_{cathode} - E_{anode} = E_{AgCl/Ag^o,Cl^-} - E_{Cd^{2+}/Cd^o}$$

이고

$$E_{AgCl/Ag^o,Cl^-} = E^o_{AgCl/Ag^o,Cl^-} + (\frac{0.0591}{2})\log(\frac{1}{[Cl^-]^2})$$

$$E_{Cd^{2+}/Cd^o} = E^o_{Cd^{2+}/Cd^o} - (\frac{0.0591}{2})\log[Cd^{2+}]$$

이므로, 다음과 같이 셀 전위를 구한다.

$$E_{cell} = E_{AgCl/Ag^o,Cl^-} - E_{Cd^{2+}/Cd^o}$$

$$= E^o_{AgCl/Ag^o,Cl^-} + (\frac{0.0591}{2})\log(\frac{1}{[Cl^-]^2}) - (E^o_{Cd^{2+}/Cd^o} - (\frac{0.0591}{2})\log[Cd^{2+}])$$

$$= (E^o_{AgCl/Ag^o,Cl^-} - E^o_{Cd^{2+}/Cd^o}) + (\frac{0.0591}{2})\log(\frac{1}{[Cd^{2+}][Cl^-]^2})$$

$$= (0.222 + 0.402) + (\frac{0.0591}{2})\log\{\frac{1}{(0.0167)(0.0167\times2)^2}\}$$

$$= 0.764\ V$$

3.2 Nernst식의 응용 – 평형 상수(K_{eq}) 구하기

3.2.1 산화–환원 반응의 평형 상수

반쪽 셀의 표준 환원 전위와 Nernst식을 사용하면, 산화–환원 반응의 평형 상수를 구할 수 있다.

예를 들어

$$Cu^o + 2Fe^{3+} \rightleftarrows Cu^{2+} + 2Fe^{2+}\ (E^o_{Cu^{2+}/Cu^o} = 0.337\ V,\ \ E^o_{Fe^{3+}/Fe^{2+}} = 0.770\ V)$$

와 같은 산화–환원 반응의 평형 상수는 다음과 같이 구할 수 있다.

$$Cu^o + 2Fe^{3+} \rightleftarrows Cu^{2+} + 2Fe^{2+} \qquad K_{eq} = \frac{[Cu^{2+}][Fe^{2+}]^2}{[Fe^{3+}]^2}$$

$$E_{cell} = E_{Fe^{3+}/Fe^{2+}} - E_{Cu^{2+}/Cu^o}$$

$$= E^o_{Fe^{3+}/Fe^{2+}} + (\frac{0.0591}{2})\log(\frac{[Fe^{3+}]^2}{[Fe^{2+}]^2}) - (E^o_{Cu^{2+}/Cu^o} - (\frac{0.0591}{2})\log[Cu^{2+}])$$

$$= (E^o_{Fe^{3+}/Fe^{2+}} - E^o_{Cu^{2+}/Cu^o}) + (\frac{0.0591}{2})\log(\frac{[Fe^{3+}]^2}{[Fe^{2+}]^2[Cu^{2+}]})$$

$$= E^{o}_{cell} + (\frac{0.0591}{2})\log(\frac{[Fe^{3+}]^2}{[Fe^{2+}]^2[Cu^{2+}]})$$

$$= E^{o}_{cell} + (\frac{0.0591}{2})\log(\frac{1}{K_{eq}})$$

그런데 주어진 산화-환원 반응이 평형에 도달한다는 것은, 셀 전위가 0 V로 변한다는 것이다. 따라서

$$E_{cell} = 0 = E^{o}_{cell} + (\frac{0.0591}{2})\log(\frac{1}{K_{eq}})$$

$$0 = 0.433 - (\frac{0.0591}{2})\log K_{eq}$$

$$\therefore K_{eq} = 10^{\frac{2(0.433)}{0.0591}}$$

$$= 4.5\times10^{14}$$

이 풀이 과정을 잘 살펴보면,

$$K_{eq} = 10^{(\frac{nE^{o}_{cell}}{0.0591})}$$

와 같은 식이 성립함을 알 수 있다. 다시 말해 주어진 산화-환원 반응에 관련된 전자의 몰수(n)와 표준 셀 전위(E^{o}_{cell})를 알 수 있다면, 그 산화-환원 반응의 평형 상수는 다음과 같이 $K_{eq} = 10^{(\frac{nE^{o}_{cell}}{0.0591})}$ 을 사용하여 구할 수 있는 것이다. 앞의 예에 적용해 보자.

$Cu^{o} + 2Fe^{3+} \rightleftarrows Cu^{2+} + 2Fe^{2+}$와 같은 산화-환원 반응의 경우
($E^{o}_{Cu^{2+}/Cu^{o}} = 0.337$ V, $E^{o}_{Fe^{3+}/Fe^{2+}} = 0.770$ V)

E^{o}_{cell} = (환원 반쪽 반응이 일어나는 전극의 표준 전극 전위)
- (산화 반쪽 반응이 일어나는 전극의 표준 전극 전위)
= (표준 환원 전위가 더 큰 반쪽 셀의 표준 환원 전위)
- (표준 환원 전위가 더 작은 반쪽 셀의 표준 환원 전위)
$= E^{o}_{Fe^{3+}/Fe^{2+}} - E^{o}_{Cu^{2+}/Cu^{o}} = 0.770\text{ V} - 0.337\text{ V} = 0.433\text{ V}$

그리고 산화-환원 반응에 관련된 전자의 몰수는 2 mol(n = 2)이므로

$$\therefore K_{eq} = 10^{(\frac{nE^{o}_{cell}}{0.0591})} = 10^{2\frac{(0.433)}{0.0591}} = 4.5\times10^{14}$$

3.2.2 약산의 K_a 구하기

다음은 그림 3.3에 나타낸 전기화학적 셀 Ag(s)/AgCl(s)/KCl(0.10 M)//CH_3COOH (0.050 M), CH_3COONa(0.0050 M)/H_2(g, 1 atm)/Pt의 셀 전위가 0.503 V로 측정되는 경우, 아세트산의 K_a를 구하는 과정을 보여준다.

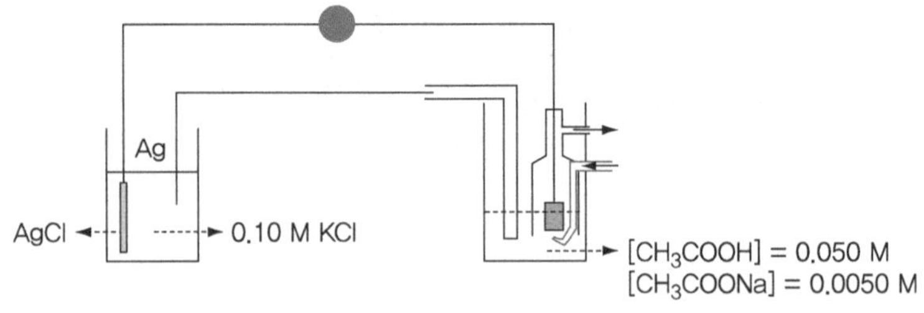

그림 3.3 아세트산의 해리 상수 구하기

왼쪽 반쪽 셀의 전극 반응과 표준 환원 전위:

$$AgCl + e \rightleftarrows Ag^{o} + Cl^{-} \qquad E^{o}_{AgCl/Ag^{o},Cl^{-}} = 0.222\ V$$

오른쪽 반쪽 셀의 전극 반응과 표준 환원 전위:

$$2H^{+} + 2e \rightleftarrows H_2 \qquad E^{o}_{H^{+}/H_2} = 0.000\ V$$

$$\begin{aligned}E_{cell} &= E_{cathode} - E_{anode}\\ &= E_{AgCl/Ag^{o},Cl^{-}} - E_{H^{+}/H_2}\\ &= E^{o}_{AgCl/Ag^{o},Cl^{-}} + (\frac{0.0591}{2})\log(\frac{1}{[Cl^{-}]^2}) - \{E^{o}_{H^{+}/H_2} + (\frac{0.0591}{2})\log[H^{+}]^2\}\\ &= (E^{o}_{AgCl/Ag^{o},Cl^{-}} - E^{o}_{H^{+}/H_2}) + (\frac{0.0591}{2})\log(\frac{1}{[H^{+}]^2[Cl^{-}]^2})\end{aligned}$$

그런데 E_{cell} = 0.503 V이므로

$$\begin{aligned}0.503 &= (E^{o}_{AgCl/Ag^{o},Cl^{-}} - E^{o}_{H^{+}/H_2}) + (\frac{0.0591}{2})\log(\frac{1}{[H^{+}]^2[Cl^{-}]^2})\\ &= (0.222 - 0.000) + (\frac{0.0591}{2})\log\{\frac{1}{[H^{+}]^2(0.10)^2}\}\end{aligned}$$

$\Rightarrow [H^{+}] = 1.76\times10^{-4}$ M이다.

오른쪽 반쪽 셀(수소 전극)을 구성하는 수용액은 CH_3COOH/CH_3COO^{-} 완충 용액이고, 이 완충 용액의 pH는

$$pH = pK_a + \log\frac{[CH_3COO^{-}]}{[CH_3COOH]}$$

와 같이 표현할 수 있다. 따라서 $[H^+]$, $[CH_3COOH]$ 그리고 $[CH_3COO^-]$의 값을 대입하면, 약산인 CH_3COOH의 해리 상수(K_a)를 구할 수 있다.

$$pH = pK_a + \log\frac{[CH_3COO^-]}{[CH_3COOH]}$$

$$-\log(1.76\times10-4) = -\log K_a + \log\frac{(0.0050)}{(0.050)}$$

$$3.754 = -\log K_a + (-1.00)$$

$$-\log K_a = 3.754 + 1.00 = 4.75$$

$$\therefore\ K_a = 10^{-(4.75)} = 1.8\times10^{-5}$$

3.2.3 금속-edta 착이온(MY^{n-4})의 생성 상수(K_f) 구하기

다음은 그림 3.4에 나타낸 「$Pt(s)/H_2(g,\ 1\ atm)//50$ mL of 0.010 M $HgCl_2$ + 40 mL of 0.050 M EDTA, 10.0 mL of buffer (pH = 6.0)/Hg(l)/Pt」와 같은 전기화학적 셀의 셀 전위가 0.333 V로 측정되는 경우, HgY^{2-}의 K_f를 구해보자. 단, pH = 6.00에서 Y^{4-}의 분율($\alpha_{Y^{4-}}$)은 2.3×10^{-5}이다.

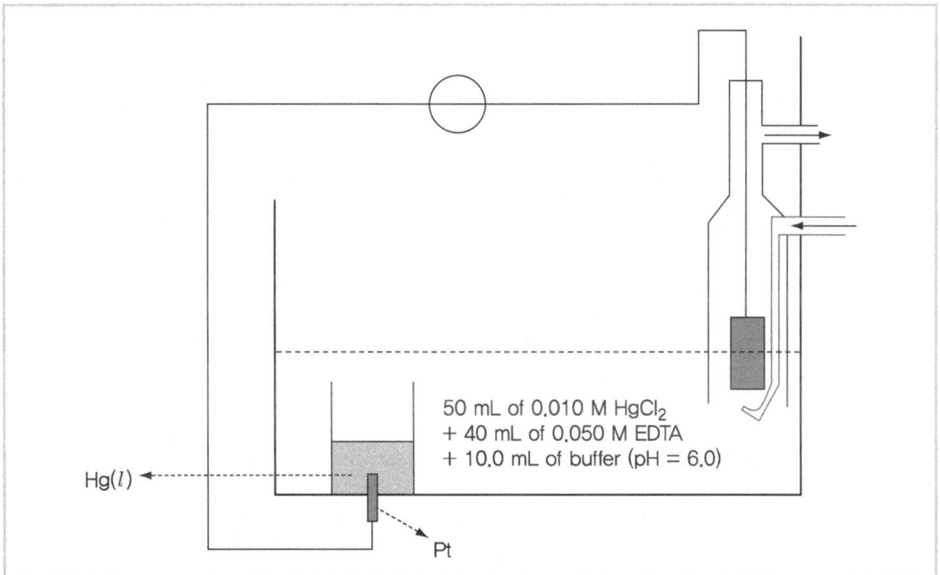

그림 3.4 HgY^{2-}의 K_f 구하기

이 전기화학적 셀에 관련된 반쪽 반응들과 표준 환원 전위 그리고 HgY^{2-} 착이온 생성 반응과 그 평형 상수(생성 상수, K_f)는 다음과 같다.

$$Hg^{2+} + 2e \rightleftarrows Hg(l) \qquad E^{o}_{Hg^{2+}/Hg} = 0.854\ V$$

$$2H^{+} + 2e \rightleftarrows H_2(g) \qquad E^{o}_{H^{+}/H^{2}} = 0.000\ V$$

$$Hg^{2+} + Y^{4-} \rightleftarrows HgY^{2-} \qquad K_f = \frac{[HgY^{2-}]}{[Hg^{2+}][Y^{4-}]}$$

그런데 HgY^{2-} 착이온의 생성 상수(K_f)의 경우

$$[Y^{4-}] = \alpha_{Y^{4-}}[EDTA]$$

$$(\because \text{EDTA 수용액에서 } Y^{4-} \text{ 이온의 분율} = \alpha_{Y^{4-}} = \frac{[Y^{4-}]}{[EDTA]})$$

이므로

$$K_f = \frac{[HgY^{2-}]}{[Hg^{2+}]\alpha_{Y^{4-}}[EDTA]}$$

와 같이 바꾸어 표현할 수 있다.

그리고 셀에서 일어나는 산화–환원 반응은

$$Hg^{2+} + H_2(g) = Hg(l) + 2H^{+}$$

와 같이 나타낼 수 있으므로, 셀 전위를 얻는 식으로부터 Hg^{2+} 이온의 농도를 구할 수 있다.

$$E_{cell} = E^{o}_{Hg^{2+}/Hg} + (\frac{0.0591}{2})\log(\frac{[Hg^{2+}]P_{H_2}}{[H^{+}]})$$

$$0.333 = 0.854 + (\frac{0.0591}{2})\log\{\frac{[Hg^{2+}](1.00)}{(1.00)^2}\}$$

$$\Rightarrow [Hg^{2+}] = 2.34\times10^{-18}\ M$$

이제 HgY^{2-} 착이온의 생성 상수(K_f) 표현식에 다음의 값들을 대입하여, K_f의 값을 구한다.

$$[HgY^{2-}] = \frac{(0.0100\ M)(50.0\ mL)}{(100.0\ mL)} = 0.00500\ M$$

$$[Hg^{2+}] = 2.34\times10^{-18}\ M \qquad \alpha_{Y^{4-}} = 2.3\times10^{-5}$$

$$[EDTA] = \frac{\{(0.0500\ M)(40.0\ mL) - (0.0100\ M)(50.0\ mL)\}}{(100.0\ mL)} = 0.0150\ M$$

$$\therefore K_f = \frac{[HgY^{2-}]}{[Hg^{2+}]\alpha_{Y^{4-}}[EDTA]} = 6.2\times10^{21}$$

연습문제

1. $[Fe^{3+}]$ = 0.30 M 그리고 $[Fe^{2+}]$ = 0.20 M인 수용액에 백금(Pt) 전극을 접촉시켜 구성한 반쪽 셀의 전극 전위를 구하시오. (단, $Fe^{3+} + e \rightleftarrows Fe^{2+}$, $E^o_{Fe^{3+}/Fe^{2+}} = 0.77\ V$)

풀이 $E_{Fe^{3+}/Fe^{2}} = E^o_{Fe^{3+}/Fe^{2+}} + (\frac{0.0591}{1})\log(\frac{[Fe^{3+}]}{[Fe^{2+}]})$

$$= 0.77 + (0.0591)\log(\frac{0.30}{0.20}) = 0.78\ V$$

2. 0.00500 M의 Cu^{2+} 이온 수용액과 구리 전극이 접촉하고 있는 형태의 반쪽 셀이 가지는 전극 전위를 구하시오. (단, $Cu^{2+} + 2e \rightleftarrows Cu(s)$, $E^o_{Cu^{2+}/Cu^o} = 0.337\ V$)

풀이 $E_{Cu^{2+}/Cu^o} = E^o_{Cu^{2+}/Cu^o} + (\frac{0.0591}{2})\log[Cu^{2+}]$

$$= 0.337 + (\frac{0.0591}{2})\log(0.00500) = 0.269\ V$$

3. 0.0100 M HCl 수용액에 백금 전극이 담겨져 있고, 부분 압력이 0.944 atm인 H_2 기체가 수용액 속 백금 전극의 주위에 공급되고 있다. 이 반쪽 셀(수소 전극)의 전극 전위를 구하시오.

풀이 전극 반응: $2H^+ + 2e \rightleftarrows H_2(g)$

$$E_{Pt} = E^o_{H^+/H_2} + (\frac{0.0591}{2})\log(\frac{[H^+]^2}{P_{H2}})$$

$$= 0.000 + (\frac{0.0591}{2})\log\{\frac{(0.0100)^2}{(0.944)}\} = -\ 0.117\ V$$

4. MnO_4^- 이온의 농도는 0.00200 M이고, Mn^{2+} 이온의 농도는 0.00500 M인 0.010 M $HClO_4$ 수용액에 백금 전극이 담긴 형태의 반쪽 셀이 가지게 될 전극 전위를 구하시오. (단, $MnO_4^- + 8H^+ + 5e \rightleftarrows Mn^{2+} + 4H_2O(l)$, $E^o_{MnO^{4-}/Mn^{2+}} = 1.507\ V$)

풀이 $E_{Pt} = E^o_{MnO_4^-/Mn^{2+}} + (\frac{0.0591}{5})\log(\frac{[MnO_4^-][H^+]^8}{[Mn^{2+}]})$

$$= 1.507 + (\frac{0.0591}{5})\log\{\frac{(0.00200)(0.0100)^8}{(0.00500)}\} = 1.313\ V$$

5. Pt/H_2(0.962 atm), $HClO_4$(0.00500 M)//$AgNO_3$(0.00200 M)/Ag의 셀 전위를 구하시오.

풀이 $E_{Pt} = E^o_{H^+/H_2} + (\frac{0.0591}{2})\log(\frac{[H^+]^2}{P_{H_2}})$

$= 0.000 + (\frac{0.0591}{2})\log\{\frac{(0.00500)^2}{(0.962)}\} = -0.135\ V$

$E_{Ag^+/Ag^o} = E^o_{Ag^+/Ag^o} + (\frac{0.0591}{2})\log(\frac{[Ag^+]^2}{1})$

$= E^o_{Ag^+/Ag^o} + (0.0591)\log[Ag^+] = 0.779 + (0.0591)\log(0.00200)$

$= 0.619\ V$

$\therefore E_{cell} = E_{cathode} - E_{anode}$

$= E_{Ag^+/Ag^o} - E_{Pt} = 0.639 - (-0.135) = 0.774\ V$

6. Zn/$Zn(ClO_4)_2$(0.0400 M)//KI_3(0.0100 M), KI(0.110 M)/Pt의 셀 전위를 구하시오. (단, $Zn^{2+} + 2e \rightleftarrows Zn^o$, $E^o_{Zn^{2+}/Zn^o} = -0.762\ V$, $I_3^- + 2e \rightleftarrows 3I^-$, $E^o_{I_3^-/I^-} = 0.535\ V$)

풀이 $E_{Zn^{2+}/Zn^o} = E^o_{Zn^{2+}/Zn^o} + (\frac{0.0591}{2})\log([Zn^{2+}])$

$= -0.762 + (\frac{0.0591}{2})\log(0.0400) = -0.803\ V$

$E_{I_3^-/I^-} = E^o_{I_3^-/I^-} + (\frac{0.0591}{2})\log(\frac{[I_3^-]}{[I^-]^3})$

$= 0.535 + (\frac{0.0591}{2})\log\{\frac{(0.0100)}{(0.110)^3}\} = 0.561\ V$

$\therefore E_{cell} = E_{cathode} - E_{anode}$

$= E_{I_3^-/I^-} - E_{Zn^{2+}/Zn^o} = 0.561 - (-0.803) = 1.364\ V$

7. $Cd + 2Fe^{3+} \rightleftarrows Cd^{2+} + 2Fe^{2+}$와 같은 산화–환원 반응의 평형 상수를 구하시오.

풀이 산화–환원 반응의 평형 상수는

$$K_{eq} = \frac{[Cd^{2+}][Fe^{2+}]^2}{[Fe^{3+}]^2}$$

이고, 각 반쪽 셀들의 전극 전위들과 셀 전위는 다음과 같이 구한다.

$E_{Fe^{3+}/Fe^{2+}} = E^o_{Fe^{3+}/Fe^{2+}} + (\frac{0.0591}{2})\log(\frac{[Fe^{3+}]}{[Fe^{2+}]})$

$= 0.77 + (\frac{0.0591}{2})\log(\frac{[Fe^{3+}]}{[Fe^{2+}]})$

$$E_{Cd^{2+}/Cd^o} = E^o_{Cd^{2+}/Cd^o} + (\frac{0.0591}{2})\log([Cd^{2+}])$$

$$= -0.402 + (\frac{0.0591}{2})\log([Cd^{2+}])$$

$$E_{cell} = E_{Fe^{3+}/Fe^{2+}} - E_{Cd^{2+}/Cd^o}$$

$$= 0.77 - (-0.402) + (\frac{0.0591}{2})\log(\frac{[Fe^{3+}]^2}{[Fe^{2+}]^2[Cd^{2+}]})$$

$$= 0.77 + (\frac{0.0591}{2})\log(\frac{1}{K_{eq}})$$

그런데 평형에서는 E_{cell} = 0.000 V라는 개념을 적용하여 평형 상수를 구한다.

$$0.000 = 1.17 + (\frac{0.0591}{2})\log(\frac{1}{K_{eq}})$$

$$\therefore K_{eq} = 3.93 \times 10^{39}$$

8. 다음과 같은 정보를 사용하여 AgCl(s)의 K_{sp}를 구하시오.

풀이 $AgCl(s) + e \rightleftarrows Ag^o + Cl^-$ $\quad E^o_{AgCl(s)/Ag^o,Cl^-} = 0.222$ V

$Ag^+ + e \rightleftarrows Ag^o$ $\quad E^oA_{g^+/Ag^o} = 0.799$ V

두 가지의 반쪽 반응들을 사용하면, 다음과 같은 셀 반응을 나타낼 수 있다.

$Ag^o + Cl^- \rightleftarrows AgCl(s) + e$	$E^o = -0.222$ V
$Ag^+ + e \rightleftarrows Ag^o$	$E^o = 0.799$ V
$Ag^+ + Cl^- \rightleftarrows AgCl(s)$	$E^o_{cell} = 0.577$ V

∵ 두 개의 반쪽 반응을 합쳐 하나의 redox reaction(cell reaction)을 완성하는 경우 표준 환원 전위의 값이 +로 더 큰 반쪽 반응은 그대로 환원 반쪽 반응의 형식으로, 상대방 반쪽 반응은 산화 반쪽 반응의 형식으로 바꾸어 표현하여 두 반쪽 반응들을 합쳐준다.

이제 다음과 같이 평형 상수를 구할 수 있다.

$$K_{eq} = 10^{(\frac{0.577}{0.0591})} = 5.80 \times 10^9 = \frac{1}{K_{sp}}$$

$$\therefore K_{sp} = \frac{1}{K_{eq}} = \frac{1}{(5.80 \times 10^9)} = 1.72 \times 10^{-10}$$

9. 다음과 같은 전기화학적 셀과 주어진 정보들로부터 AgI의 K_{sp}를 구하시오.

$$AgI(s) + e \rightleftarrows Ag^{o} + I^{-},\ E^{o} = -0.152\ V$$
$$Ag^{+} + e \rightleftarrows Ag^{o},\ E^{o} = 0.799\ V$$
$$AgI(s) \rightleftarrows Ag^{+} + I^{-},\ K_{sp} = [Ag^{+}][I^{-}]$$

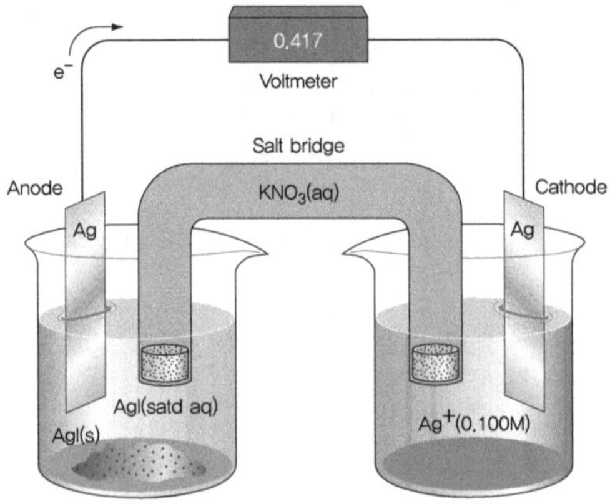

풀이 (방법 1: 왼쪽 반쪽 셀에 $AgI(s) + e \rightleftarrows Ag^{o} + I^{-}$ 반쪽 반응을 사용)

왼쪽 반쪽 셀의 경우

$$E_{AgI(s)/Ag^{o},I^{-}} = E^{o}_{AgI(s)/Ag^{o},I^{-}} + (0.0591)\log(\frac{1}{[I^{-}]})$$
$$= -0.152 + (0.0591)\log(\frac{1}{[I^{-}]})$$

오른쪽 반쪽 셀의 경우

$$E_{Ag^{+}/Ag^{o}} = E^{o}_{Ag^{+}/Ag^{o}} + (0.0591)\log([Ag^{+}])$$
$$= E^{o}_{Ag^{+}/Ag^{o}} + (0.0591)\log(0.100) = 0.740\ V$$

셀 전위의 경우

$$E_{cell} = \text{오른쪽 반쪽 셀의 전극 전위} - \text{왼쪽 반쪽 셀의 전극 전위}$$
$$= E_{Ag^{+}/Ag^{o}} - E_{AgI(s)/Ag^{o},I^{-}}$$

이므로

$$0.417 = 0.740 + 0.152 - (0.0591)\log(\frac{1}{[I^{-}]})$$
$$= 0.892 + (0.0591)\log([I^{-}])$$
$$= 0.892 + (0.0591)\log(K_{sp}^{\frac{1}{2}})\ (\because [I^{-}] = K_{sp}^{\frac{1}{2}})$$
$$-0.475 = (0.0591)\log(K_{sp}^{\frac{1}{2}})$$
$$10^{-8.04} = K_{sp}^{\frac{1}{2}}$$
$$\therefore K_{sp} = 8.3\times10^{-17}$$

(방법 2: 왼쪽 반쪽 셀에 $Ag^{+} + e \rightleftarrows Ag^{o}$ 반쪽 반응을 사용)

오른쪽 반쪽 셀의 경우

$$E_{Ag^{+}/Ag^{o}} = E^{o}_{Ag^{+}/Ag^{o}} + (0.0591)\log([Ag^{+}])$$
$$= E^{o}_{Ag^{+}/Ag^{o}} + (0.0591)\log(0.100)$$

왼쪽 반쪽 셀의 경우

$$E_{Ag^{+}/Ag^{o}} = E^{o}_{Ag^{+}/Ag^{o}} + (0.0591)\log([Ag^{+}])$$
$$= E^{o}_{Ag^{+}/Ag^{o}} + (0.0591)\log(K_{sp}^{\frac{1}{2}})$$

셀 전위 = 오른쪽 반쪽 셀의 전위 - 왼쪽 반쪽 셀의 전위

$$0.417 = E^{o}_{Ag^{+}/Ag^{o}} + (0.0591)\log([Ag^{+}]) - E^{o}_{Ag^{+}/Ag^{o}} - (0.0591)\log(K_{sp}^{\frac{1}{2}})$$

$$0.417 = (0.0591)\log(\frac{0.100}{K_{sp}^{\frac{1}{2}}})$$

$$10^{7.06} = (\frac{0.100}{K_{sp}^{\frac{1}{2}}})$$

$$\therefore K_{sp} = 8.3\times10^{-17}$$

제4장

전기화학적 분석의 기본 개념(III)

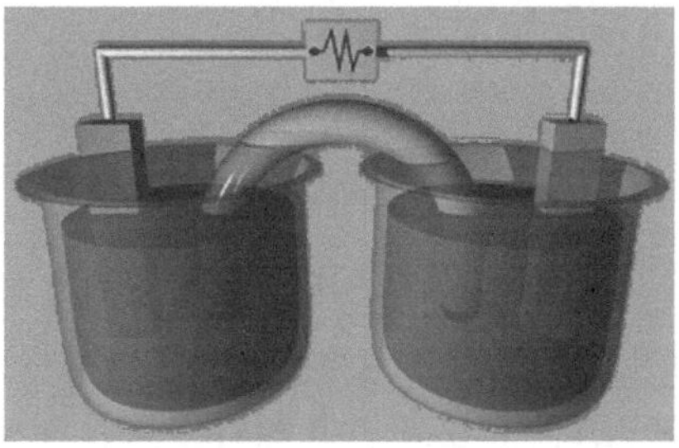

4.1 형식 전위

3장에서 25°C 수용액에서 주어진 반쪽 셀의 계면에서 일어날 수 있는 ox + ne ⇄ red와 같은 전극 반응의 잠재력인 전극 전위($E_{ox/red}$)에 관한 Nernst식은 다음과 같이 표현할 수 있음을 익혔다.

$$E_{ox/red} = E^{o}_{ox/red} + \frac{0.0591}{n} \log \frac{[ox]}{[red]}$$

그리고 주어진 반쪽 셀의 계면에서 일어날 수 있는 전극 반응에 직접 또는 간접적으로 관여하는 화학종들이 표준 상태에 있다면, 다음과 같이 그 반쪽 셀의 전극 전위는 표준 환원 전위가 되어야 함도 다루었다.

만일 [ox] = [red] = 1 M이면,

$$E_{ox/red} = E^{o}_{ox/red} + \frac{0.0591}{n} \log \frac{[ox]}{[red]} = E^{o}_{ox/red}$$

하지만 다양한 요인들에 의한 영향으로 표준 상태에 있는 주어진 반쪽 셀의 전극 전위가 다음과 같이 표준 환원 전위가 아닌 다른 값을 가질 수도 있다.

$$E_{ox/red} \neq E^{o}_{ox/red} \Rightarrow E_{ox/red} > E^{o}_{ox/red} \text{ 또는 } E_{ox/red} < E^{o}_{ox/red}$$

이와 같이 표준 상태에 있는 주어진 반쪽 셀의 전극 전위가 표준 환원 전위가 아닌 다른 값을 나타내는 경우, 그 전극 전위를 형식 전위(formal potential)라 부른다.

이와 같이 표준 상태에 놓인 반쪽 셀의 전극 전위가 표준 환원 전위가 아닌 형식 전위를 가지게 만드는 요인들로는 ox와 red의 활동도 계수(activity coefficient), ox와 red의 해리 반응(dissociation reaction), ox와 red의 착물화 반응(complexation reaction), 액체 경계 전위(liquid junction potential)가 있다. 이제 이들 요인을 살펴보자.

4.1.1 ox와 red의 활동도 계수에 의한 영향

ox와 red의 활동도 계수들이 주어진 반쪽 셀의 계면에서 일어날 수 있는 ox + ne ⇄ red와 같은 전극 반응의 잠재력인 전극 전위($E_{ox/red}$)에 미치는 영향은 다음과 같이 나타낼 수 있다.

ox + ne ⇄ red와 같은 반쪽 반응을 적용한 Nernst식은 다음과 같이 표현한다.

$$E_{ox/red} = E^{o}_{ox/red} + (\frac{RT}{nF})\ln(\frac{a_{ox}}{a_{red}})$$

a_{ox}: ox의 활동도(activity) = f_{ox}[ox]

a_{red}: red의 활동도(activity) = f_{red}[red]

$$E_{ox/red} = E^{o}_{ox/red} + (\frac{RT}{nF})\ln(\frac{f_{ox}[ox]}{f_{red}[red]})$$

$$\mathbf{E_{ox/red} = E^{o}_{ox/red} + (\frac{RT}{nF})\ln(\frac{f_{ox}}{f_{red}}) + (\frac{RT}{nF})\ln(\frac{[ox]}{[red]})}$$

- 만일 주어진 반쪽 셀이 표준 상태에 있고([ox] = [red] = 1 M), $f_{ox} = f_{red} \neq 1$이거나 $f_{ox} \neq f_{red}$이면, $E_{ox/red} = E^{o}_{ox/red}$이다.
- 만일 주어진 반쪽 셀이 표준 상태에 있어도([ox] = [red] = 1 M), $f_{ox} = f_{red} \neq 1$이거나 $f_{ox} \neq f_{red}$이면,

$$E^{o}_{ox/red} = E^{o}_{ox/red} + (\frac{RT}{nF})\ln(\frac{f_{ox}}{f_{red}}) = E^{o'}_{ox/red}$$

$\Rightarrow E_{ox/red} \neq E^{o}_{ox/red}$

$\Rightarrow E_{ox/red} > E^{o}_{ox/red}$ 또는 $E_{ox/red} < E^{o}_{ox/red}$

4.1.2 ox와 red의 해리 반응에 의한 영향

아래와 같은 두 가지 반쪽 반응들을 예로 들어보자.

$Fe(CN)_6^{3-} + e \rightleftarrows Fe(CN)_6^{4-}$	$E^o = 0.36$ V
$I_2 + 2e \rightleftarrows 2I^-$	$E^o = 0.54$ V

이와 같은 두 가지 반쪽 반응들이 산화-환원 반응을 구성한다면, 표준 환원 전위(E^o)가 더 큰 두 번째 반쪽 반응은 환원 반쪽 반응으로 진행되고 첫 번째 반쪽 반응은 산화 반쪽 반응으로 일어나면서 다음과 같은 산화-환원 반응이 일어나게 됨을 예상할 수 있다.

$Fe(CN)_6^{4-} \rightleftarrows Fe(CN)_6^{3-} + e$	산화 반쪽 반응
$I_2 + 2e \rightleftarrows 2I^-$	환원 반쪽 반응
$I_2 + 2Fe(CN)_6^{4-} \rightleftarrows 2I^- + 2Fe(CN)_6^{3-}$	산화-환원 반응

그러나 위의 두 개의 반쪽 반응들이 1 M HCl, 1 M H_2SO_4 또는 1 M $HClO_4$ 수용액과 같은 강산성 수용액에서 일어난다면, 완전히 다른 산화–환원 반응이 일어날 수 있다. 그 이유는 다음과 같다.

- **$Fe(CN)_6^{3-}$ 이온과 $Fe(CN)_6^{4-}$ 이온은 강산성 수용액 중에 다량으로 존재하는 H^+ 이온들과 결합**

$Fe(CN)_6^{3-}$ 이온과 $Fe(CN)_6^{4-}$ 이온은 H^+ 이온들과 결합하여 각각 $H_3Fe(CN)_6$와 $H_4Fe(CN)_6$의 형태로 변한다. 강산성 수용액에서 H^+ 이온들과 결합하여 형성된 $H_3Fe(CN)_6$와 $H_4Fe(CN)_6$은 다시 다음과 같은 해리 반응을 일으키며, 그 내용은 다음과 같다.

$$H_3Fe(CN)_6 \rightleftarrows 3H^+ + Fe(CN)_6^{3-} \qquad K$$
$$H_4Fe(CN)_6 \rightleftarrows 4H^+ + Fe(CN)_6^{4-} \qquad K'$$

⇒ 강산성 수용액에서 $Fe(CN)_6^{3-}$ 이온과 $Fe(CN)_6^{4-}$ 이온은 H^+ 이온과 결합하여 모두 다(100 %) $H_3Fe(CN)_6$와 $H_4Fe(CN)_6$의 형태로 변하여 존재하는 것이 아니다. $Fe(CN)_6^{3-}$ 이온과 $Fe(CN)_6^{4-}$ 이온들 중 일부는 $Fe(CN)_6^{3-}$ 이온과 $Fe(CN)_6^{4-}$ 이온으로 남아 존재하게 된다. 그리고 두 반응들의 평형 상수들 사이에는 $K > K'$와 같은 관계가 성립한다.

⇒ 이 반응들로부터 생겨나는 $Fe(CN)_6^{3-}$ 이온은 $Fe(CN)_6^{4-}$ 이온보다 더 많이 생겨난다($[Fe(CN)_6^{3-}] > [Fe(CN)_6^{4-}]$).

다시 말해 $Fe(CN)_6^{3-}$ 이온과 $Fe(CN)_6^{4-}$ 이온의 농도가 각각 1 M인 $Fe(CN)_6^{3-}$ 이온과 $Fe(CN)_6^{4-}$ 이온의 수용액을 제조하면서 물이 아니라 강산 수용액을 용매로 사용한다면, 그 수용액 속 $Fe(CN)_6^{3-}$ 이온과 $Fe(CN)_6^{4-}$ 이온의 농도들은 다음과 같이 변한다.

$$[Fe(CN)_6^{3-}] \neq 1\ M,\ [Fe(CN)_6^{4-}] \neq 1\ M$$
$$[Fe(CN)_6^{3-}] \neq [Fe(CN)_6^{4-}] \qquad [Fe(CN)_6^{3-}] > [Fe(CN)_6^{4-}]$$

그 결과, 표준 상태로 만들어진 반쪽 셀의 전극 전위는 표준 환원 전위가 아닌 다음과 같은 값을 나타낸다.

$$\begin{aligned} E_{Fe(CN)_6^{3-}/Fe(CN)_6^{4-}} &= E^o_{Fe(CN)_6^{3-}/Fe(CN)_6^{4-}} + (\frac{0.0591}{1})\log\frac{[Fe(CN)_6^{3-}]}{[Fe(CN)_6^{4-}]} \\ &= E^o_{Fe(CN)_6^{3-}/Fe(CN)_6^{4-}} + \alpha \\ &= 0.36 + \alpha \\ &= 0.71\ V \end{aligned}$$

이 전극 전위(0.71 V)는 바로 $Fe(CN)_6^{3-} + e \rightleftarrows Fe(CN)_6^{4-}$와 같은 반쪽 반응이 일어날 수 있는 표준 상태의 반쪽 셀이 강산성 조건에서 나타내게 되는 형식 전위($E^{o\prime}_{Fe(CN)_6^{3-}/Fe(CN)_6^{4-}}$)이다.

- 그러나 $I_2 + 2e \rightleftarrows 2I^-$와 같은 반쪽 반응은 강산성 수용액에서도 아무런 영향을 받지 않는다.

$I_2 + 2e \rightleftarrows 2I^- \qquad E^o = 0.54\ V$

이와 같은 반쪽 반응의 경우에는 앞의 반쪽 반응과는 달리 강산성(1 M 강산 용액) 조건에 의한 영향을 받지 않는다. 따라서 $[I^-]$의 초기 농도를 1 M로 만들어주면, 그 농도가 변하지 않으므로

$$E_{I^-/I_2} = E^o_{I^-/I_2} + (\frac{0.0591}{2})\log(\frac{1}{[I^-]^2})$$
$$= E^o_{I^-/I_2} = 0.54\ V$$

와 같이 전극 전위는 표준 환원 전위 값을 가진다.

- 1 M 강산성 수용액이라는 조건에서 일어나는 산화-환원 반응은 다음과 같다.

$Fe(CN)_6^{3-} + e \rightleftarrows Fe(CN)_6^{4-}$	$E^{o\prime} = 0.71\ V$
$I_2 + 2e \rightleftarrows 2I^-$	$E^o = 0.54\ V$
$Fe(CN)_6^{4-} \rightleftarrows Fe(CN)_6^{3-} + e$	환원 반쪽 반응
$2I^- \rightleftarrows I_2 + 2e$	산화 반쪽 반응
$2I^- + Fe(CN)_6^{3-} \rightleftarrows I_2 + 2Fe(CN)_6^{4-}$	산화-환원 반응

4.1.3 ox와 red의 착물화 반응에 의한 영향

주어진 반쪽 셀의 계면이 $Fe^{3+} + e \rightleftarrows Fe^{2+}$와 같은 반쪽 반응을 일으킬 수 있는 잠재력을 소유하고 Fe^{3+} 이온과 Fe^{2+} 이온의 농도가 각각 1 M이라면, 표준 상태에 있게 되는 그 반쪽 셀의 전극 전위는 표준 환원 전위($E^o_{Fe^{3+}/Fe^{2+}}$)인 0.77 V이어야 한다.

그러나 강한 산성 수용액을 용매로 사용하여 Fe^{3+} 이온과 Fe^{2+} 이온의 농도가 각각 1 M인 반쪽 셀 수용액을 제조하는 경우, 그 수용액 중 Fe^{3+} 이온과 Fe^{2+} 이온의 농도는 1 M가 아닌 다른 값들을 나타내면서 전극 전위는 표준 환원 전위(0.77 V)가 아닌 다른 값으로 변한다. 그 이유는 다음과 같다.

강한 산(HA) 수용액을 용매로 사용하여 $[Fe^{3+}] = [Fe^{2+}] = 1$ M인 수용액을 제조하는 경우, Fe^{3+} 이온과 Fe^{2+} 이온 중 일부는 강한 산(HA)의 짝염기인 음이온(A^-)과의 착물화 반응을 통해 사라져 버린다.

$Fe^{3+} + SO_4^{2-} \rightleftarrows FeSO_4^+$	$Fe^{3+} + 2SO_4^{2-} \rightleftarrows Fe(SO_4)_2^-$
$Fe^{2+} + SO_4^{2-} \rightleftarrows FeSO_4$	$Fe^{2+} + 2SO_4^{2-} \rightleftarrows Fe(SO_4)_2^{2-}$
$Fe^{3+} + Cl^- \rightleftarrows FeCl^{2+}$	$Fe^{3+} + 2Cl^- \rightleftarrows FeCl_2^+$

$Fe^{2+} + Cl^- \rightleftarrows FeCl^+$ $Fe^{2+} + 2Cl^- \rightleftarrows FeCl_2$

따라서 강한 산 수용액을 용매로 제조한 $[Fe^{3+}] = [Fe^{2+}]$ = 1 M인 수용액을 가진 반쪽 셀의 전극 전위는 표준 환원 전위가 아닌 형식 전위를 나타내게 된다.

다음은 몇 종류의 강한 산성 조건에서 $Fe^{3+} + e \rightleftarrows Fe^{2+}$와 같은 반쪽 반응의 형식 전위들을 보여주고 있다.

$E^{o\prime}_{Fe^{3+}/Fe^{2+}}$
= 0.73 V (in 1 M HCl)
= 0.68 V (in 1 M H_2SO_4)
= 0.61 V (in 1 M H_2SO_4 + 0.5 M H_3PO_4)
= 0.44 V (in 1 M H_3PO_4)

※ Fe^{3+} 이온은 Fe^{2+} 이온보다 착물화 반응에 의해 더 많이 사라지며, 음이온의 전하가 증가할수록 Fe^{3+} 이온과 Fe^{2+} 이온 사이의 반응성의 차이는 더 커짐을 알 수 있다.

4.1.4 액체 경계 전위에 의한 영향

● 액체 경계 전위란?

두 가지 서로 다른 액체들이 반투막(semipermeable membrane)을 사이에 두고 서로 접촉하는 경우, 각 용액 중에 존재하는 화학종들의 종류와 농도의 차이에 의해 하전된 화학종(이온)들의 이동(확산)이 발생한다. 이때 화학종의 종류에 따른 이동능력(mobility)의 차이때문에 반투막을 사이에 둔 전하의 분리(separation of charge) 현상이 발생하여 전위가 발생하는데, 이러한 전위를 액체 경계 전위(liquid junction potential, E_{lj})라 부른다. 다음은 몇 가지 이온들의 이동능력들을 보여준다.

25° C 무한히 묽은 수용액에서 이온들의 이동능력

이온	H^+	K^+	Na^+	NH_4^+	Cl^-	OH^-	NO_3^-
이동능력	3.625×10^{-3}	7.619×10^{-4}	5.193×10^{-4}	7.61×10^{-4}	7.912×10^{-4}	2.05×10^{-3}	7.404×10^{-4}

여기서 이온의 이동능력이란 단위 정전기장에서 이온이 가지는 한계 속도를 지칭하며, 단위는 (cm/sec)/(volt/cm) 또는 $cm^2 volt^{-1} sec^{-1}$이다.

◉ 액체 경계 전위가 발생하는 몇 가지 상황들

다음의 예들은 몇 가지 상황들에서 액체 경계 전위의 발생 과정과 그 크기를 소개하고 있다.

가. 막을 중심으로 양쪽 수용액 속에 존재하는 이온들의 종류는 같지만, 농도가 다른 경우–양이온과 음이온의 이동 속도가 크게 다르다.

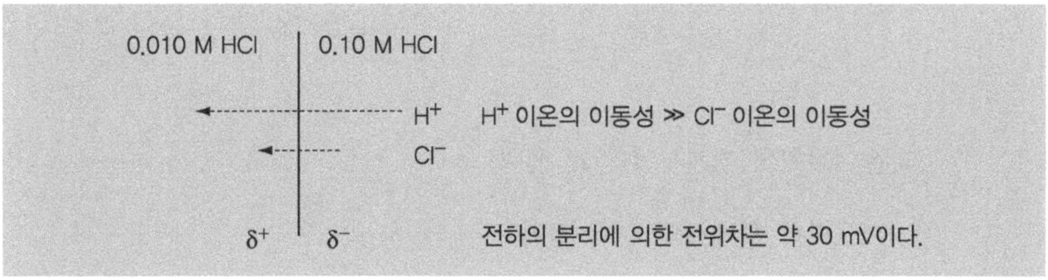

나. 막을 중심으로 양쪽 수용액 속에 존재하는 이온들의 종류는 다르지만, 농도는 같은 경우

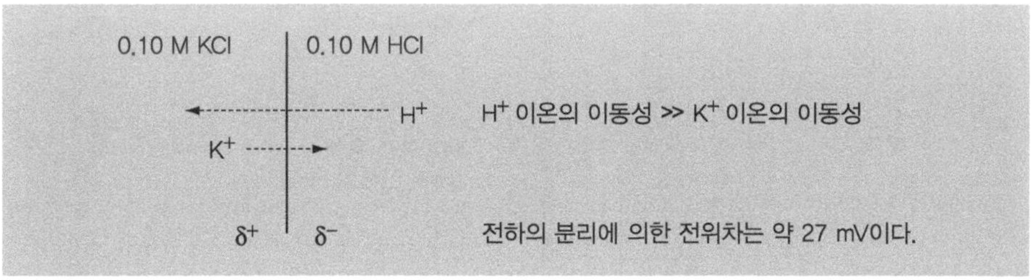

다. 막을 중심으로 양쪽 수용액 속에 존재하는 이온들의 종류는 같지만, 농도가 다른 경우–양이온과 음이온의 이동 속도가 비슷하다.

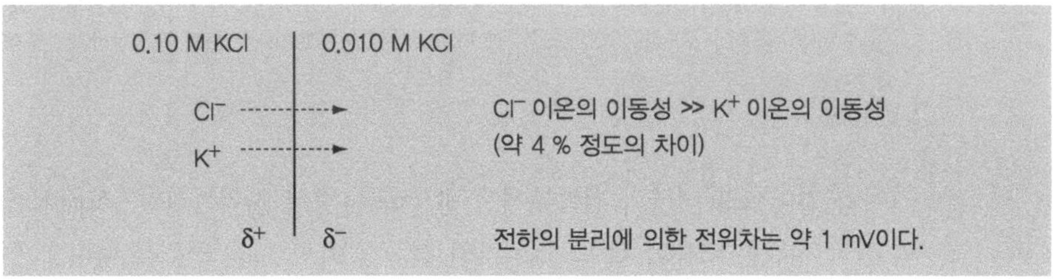

라. 막을 중심으로 양쪽 수용액 속에 존재하는 이온들의 종류는 다르지만, 농도는 같은 경우

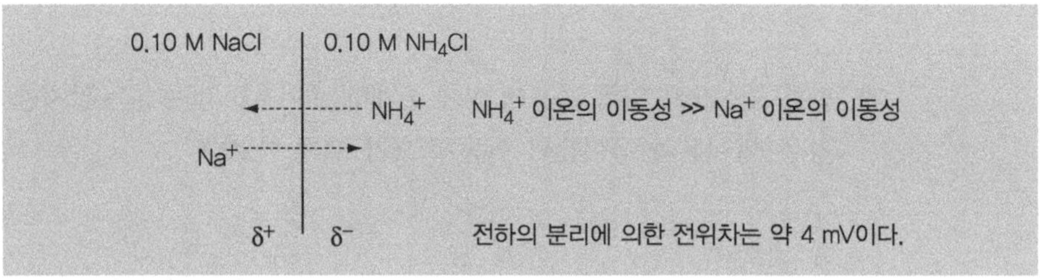

● 전기화학적 셀에서의 경계 전위

가. 반쪽 셀에서의 경계 전위

주어진 전기화학적 셀을 구성하는 반쪽 셀들 중에서 접속부를 채용하여 만들어지는 2급 전극(오른쪽 그림)의 경우, 그 접속부에서 경계 전위가 발생할 수 있다.

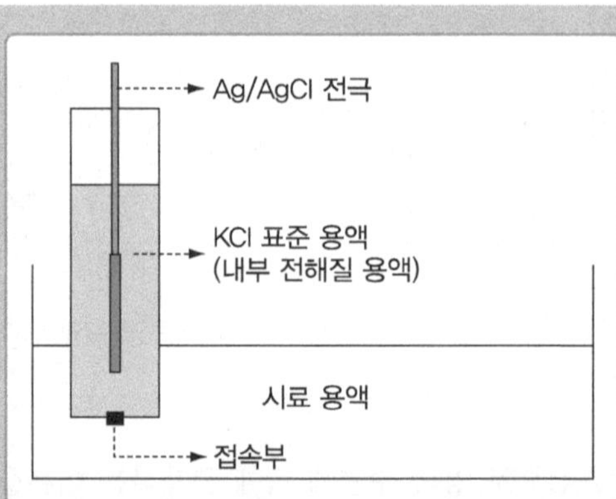

$$E = E^{\circ} + \text{접속부에서 발생하는 경계 전위}$$

접속부를 중심으로 내부 전해질 용액과 시료 용액이 접촉하면서 액체 경계 전위가 발생한다.

이와 같이 2급 전극의 접속부에서 발생하는 경계 전위는 표준 상태에 있는 2급 전극의 전극 전위는 다음과 같이 표준 환원 전위가 아닌 형식 전위를 나타낼 수 있다는 것을 의미한다.

나. 셀에서의 경계 전위

염다리를 채용한 전기화학적 셀의 경우, 각 반쪽 셀과 염다리가 접촉하는 부분들에서 경계 전위들이 발생할 수 있다. 이와 같이 주어진 전기화학적 셀에서 경계 전위가 발생하는 경우, 그 전기화학적 셀이 표준 상태에 있어도 셀 전위는 표준 셀 전위가 아닌 다른 값을 가지게 됨을 의미한다.

그림 4.1과 같이 염다리를 채용하는 전기화학적 셀에서 경계 전위가 발생하는 곳들 중의 하나는 각 반쪽 셀과 염다리가 접촉하는 부분이다.

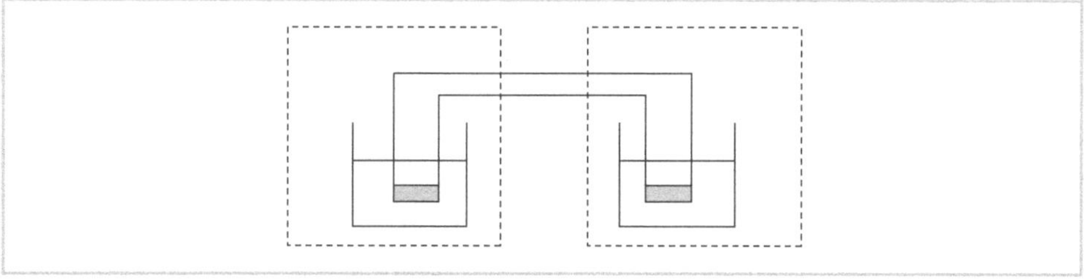

그림 4.1 HCl(0.10 M)//KCl(x M)//KCl(0.10 M)

왼쪽 반쪽 셀 HCl(0.10 M)//KCl(x M)의 경우 H^+ 이온이 K^+ 이온보다 더 빠른 이동 능력을 가진다. 따라서 염다리의 KCl 용액의 농도가 반쪽 셀의 HCl 용액의 농도에 비해 충분히 크지 않은 경우, HCl 용액은 음으로 그리고 KCl 용액은 양으로 하전되면서 두 용액 사이에는 경계 전위(x)가 발생하게 된다.

오른쪽 반쪽 셀 KCl(x M)//KCl(0.10 M)의 경우 염다리에 사용된 KCl 용액의 농도가 반쪽 셀 용액의 KCl 용액의 농도(0.10 M)와 다르다면, 두 용액의 농도 차이에 의해 경계 전위(y)가 발생하게 된다.

따라서 이 셀에서는 x와 y의 차이에 해당하는 크기의 경계 전위(E_{lj})가 발생한다.

이와 같이 주어진 전기화학적 셀에서 액체 경계 전위에 의한 영향을 고려하는 경우, 다음과 같은 현상이 벌어진다.

- 표준 상태에 있는 두 개의 반쪽 셀들로 구성된 주어진 전기화학적 셀의 경우 표준 셀 전위

  표준 셀 전위는

  $E^o_{cell} = E^o_{cathode} - E^o_{anode}$이어야 하지만, 액체 경계 전위의 발생으로

  $E^o_{cell} = E^o_{cathode} - E^o_{anode} + E_{lj}$로 변한다.

- 전기화학적 셀의 셀 전위

  셀 전위는

  $E_{cell} = E_{cathode} - E_{anode}$이어야 하지만, 액체 경계 전위의 발생으로

  $E_{cell} = E_{cathode} - E_{anode} + E_{lj}$이다.

※ 여기서 액체 경계 전위(E_{lj})는 양이나 음의 값을 가질 수 있다.

다. 염다리를 채용한 전기화학적 셀에서 액체 경계 전위의 최소화 방안

염다리를 채용한 전기화학적 셀에서 액체 경계 전위의 크기를 최소화하기 위해서 이동 속도가 비슷한 K^+ 이온과 Cl^- 이온으로 구성된 전해질을 진한 농도로 제조하여 염다리에 사용한다.

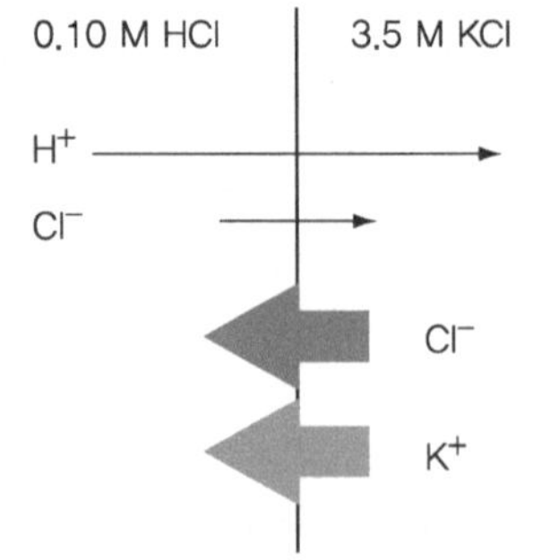

그림 4.2 엄청나게 많은 양의 K^+와 Cl^- 이온들이 이동한다(Cl^- 이온이 약 4% 정도 더 빠르게 이동한다).

- 왼쪽 반쪽 셀의 경우

염다리의 KCl 용액의 농도가 HCl 용액의 농도와 비슷한 경우 H^+ 이온이 K^+ 이온보다 더 빠른 이동 속도를 가지기 때문에 경계 전위가 나타나게 된다. 그러나 염다리 KCl 용액의 농도가 점차 증가하여 그 농도가 충분히 커지면, 그림에서 볼 수 있는 바와 같이 계면에서의 경계 전위는 염다리의 KCl 용액 속 K^+ 이온과 Cl^- 이온들의 이동에 의해 그 크기가 결정된다.

- 오른쪽 반쪽 셀의 경우

마찬가지의 이유에 의해 경계 전위가 발생하고, 그 부호는 왼쪽 반쪽 셀의 경우와 반대이다.

비록 각 반쪽 셀 용액들의 종류(용액 속 화학종의 종류 및 농도)가 다르지만 염다리 KCl 용액의 농도가 증가하면 양쪽 반쪽 셀에서 발생하게 되는 경계 전위는 염다리 용액 속 양이온과 음이온들의 이동에 의해 그 크기가 좌우되므로(⇒ 서로 비슷한 값들을 가지지만 부호가 반대), 셀 전체의 경계 전위는 그 크기가 감소하게 되는 것이다.

다음의 표는 염다리 용액의 농도에 따른 액체 경계 전위의 크기 변화를 보여주고 있다.

$Hg/Hg_2Cl_2/HCl(0.1\ M)//KCl//KCl(0.1\ M)/Hg_2Cl_2/Hg$의 경우
염다리 내 KCl의 농도에 따른 E_{lj}의 변화

KCl의 농도(M)	0.1	0.2	0.5	1.0	2.5	3.5	4.2(sat'd)
E_{lj}(mV)	27	20	13	8.4	3.4	1.1	< 1

4.2 생화학에서의 형식 전위

생체 내에서 일어나는 많은 반응들은 H^+ 이온이 참여하는 산화 또는 환원 반쪽 반응들로 이루어진 산화–환원 반응들이며, 해당 반쪽 반응들이 관련된 반쪽 셀의 전극 전위나 셀 전위를 구하는 과정에서는 표준 상태에 관한 일반적인 정의를 적용하지 않는다.

앞에서 언급한 바와 같이 일반적으로 주어진 반쪽 셀이 표준 상태에 있다는 것은, 그 반쪽 셀의 계면에서 일어날 수 있는 반쪽 반응(전극 반응)에 관련된 모든 화학종들의 활동도가 1인 상태를 의미한다. 따라서 수용액 중 존재하는 수용액 중 H^+ 이온의 경우, 그 농도가 1 M일 때를 표준 상태로 정의하였다.

그런데 주어진 수용액에 존재하는 H^+ 이온의 활동도가 1이라는 것은 그 수용액의 pH = 0이라는 것을 의미한다. 그러나 생체액의 pH는 일반적으로 7에 가까운 값을 가지므로, pH = 0, $[H^+]$ = 1 M인 상태를 표준 상태로 적용할 수 없다. 따라서 생화학에서는 H^+ 이온의 경우, $[H^+] = 1.0\times10^{-7}$ M, pH = 7.00인 상태를 표준 상태로 사용한다.

즉, $ox + ne + mH^+ \rightleftarrows red$와 같은 환원 반쪽 반응의 경우, 전극 전위는 다음과 같이 표현한다.

$$ox + ne + mH^+ \rightleftarrows red$$

$$E_{ox/red} = E^o_{ox/red} + (\frac{RT}{nF})\ln(\frac{[ox][H^+]^m}{[red]})$$

$$E_{ox/red} = E^o_{ox/red} + (\frac{RT}{nF})\ln[H^+]^m + (\frac{RT}{nF})\ln(\frac{[ox]}{[red]})$$

pH = 7인 경우 즉, $[H^+] = 1.0\times10^{-7}$M를 대입하면

$$E_{ox/red} = E^o_{ox/red} + (\frac{RT}{nF})\ln(1.0\times10^{-7})^m + (\frac{RT}{nF})\ln(\frac{[ox]}{[red]})$$

25°C 수용액에 적용하면

$$E_{ox/red} = E^{o}_{ox/red} + (\frac{0.0591}{n})\log(1.0\times10^{-7})^{m} + (\frac{0.0591}{n})\log(\frac{[ox]}{[red]})$$

$$= E^{o'}_{ox/red} + (\frac{0.0591}{n})\log(\frac{[ox]}{[red]})$$

와 같은 식이 얻어진다.

이 식에 [ox] = [red] = 1 M를 적용하면, 위와 같은 반쪽 반응이 관련된 반쪽 셀의 전극 전위는 표준 환원 전위($E^{o}_{ox/red}$)가 아닌 형식 전위($E^{o'}_{ox/red}$)가 된다.

$$E^{o'}_{ox/red} = E^{o}_{ox/red} + (\frac{0.0591}{n})\log(1.0\times10^{-7})^{m}$$

다음의 예를 살펴보자.

예제 4-1

$O_2 + 4H^+ + 4e \rightleftarrows 2H_2O$와 같은 반쪽 반응이 관련된 반쪽 셀의 형식 전위를 구하시오.
(단, 이 반쪽 반응의 $E^{o}_{ox/red}$ = 1.229 V)

$$O_2 + 4H^+ + 4e \rightleftarrows 2H_2O$$

$$E_{ox/red} = E^{o}_{ox/red} + (\frac{0.0591}{n})\log(1.0\times10^{-7})^{m} + (\frac{0.0591}{n})\log(\frac{[ox]}{[red]})$$

$$= 1.229 + (\frac{0.0591}{4})\log(1.0\times10^{-7})^{4}$$

$$= 1.229 - 0.41$$

$$= E^{o'}_{ox/red} = 0.82 \text{ V}$$

제5장

전기화학적 분석의 기본 개념(IV)

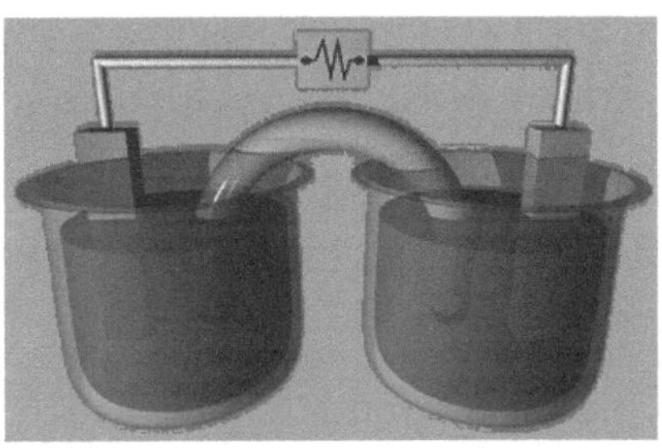

5.1 비패러데이 과정과 비패러데이 전류

비패러데이 과정(non-faradaic process)이란 주어진 반쪽 셀의 계면으로 전하(전자)가 이동해 들어오거나 반대로 전자가 이동해 나가기는 하지만, 그 반쪽 셀의 계면에서는 전하의 이동이 일어나지 않는(화학종의 산화 또는 환원 반쪽 반응이 일어나지 않는) 과정을 지칭한다. 이와 같이 비패러데이 과정에서는 주어진 계면을 통한 전하의 이동이 일어나지는 않지만, 그 계면은 편극(polarization)되면서 셀을 통한 전류가 발생하며, 그러한 전류를 비패러데이 전류(non-faradaic current)라고 부른다.

5.1.1 전기 이중층

● 전기 이중층

반쪽 셀에서 전극과 용액의 접촉으로 계면이 형성된 상태에서 전극이 외부 회로에 연결된 전원에 의해 전자를 공급받거나 전자를 빼앗기지 않는다면, 전극과 접촉한 용액 속의 이온들은 자유롭게 무질서한 분포를 이룬다.

그러나 전극에 전자들이 공급되면, 계면 용액 층에 존재하는 화학종들이 그 전자들을 받아들여 환원 반쪽 반응을 일으키기 전까지 전자들이 전극에 축적되는 현상이 일어난다.

이와 같이 주어진 전극으로 이동해 들어온 전자들이 소비되지 못하고 전극에 축적되는 과정에서 전극은 음으로 하전(편극)된다. 그리고 음으로 하전된 전극과의 정전기적 상호반응(electrostatic interaction)에 의해 계면 용액 층에 존재하는 화학종들은 재배열(rearrangement)을 하게 된다. 즉, 용액 속의 음이온들은 음으로 하전된 전극에서 멀어지고, 양이온들은 전극 쪽으로 접근하게 되는 것이다.

결과적으로 음으로 하전된 전극이 음의 층(negative layer)을, 그리고 전극과 인접한 계면 용액 층에는 양이온들이 배열하여 이루어진 또 하나의 층(양의 층, positive layer)을 형성하면서, 이 두 가지 서로 인접한 하전 층들은 전기 이중층(electric double layer)을 구성하게 된다.

이와는 반대로 전극으로부터 전자들이 빠져나가는 과정에서는, 계면 용액 층에 존재하는 화학종들이 산화 반쪽 반응을 일으키면서 전극에 부족한 전자들을 공급해 줄 수 있는 시점까지는 전극은 양으로 하전(편극)된다. 이 경우 양으로 하전된 전극에 인접한 계면 용액 층에 존재하는 화학종들 중 음이온들은 전극에 접근하고 양이온들은 전극으로부터 멀어지는 재배열을 거친다. 결과적으로 전극은 양의 층을 이루고, 인접 계면 용액 층에는 음이온들의 배열로 음의 층을 이루는 형태의 전기 이중층을 형성하게 된다.

그림 5.1은 전극에 전자가 공급되어 축적되는 동안 전기 이중층이 형성되는 과정을

보여주고 있으며, 전기 이중층 이외에도 전기 이중층과 인접한 확산층과 용액의 bulk 부분도 함께 볼 수 있다.

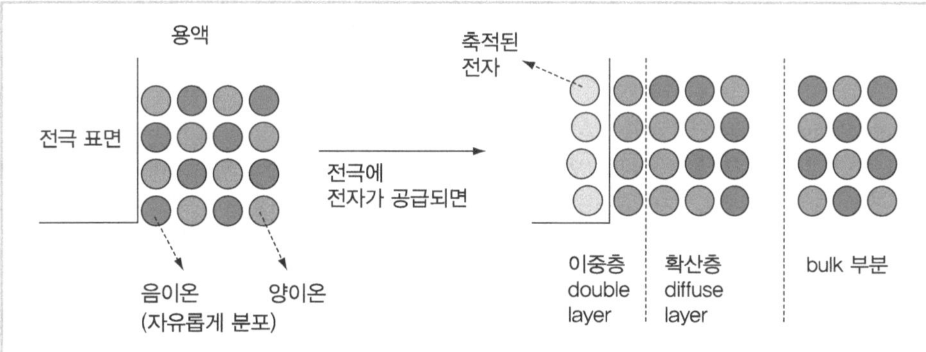

그림 5.1 전기 이중층의 형성 과정

● 전기 이중층의 충전용량(C_{dl})

앞에서 소개한 전기 이중층의 형성 과정은 다음과 같이 전기 회로(electric circuit)에서 축전기(capacitor)의 충전 과정으로 표현할 수 있다.

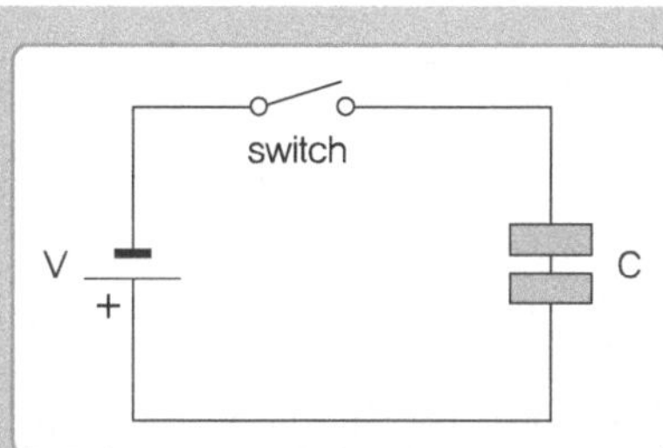

축전기에 외부 전원이 연결되면 외부 전원의 +단자에 연결된 축전기 판에서 나온 전자들이 외부 전원의 −단자에 연결된 축전기 판에 축적된다. 결국 축전기의 한쪽 판에는 전자들이 축적되면서 −전하 층을 이루고, 반대편 축전기 판은 +전하 층을 이룬다. 다음은 축전기의 충전용량(capacitance)을 다루는 식이다.

$$C = \frac{q}{V} = C_{dl}$$

여기서

C: 축전기의 충전용량(C_{dl}: 전기 이중층의 충전용량)

q: 축전기에 걸린 전하량 V: 걸어 주는 전압

5.1.2 이상적으로 편극될 수 있는 전극

이상적으로 편극될 수 있는 전극(ideal polarizable electrode, IPE)이란 그 어떠한 전압을 걸어주어도 계면을 통한 전하의 이동이 발생하지 않고 편극 현상만 진행되는 전극을 지칭한다. 실제로는 주어진 전압 범위 내에서만 IPE로 행동하는 전극들만 있을 수 있다.

그림 5.2의 왼쪽은 두 개의 백금(Pt) 전극들이 $ZnCl_2$ 수용액과 구성한 전기화학적 셀을 보여준다. 이 셀의 외부 회로에는 전원이 설치되어 있고, 양쪽 Pt 전극들에 걸어 주는 전압(V_{appl})의 범위는 1.365 V와 −0.763 V 사이이다.

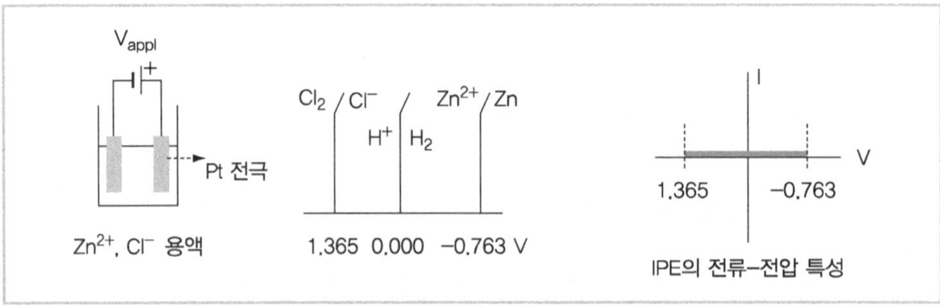

그림 5.2 IPE로 행동하는 Pt 전극들

그림 5.2의 중앙에는 표준 환원 전위들을 사용하여 나타낸 전위 수치 선(potential number line)이 실려 있으며, 이에 따르면 걸어 주는 전압이 1.365 V와 −0.763 V 사이인 경우에는, 각 Pt 전극의 계면들에서는 그 어떠한 산화 또는 환원 반쪽 반응들이 일어날 수 없다. 즉, 각 Pt 전극들은 전하의 축적으로 인한 편극 현상만이 진행될 뿐이다.

그림 5.2의 오른쪽에는 IPE의 전류−전압 특성(current−potential characteristics: 발생하는 전류를 걸어 주는 전압에 대해 도시한 그래프)을 보여준다. 즉, 셀에 걸어 주는 전압의 범위가 1.365 V와 −0.763 V 사이인 경우, 화학종의 산화 또는 환원 반쪽 반응에 의한 전류가 발생하지 않음(I = 0)을 나타낸 것이다.

5.1.3 충전 전류

주어진 계면에 전압을 걸어주어 전기 이중층이 형성되는 과정에서도 셀을 통해 전류가 흐르는데, 이 전류를 충전 전류(charging current, i_c)라고 한다. 충전 전류는 외부 전원에서 전극에 걸어 주는 전압의 방식에 따라 시간에 따른 크기 변화의 양식이 달라진다.

이제 충전 전류의 전류−전압 특성을 알아보자.

걸어 주는 전압이 potential step의 형태일 때의 충전 전류

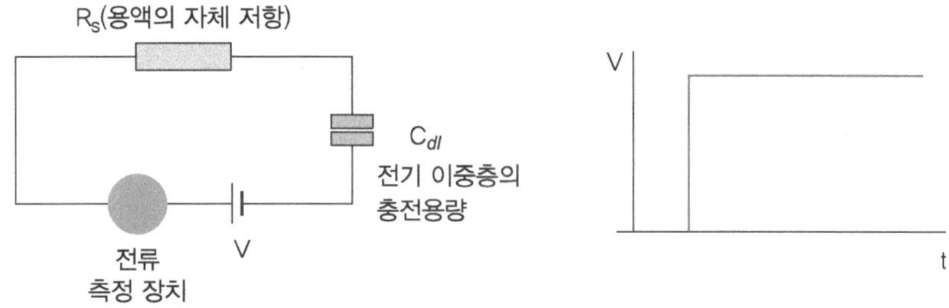

(a) 충전 전류가 발생하는 전기 회로 (b) potential step

그림 5.3 충전 전류가 발생하는 전기 회로와 potential step

그림 5.3의 (a)에서 볼 수 있는 전기 회로(electrical circuit)에 설치된 전원은 (b)에서 볼 수 있는 형태의 전압(potential step: 시간에 상관없이 걸어 주는 전압의 크기가 일정함)을 걸어 주는 장치이고, 축전기의 충전용량은 전기화학적 반쪽 셀의 계면에서 형성되는 전기 이중층의 충전용량이다.

이제 이 회로를 통해 흐르는 전류(충전 전류)에 관해 자세히 알아보기로 하자.

전원에서 걸어 주는 전압(V)
= 전기 이중층에서 발생한 전압 강하(V_C)
+ 용액의 자체 저항에 의한 전압 강하(V_R)

와 같은 관계가 성립하므로, 충전 전류의 표현식은 다음과 같이 구한다.

$V = V_C + V_R$ (☞ 참고자료의 Kirchhoff's Loop Voltage Law)

➡ $C = \frac{q}{V}$ 그리고 $V = IR$이므로,

$V = \frac{q}{C_{dl}} + IR_S$이다.

➡ $I = \frac{dq}{dt}$이므로 $V = \frac{q}{C_{dl}} + (\frac{dq}{dt})RS$이다.

$$\Rightarrow \frac{dq}{dt} + \frac{q}{R_S C_{dl}} = \frac{V}{R_S}$$

$$\Rightarrow q = VC_{dl}\{1 - \exp(\frac{-t}{R_S C_{dl}})\}$$

$\Rightarrow$

충전 전류 $= I_c = \frac{dq}{dt} = (\frac{V}{R_S})\{\exp(\frac{-t}{R_S C_{dl}})\}$

: 시간이 경과함에 따라 충전 전류의 크기는 급격하게 감소한다.

여기서 RC는 시간 단위를 가진다.

$$RC = (\frac{V}{I})(\frac{q}{V}) = (volt/ampere)(coulomb/volt)$$
$$= coulomb/ampere$$
$$= coulomb/(coulomb/sec) = sec$$

at t = 0 $\quad I_c = \frac{V}{R} = I_o$ (초기 충전 전류) $\Rightarrow I_c = I_o e^{-t/RC}$

at $t = R_S C_{dl}$ $\quad I_c = (\frac{V}{R})(0.368) = 0.368 i_o$

at $t = 2R_S C_{dl}$ $\quad I_c = (\frac{V}{R})(0.135) = 0.135 i_o$

at $t = 3R_S C_{dl}$ $\quad I_c = (\frac{V}{R})(0.050) = 0.050 i_o$

이 식에 따르면 전극에 전압이 걸리는 순간에는 최대의 충전 전류가 흐르고, 이후 시간이 지남에 따라 이후 충전 전류는 그 크기가 급격히 감소한다(그림 5.4).

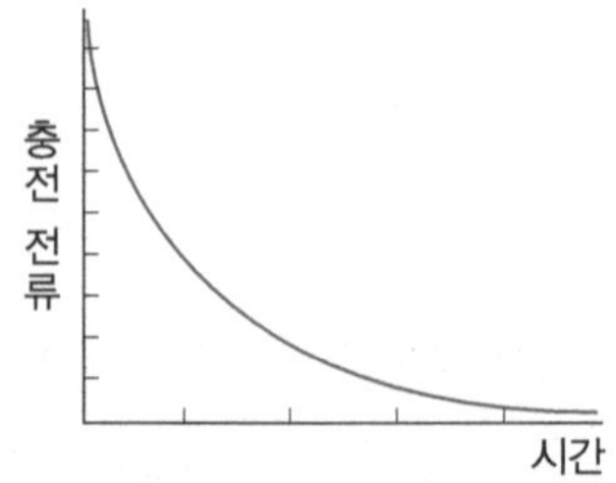

그림 5.4 시간에 따른 충전 전류의 크기 변화

5.2 패러데이 과정과 패러데이 전류

주어진 전기화학적 셀에서 일어나는 패러데이 과정(faradaic process)이란 그 셀을 구성하는 반쪽 셀의 계면에서 전하의 이동이 일어나는 과정을 지칭하며, 계면 용액 층에 존재하는 화학종이 전극으로부터 전자를 받아 환원되거나 반대로 전극에 전자를 내어놓고 산화되는 (또는 전극을 이루는 금속 원자가 전극에 전자를 내어놓고 산화되어 계면 용액 층으로 이동해 들어가는) 과정이다.

이와 같이 주어진 계면에서 화학종의 산화나 환원이 일어나면 셀을 통한 전하의 흐름, 즉, 전류가 발생하는데, 이 전류를 패러데이 전류(faradaic current)라고 부른다.

5.2.1 전기화학적 반응의 속도와 전류

패러데이 과정이 진행되는 동안 셀을 통해 흐르는 전류는 다음과 같이 나타낼 수 있다.

$$i = \text{전류} = \text{단위 시간 동안 흐른 전하량} = dq/dt \ (\text{coul/sec})$$

그런데

$$Q = nFN$$

Q: 전하(coulomb), F: 전자 1몰당 전하(coulomb/mole of electron),
N: 산화 또는 환원되는 물질의 몰수(moles of substrate),
n: 산화 또는 환원되는 물질 1몰당 참여하는 전자의 몰수(moles of electrons/mole of substrate)

와 같은 패러데이의 법칙(Faraday's Law)에 의하면, 다음과 같은 식을 얻을 수 있다.

$$i = \frac{dq}{dt} = \frac{d(nFN)}{dt} = nF\left(\frac{dN}{dt}\right) \quad ①$$

그리고 계면에서 일어날 수 있는 전기화학적 반응 속도(rate of electro-chemical reaction, v)는 다음과 같이 표현할 수 있다.

$$\begin{aligned}\text{반응 속도} &= v \\ &= \text{단위 시간 동안에 발생한 산화 또는 환원되는 물질의 몰수 변화} \\ &= \frac{dN}{dt} \ (\text{mol/sec}) \quad ②\end{aligned}$$

이제 식 ②를 식 ①에 대입하면, 다음과 같은 전극 반응 속도식이 얻어진다.

$$\text{반응 속도} = \frac{dN}{dt} = v = \frac{i}{nF} \quad ③$$

그런데 일반적으로 주어진 계면을 구성하는 전극의 표면(electrode surface)은 균일하지 못하므로, 그러한 계면에서는 화학 반응도 역시 계면 전체에 걸쳐서 고르게 일어나지 못한다. 따라서 전류라는 용어를 사용하는 대신 전류 밀도(current density, j)를 도입하여, 계면에서의 화학 반응의 속도를 나타내는 식 ③을 다음과 같이 바꾸어 표현할 수 있다.

$$\text{전류 밀도} = j = (\text{전류의 크기}) \div (\text{전극의 단면적}) = \frac{i}{A}$$

$$v = \frac{i}{nF} \Rightarrow v = \frac{i}{nFA} \Rightarrow v = \frac{j}{nF} \ (\text{moles/cm}^2 \cdot \text{sec}^{-1})$$

5.2.2 이상적으로 편극 현상이 일어나지 않는 전극

앞에서 이미 언급한 바와 같이 주어진 계면에 전압이 걸리면, 그 계면을 구성하는 전극에서는 편극 현상이 일어나기 시작한다. 그러나 그 계면에서 산화나 환원 반쪽 반응이 일어나기 시작하는 경우, 전극의 편극 현상은 사라지게 된다.

앞에서 소개한 IPE와는 반대로 주어진 계면에 그 어떤 전압을 걸어주어도 그 계면에서는 산화 또는 환원 반쪽 반응이 일어나고, 그 결과 전극에는 전하의 축적(charge build-up)이 진행되지 않는(전극의 편극 현상이 일어나지 않는) 경우도 생각할 수 있으며, 이러한 전극을 이상적으로 편극이 일어나지 않는 전극(ideal non-polarizable electrode, INE)(또는 ideal depolarized electrode, IDE)이라고 한다.

하지만 실제로는 IPE로 활용하는 전극들과 마찬가지로 INE로 활용하는 전극들도 역시 주어진 전압 범위 내에서만 INE로서의 특성을 나타낸다.

예로써, 폴라로그래피(polarography)에서 지시 전극(indicator electrode)으로 사용하는 적하수은 전극(dropping mercury electrode, dme)은 주어진 조건 하에서 IPE로 행동할 수 있으며, 기준 전극으로 사용하는 포화 칼로멜 전극(saturated Calomel electrode, SCE)은 INE로 행동할 수 있다.

- 수은 전극의 경우

$$Hg + Cl^- \rightarrow \frac{1}{2}Hg_2Cl_2 + e$$

와 같은 산화 반쪽 반응이 ~0.250 V(vs. SHE)에서 발생하고

$$K^+ + Hg + e \rightarrow K(Hg)$$

와 같은 환원 반쪽 반응은 −2.1 V에서 일어나므로, 걸어 주는 전압을 0.250 V와 −2.1 V 사이로 조절해 준다면, IPE로 행동할 수가 있는 것이다.

- SCE의 경우

주어진 전압 범위 내에서는 그 전극을 통해 전류가 흘러도(전극으로 전자가 흘러들어오거나 전극으로부터 전자들이 빠져나가도), 그 전위가 변하지 않는 INE로서 행동할 수 있다.

그림 5.5는 IPE와 INE의 전류-전압 특성들을 비교해 보여주고 있다.

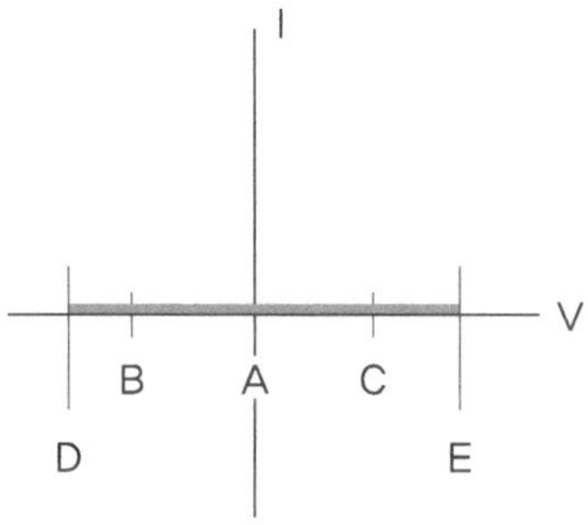

(a) IPE의 전류-전압 특성: D와 E 사이의 전압이라면, 그 어떤 전압들(예: A, B 그리고 C)을 걸어주어도, 전극은 편극만 될 뿐 계면에서는 전하의 이동이 일어나지 않으므로(화학종의 산화 또는 환원 반쪽 반응이 일어나지 않으므로) faradaic current는 발생하지 않는다.

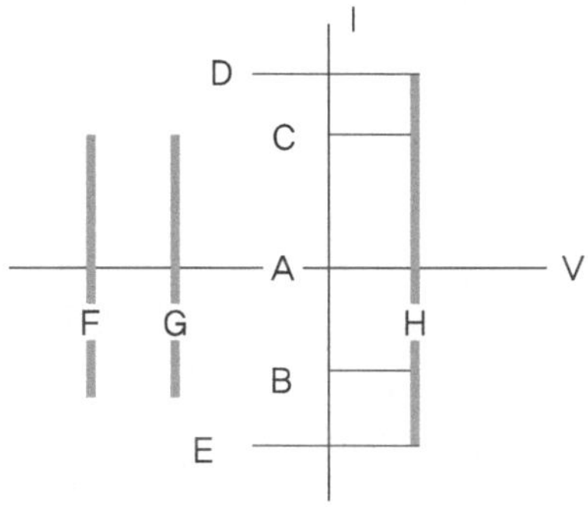

(b) INE의 전류-전압 특성

- 전극에 그 어떤 전압들(F, G, H)을 걸어 주어도 전극이 편극되는 현상은 일어나지 않고, 계면에서 산화 또는 환원 반쪽 반응이 진행되면서 faradaic current가 발생한다.
- D와 E 사이의 전류라면 그 어떤 크기의 전류들(A, B 그리고 C)이 계면을 통해 흘러도(전극으로 전자가 이동해 들어오거나 전극으로부터 전자들이 빠져나가도), 전극 전위(H)가 변하지 않는다.

그림 5.5 IPE와 INE의 전류-전압 특성의 비교

참고자료 Kirchhoff's Loop Voltage Law and The Electrical Double Layer

1. Kirchhoff's Loop Voltage Law

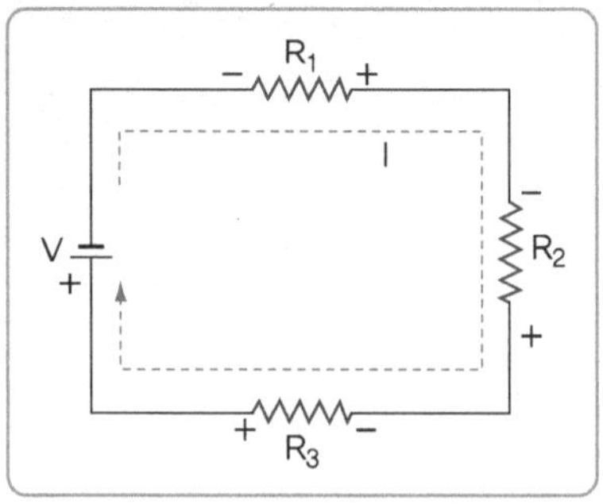

주어진 loop 내의 모든 전원의 합은 그 회로에서 발생한 모든 IR drop들의 합과 같다.

$\Rightarrow \Sigma V = 0$

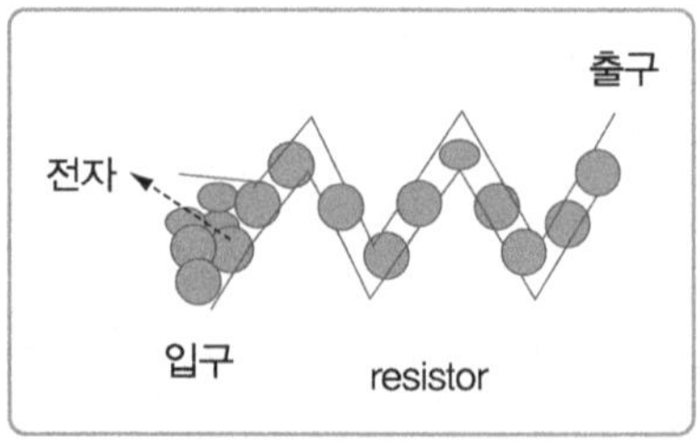

IR drop 발생

resistor의 입구 부분에는 출구 부분에 비해 상대적으로 더 많은 수의 전자들이 몰려 있게 됨으로써, resistor에서는 전하의 분리가 발생한다.

즉, 입구 부분은 −로, 출구 부분은 +로 하전되어 같은 회로에 있는 전원과는 반대의 극성을 가지게 되며, 그로 인한 전압의 크기는 I × R이다.

$\Rightarrow$

$$V - (IR_1 + IR_2 + IR_3) = 0$$

$$V = IR_1 + IR_2 + IR_3$$

$$V = I(R_1 + R_2 + R_3)$$

$$\frac{V}{I} = R_1 + R_2 + R_3 = R_{total}$$

$\Rightarrow$

직렬 회로(series circuit)에서는 개별 저항들의 단순 합산으로 전체 저항이 얻어진다.

| 앞의 회로에서 V = 1.5 V, R_1 = 150 Ω, R_2 = 100 Ω, R_3 = 50 Ω이면 회로를 흐르는 전류의 크기를 구해보자.

$$I = \frac{V}{R_{total}} = \frac{1.5\ V}{(150 + 100 + 50)\ \Omega}$$

$$= 0.005\ A = 5\ mA$$

2. The electrical double layer

전기 이중층이란 용어가 처음으로 등장한 것은 1850년 Helmholtz model에서이다.

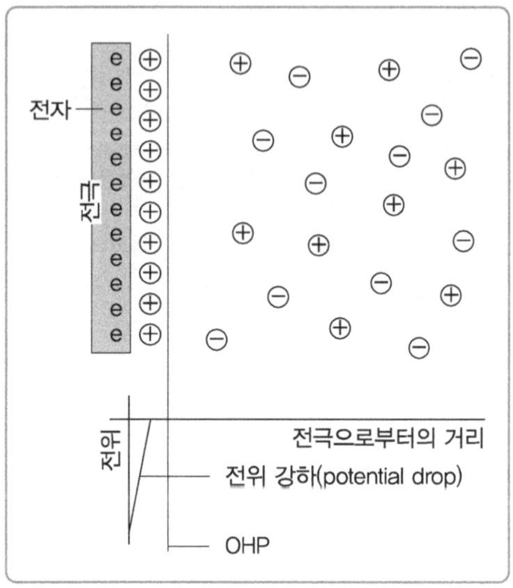

Helmholtz model

Helmholtz model은 전극에서는 어떠한 전자 이동 반응도 일어나지 않고, 용액에는 전해질만이 녹아 있는 상황을 가정하였다. 또한 전해질 용액 중의 이온들과 전극 표면 사이의 상호작용은 본질적으로 정전기적 상호작용(electrostatic interaction)이고, 그러한 상호작용은 전극 표면에서 전자의 축적이나 전자의 결핍에 기인하는 것으로 가정하였다.

따라서 전극 표면에서 발생한 과량의 양전하(혹은 음전하)를 상쇄하기 위하여 전극에 가까이 존재하는 이온들의 재배치가 이루어져 전하의 균형을 맞추어야 하는 것이다.

그는 전극 표면으로 이끌린 이온들은 전극이 가진 전하를 상쇄하기 위해 전극 표면의 앞부분에 층을 형성하게 되며, 그 이온들의 접근 거리(distance of approach)는 단일층을 형성하는 수화된 이온의 크기(size of single sphere of hydration around each ion)에 의해 결정된다고 가정하였다.

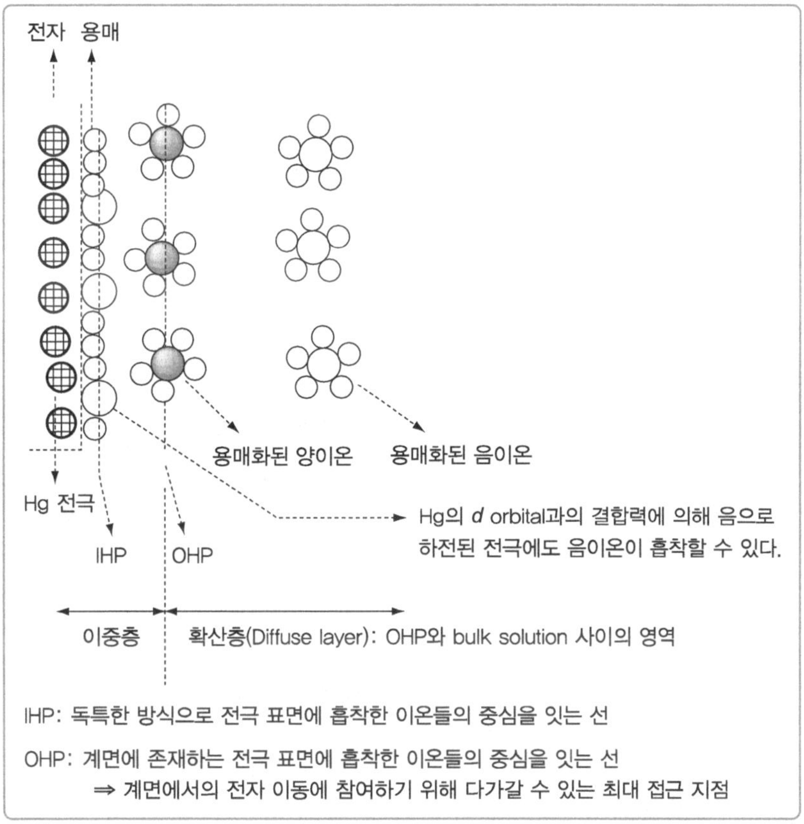

Inner Helmholtz Layer(IHP) & Outer Hemholtz Layer(OHP)

이러한 이온들의 중심선을 이은 것이 바로 OHP(the outer Helmholtz plane)이고, 두 개의 서로 상반되는 부호의 전하들(전극의 전하와 OHP를 이루는 이온들의 전하)이 전기 이중층을 형성하게 되는 것이다.

용액 중에서 유일하게 전위 강하가 발생하는 곳이 바로 이곳 전기 이중층 영역이다. 이러한 모습은 두 개의 금속판이 일정한 거리를 두고 떨어져 서로 반대 부호의 전하로 하전되는 충전기의 모습과 유사하다.

충전기의 경우에도 두 개의 금속판들 사이에서는 전위가 직선적으로 감소한다.

Helmholtz의 이러한 모델은 전기 이중층의 행동 양식에 관한 합리적인 설명을 하고 있지만, 용액 내에서 일어나는 확산이나 섞임, 전극 표면에의 흡착, 극성 용매의 쌍극자 모멘트와 전극 사이의 상호작용에 관한 고려는 하지 않았다.

이후 Stern에 의해 제시된 모델에서는 이들 중 몇 가지 요인들에 의한 영향을 고려하였다.

Stern의 모델에서는 OHP를 이루는 이온들이 용액 중으로 이동할 수 있게 되어 정전기적 상호작용과 이온들의 무질서한 운동(Brownian motion) 양상이 서로 경쟁 관계를 이루게 된다.

그 결과 OHP층은 대부분이 같은 전하를 가진 이온들로 구성되지만 일부는 반대 부호의 이온들도 존재하게 되면서 전위 강하는 그 영역의 바깥 부분(확산층)으로까지 확충된다. 이후에 여러 다른 모델들도 등장하였다.

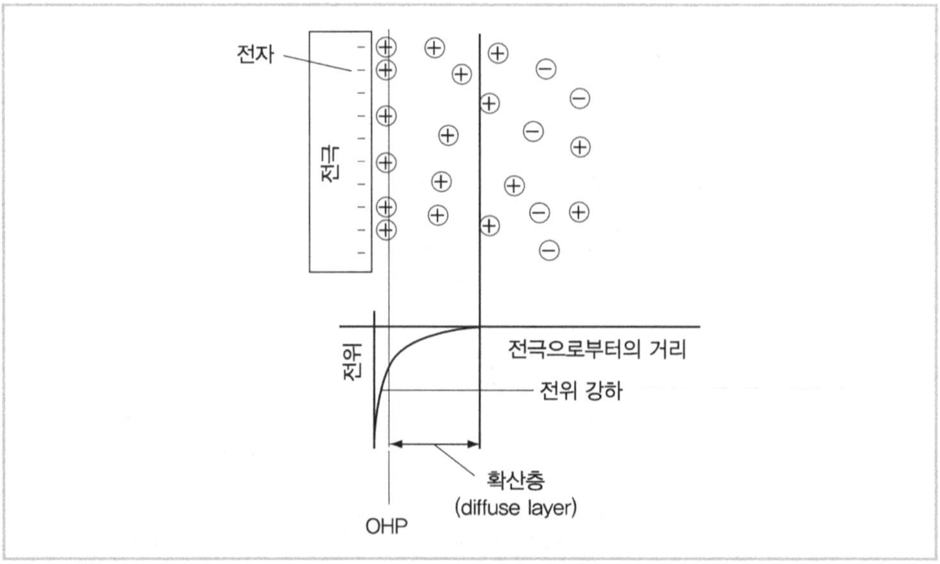

Stern model

제6장

전기화학적 분석의 기본 개념(V)

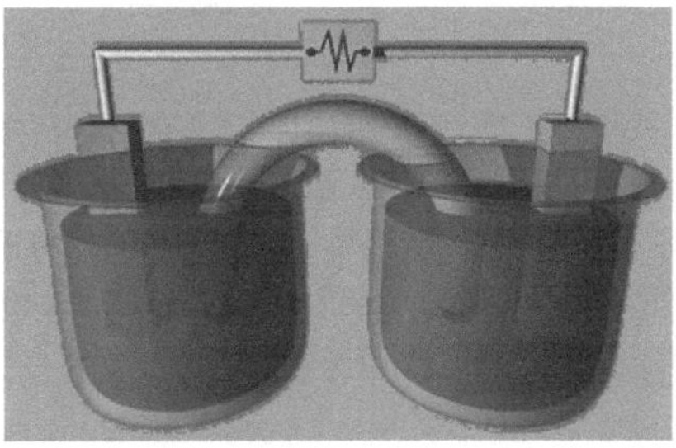

6.1 화학종의 질량 이동에 의해 속도가 좌우되는 전극 반응

용액 중 화학종이 bulk 부분에서 계면으로 운반되는(이동하는) 과정을 질량 이동(mass transfer)이라 부르고, 전극 반응의 속도란 계면에서 일어나는 산화 또는 환원 반쪽 반응의 속도를 의미한다.

주어진 전극 반응이 충분히 빠른 속도로 진행한다는 전제하에 전극 반응의 속도는 전극 반응에 참여하는 화학종이 용액의 bulk 부분으로부터 계면으로 공급(운반)되는 질량 이동의 속도에 의해 결정된다. 왜냐하면 용액 중에서 화학종이 bulk 부분에서 계면으로 이동해 오는 속도는 전극 반응의 속도보다 느리기 때문이다. 따라서 용액 속에서 화학종이 계면으로 이동해 오는 과정은 전극 반응의 속도 결정 단계(rate determining step)라 할 수 있다. 그림 6.1은 용액 속에서 일어나는 질량 이동을 보여주고 있다.

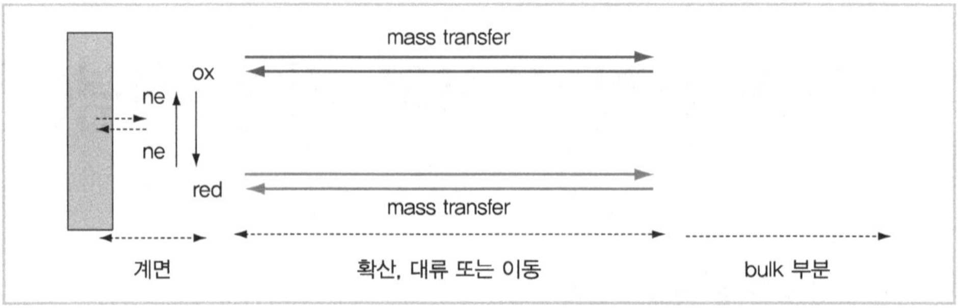

그림 6.1 질량 이동(mass transfer): 계면에 존재하던 ox가 전극으로부터 전자를 받아 환원되어 red로 변한 후(또는 red가 전극에 전자를 내어놓고 산화되어 ox로 변한 후), 용액의 bulk 부분으로 움직여 나가는 과정이나 용액의 bulk 부분에 존재하던 ox나 red가 계면으로 움직여 들어오는 과정이다. 이와 같은 mass transfer는 확산(diffusion), 대류(convection), 또는 이동(migration)에 의해서 이루어진다.

여기서는 화학종의 질량 이동과 전극 반응 이외에 계면에서 일어날 수 있는 부수적인 화학 반응들은 고려하지 않았다.

6.1.1 질량 이동의 유형

용액 속에서 일어나는 화학종의 확산(diffusion), 이동(migration) 그리고 대류(convection)는 그림 6.2에서와 같이 정의할 수 있다.

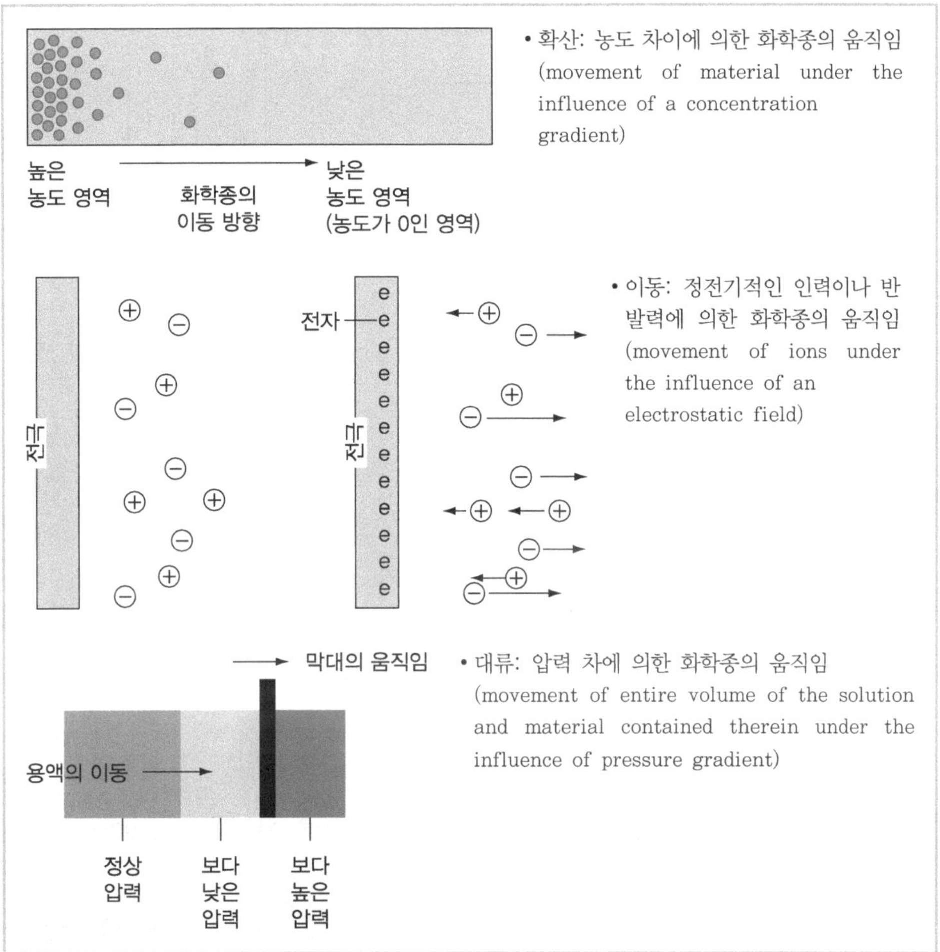

그림 6.2 화학종의 확산(diffusion), 이동(migration) 그리고 대류(convection)

6.1.2 확산에 의한 mass transfer만이 전극 반응의 속도를 결정하는 환경에서 potential step의 형태로 걸어준 전압에 의해 얻어지는 전류-전압 특성

◉ 전류-시간 특성

가. 전류-시간 특성

초기에 ox만이 존재하는 용액(ox의 초기 농도 = ox^*)과 접촉하고 있는 전극에 ox의 환원이 진행되기에 충분한 크기의 전압을 potential step의 형태로 걸어주면(그림 6.3 (a)), 전압이 걸리는 순간에 큰 전류가 발생한 후 시간이 지남에 따라 전류의 크기가 감소하는 모습을 볼 수 있다(그림 6.3 (b)).

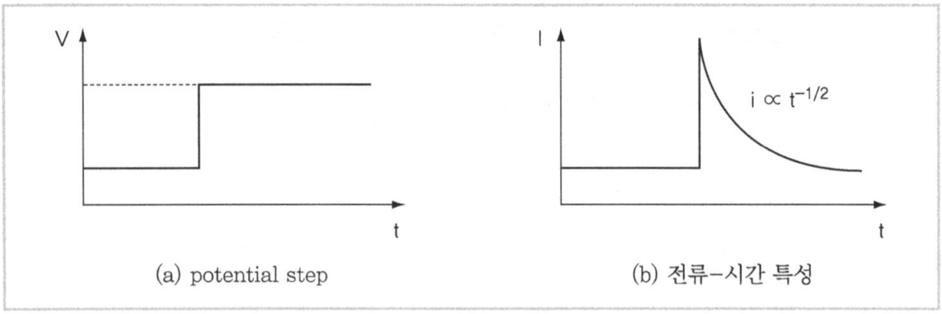

그림 6.3 걸어주는 전압의 형태가 potential step인 경우, 얻어지는 전류-시간 특성

나. 전류-시간 특성의 설명

그림 6.4를 보자. 전극에 전압이 걸리면 계면에 존재하던 ox가 모두 환원되면서 많은 전류가 흐른다. 이때문에 계면에서는 ox가 모두 소멸된([ox] = 0인) 상태이고, 계면에 인접한 용액 층의 경우 ox의 농도는 초기 농도(ox^*)를 유지하고 있다.

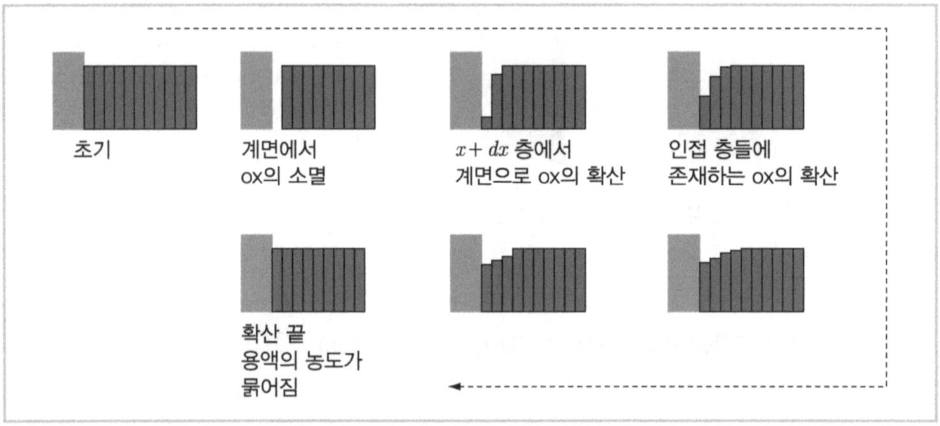

그림 6.4 시간에 따른 확산층의 변화

따라서 두 용액 층들 사이에서 ox의 농도 차이가 발생하여, 그로 인해 인접 용액 층으로부터 계면으로 ox의 확산이 시작된다. 계면으로 이동해 온 ox는 다시 환원되면서 전류가 발생한다(계면에서의 전극 반응은 충분히 빨라 계면에 도달한 ox는 그 즉시 환원된다).

계면에 인접한 용액 층으로부터 계면으로 진행되는 ox의 확산은 그 인접 용액 층과 그리고 그 용액 층에 인접한 용액 층 사이에 또 다른 농도 차이를 초래하며, 그러한 농도 차이로 인해 두 용액 층들 사이에서도 ox의 확산이 일어나게 된다.

이러한 현상은 점차 용액 전반으로 퍼져 나가게 된다. 초기의 확산(계면과 가까운 곳에서 계면으로의 확산)에서는 용액 층들 사이의 농도 차이가 크기 때문에 계면으로 공급되는 ox의 양이 적지 않다. 그러나 확산 현상이 용액 전반으로 퍼져 나가면서 계면과 인접 용액 층 사이의 농도 차이가 줄어들게 되어 ox의 확산 속도가 느려지면서 전류의 크기도 감소한다.

그림 6.5는 시간이 경과됨에 따라 확산 영역이 점차 용액의 bulk 부분으로 퍼져 나가는 모습(a)과 그에 따른 용액 속 ox의 농도 profile(b)을 보여준다.

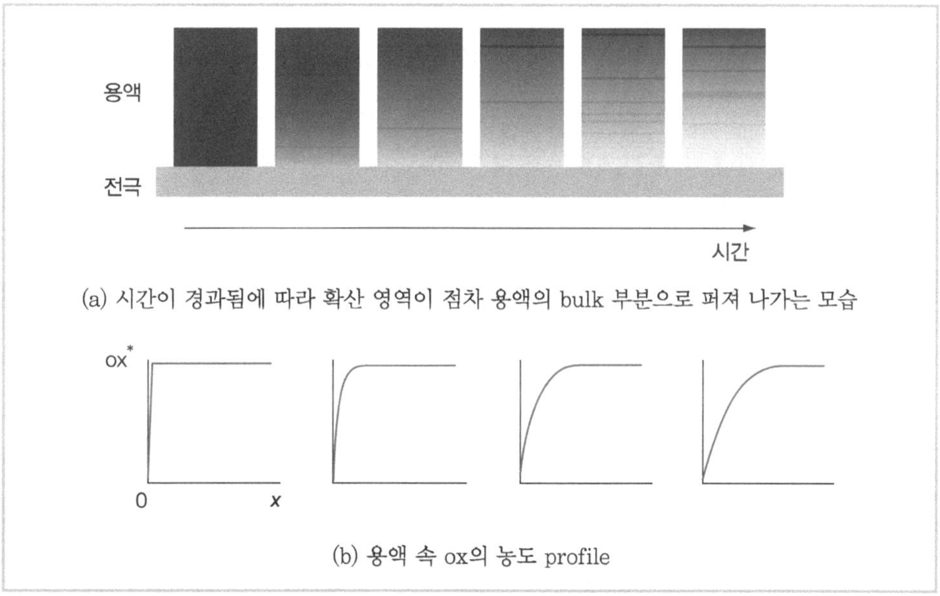

그림 6.5 시간에 따른 확산층의 변화와 농도 profile의 변화

◉ 전류-전압 특성

이제 potential step의 크기(걸어 주는 전압의 크기)를 변화시키며 얻어지는 전류의 크기 변화에 대하여 살펴본다. 단, 다음과 같은 실험 조건들을 조성해 준다.

- 사용하는 전극

  계면에서의 산화 또는 환원 반쪽 반응에 의해 용액의 초기 농도가 거의 변하지 않을 정도로 매우 적은 표면적을 소유한 micro-electrode를 사용한다.

- 전압

  potential step의 형태로 걸어준다.

- 전류의 측정

  전류 발생 후, 일정 시간이 경과한 시점에 전류를 측정한다.

- 용액

  매번 새로운 전압을 걸어주기 전 용액을 충분히 저어주어, 용액의 농도가 균일한 상태를 유지하도록 만들어 준다.

이상과 같은 조건에서 얻어진 실험 결과들은 그림 6.6과 같다.

그리고 그림 6.6에 실려 있는 전류–전압 특성에 대해서는 다음과 같은 설명이 가능하다.

- 초기 전압((a)의 1)에서는 ox의 환원이 일어나지 않으므로 전류가 발생하지 않는다((c)의 1).
- 전압이 커지면서((a)의 2와 3) ox의 환원이 일어난다. 그러나 이 전압들에서는 계면에 존재하는 모든 ox의 소멸(환원)이 일어나지 않는다. 이러한 전압 영역에서는 전압이 커지면서 계면의 ox가 점차 더 많이 환원되므로, 그 결과 전류의 크기도 증가하는 결과((c)의 2와 3)가 얻어진다.
- 이후 전압이 충분히 커져 계면에서 ox의 완전한 소멸이 일어나게 되면, 계면에서 ox의 환원 속도는 계면으로 향하는 ox의 확산 속도에 의존하게 된다.
- 이때 ox의 확산 속도는 전극 반응(ox의 환원 반응)의 속도에 비해 훨씬 더 초기 전압((a)의 1)에서는 ox의 환원이 일어나지 않으므로 전류가 발생하지 않는다((c)의 1).
- 전압이 커지면서((a)의 2와 3) ox의 환원이 일어난다. 그러나 이 전압들에서는 계면에 존재하는 모든 ox의 소멸(환원)이 일어나지 않는다. 이러한 전압 영역에서는 전압이 커지면서 계면의 ox가 점차 더 많이 환원되므로, 그 결과 전류의 크기도 증가하는 결과((c)의 2와 3)가 얻어진다.
- 이후 전압이 충분히 커져 계면에서 ox의 완전한 소멸이 일어나게 되면, 계면에서 ox의 환원 속도는 계면으로 향하는 ox의 확산 속도에 의존하게 된다.
- 이때 ox의 확산 속도는 전극 반응(ox의 환원 반응)의 속도에 비해 훨씬 더 느리므로, ox의 확산 과정은 전극 반응의 속도를 결정하는 단계(rate determining step)가 된다. 그런데 주어진 농도의 용액의 경우 ox의 확산 속도는 일정하므로, 전류의 크기는 더 이상 커지지 않는 값들((c)의 4와 5)을 나타내게 된다.

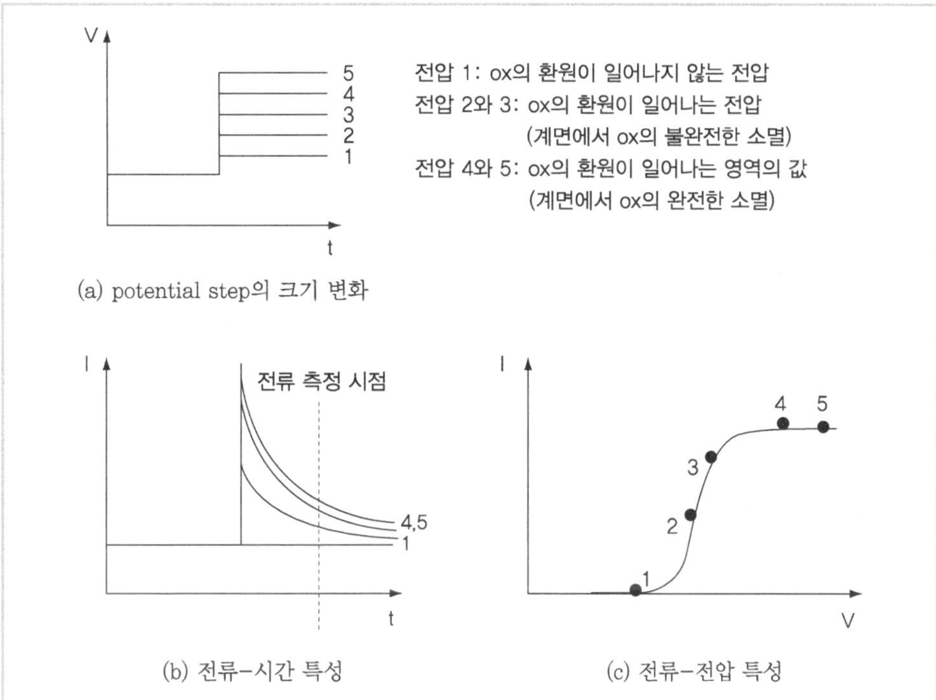

그림 6.6 걸어주는 potential step의 크기 변화에 따른 전류-시간 특성 및 전류-전압 특성

6.1.3 확산에 의한 mass transfer만이 전극 반응의 속도를 결정하는 환경에서 다양한 산화-환원 계들에 의한 전류-전압 특성

실험 조건

ox + ne ⇄ red와 같은 반쪽 반응을 대상으로 다음과 같은 조건들을 가정한다.

- 계면에서의 산화 또는 환원 반쪽 반응들의 속도는 충분히 빠른 속도로 진행되므로, ox와 red 사이에는 항상 평형이 성립한다.

  ⇒

  전극에 걸어 주는 전압(E)과 계면에서 ox와 red의 농도비 사이에는 다음과 같은 Nernst식이 적용된다.

  $$E = E^{o} + (\frac{0.0591}{n})\log\frac{[ox]}{[red]}$$

- 용액은 저어주지 않으므로 대류(convection) 현상은 일어나지 않는다.
- 정전기적인 반응에 의한 화학종의 이동(migration)은 최소화되어 무시할 수 있다.

전극 반응의 속도

가. ox와 red의 질량 이동과 농도 profile

확산이 질량 이동(mass transfer)의 유일한 수단이 되므로 mass transfer의 속도 (v_{mt})는 다음과 같이 표현된다.

$$v_{mt} \propto (\partial C_{ox}/\partial x)_{x=0}$$

- ox의 mass transfer 속도는 계면과 bulk 부분 용액 층 사이에서 발생하는 ox의 농도 차(concentration gradient)에 비례한다.

그런데 ox의 mass transfer 속도는 계면에 도달한 ox가 red로 변하는 전극 반응의 속도에 비해 훨씬 느려서 전극 반응의 속도는 mass transfer의 속도에 의해 좌우되는 현상이 발생하므로 다음과 같은 표현이 가능해진다.

$$\text{전극 반응의 속도} = \text{mass transfer의 속도} = v_{mt} = m_{ox}[C_{ox}^{*} - C_{ox(x=0)}]$$

여기서

m_{ox}: ox의 mass transfer coefficient
C_{ox}^{*}: bulk 부분 용액 층에서 ox의 농도
$C_{ox(x=0)}$: 전극/용액 계면에서 ox의 농도

또한, 앞에서 언급된 바와 같이 mass transfer의 속도와 화학종의 flux(J) 그리고 전류(i) 사이에는 다음과 같은 식이 성립하므로

$$v_{mt} = \text{flux} = J(x)(\text{단위: moles/cm}^2\text{/sec}) = \frac{i}{nFA}$$

전극 반응의 속도는 다음과 같이 표현할 수 있다.

$$\text{전극 반응의 속도} = v_{mt} = m_{ox}[C_{ox}^{*} - C_{ox(x=0)}] = \frac{i}{nFA}$$

- 전자 이전의 속도(rate of electron transfer: 전극 반응의 속도)는 ox가 bulk 부분 용액 층에서 계면으로 이동해 오는 속도에 정비례한다.

또한 계면에서 ox의 전극 반응에 의해 생성되는 red의 경우에는 다음과 같은 식이 가능해 진다.

$$J_i(x) = \frac{i}{nFA} = -\ m_{red}[C_{red}^{\ *} - C_{red(x=0)}]$$

• red의 경우 flux는 전극으로부터 멀어지는 방향으로 일어난다.

결국 전극 반응이 시작되고 주어진 시간이 경과된 시점에서 용액 속 ox와 red의 농도 profile들은 그림 6.7과 같은 모습을 가지게 된다.

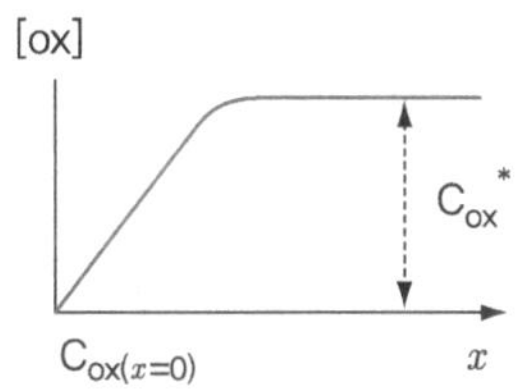

(a) ox의 농도 profile: ox의 경우 전극/용액 계면(x=0)에서 농도가 최소($C_{ox(x=0)}$)이고 용액의 bulk 부분으로 다가가면서 농도가 점차 증가하여 bulk 농도($C_{ox}^{\ *}$)에 도달하는 모습을 보인다.

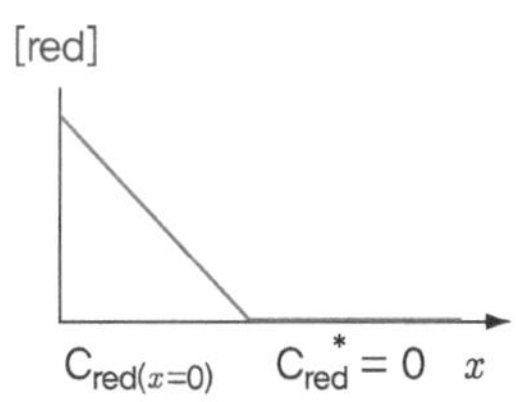

(b) red의 농도 profile: red의 경우 계면(x=0)에서 농도가 최대($C_{red(x=0)}$)이고 용액의 bulk 부분으로 접근하면서 농도가 점차 감소하여 $C_{red}^{\ *}$ = 0인 bulk 농도에 도달하는 모습을 보인다.

그림 6.7 전극 반응이 일어난 후 주어진 시점에서 ox와 red의 농도 profile들

◎ 전류-전압 특성

가. 초기 용액에는 ox만이 존재하고 red가 없는 경우($C_{red}^{\ *}$ = 0, red: 가용성) (예: Fe^{3+} 이온 용액)

앞에서 제시된 내용에 근거하여 다음과 같은 표현이 가능하다.

• ox의 경우

$$\frac{i}{nFA} = m_{ox}[C_{ox}^{\ *} - C_{ox(x=0)}]$$

$$\Rightarrow$$

$$i = nFAm_{ox}[C_{ox}^{\ *} - C_{ox(x=0)}]$$

현재 주어진 조건에서 발생하는 전류가 확산 전류(i_d)라고 하면,

$$i_d = nFAm_{ox}[C_{ox}^* - C_{ox(x=0)}]$$
$$= nFAm_{ox}C_{ox}^* - nFAm_{ox}C_{ox(x=0)} \quad ①$$

와 같은 식이 얻어진다.

이제 다음과 같이 한계 전류(limiting current, i_L)를 정의하면,

$$i_L = nFAm_{ox}C_{ox}^*$$

확산 전류를 표현한 식 ①은

$$i_d = i_L - nFAm_{ox}C_{ox(x=0)}$$
$$\Rightarrow$$
$$C_{ox(x=0)} = \frac{(i_L - i_d)}{nFAm_{ox}} \quad ②$$

와 같이 변할 수 있다.

- red의 경우

같은 방식에 의해 다음과 같은 표현이 가능해진다.

$$i_d = -nFAm_{red}[C_{red}^* - C_{red(x=0)}]$$

에서 $C_{red}^* = 0$이므로

$$i_d = nFAm_{red}C_{red(x=0)}$$
$$\Rightarrow$$
$$C_{red(x=0)} = \frac{i_d}{nFAm_{red}} \quad ③$$

이제 식 ②와 식 ③을 다음과 같은 Nernst식

$$E_{appl} = E^{o\prime} + (\frac{RT}{nF})\ln[\frac{C_{ox(x=0)}}{C_{red(x=0)}}]$$

에 대입하면 다음의 식 ④와 같은 표현이 얻어진다.

$$E_{appl} = E^{o\prime} + (\frac{RT}{nF})\ln[\frac{\{\frac{(i_L - i_d)}{nFAm_{ox}}\}}{\{\frac{i_d}{nFAm_{red}}\}}]$$

$$E_{appl} = E^{o\prime} + (\frac{RT}{nF})\ln(\frac{m_{red}}{m_{ox}}) + (\frac{RT}{nF})\ln[\frac{(i_L - i_d)}{i_d}] \quad ④$$

그림 6.8은 위 식 ④를 근거로 얻어진 것들이다.

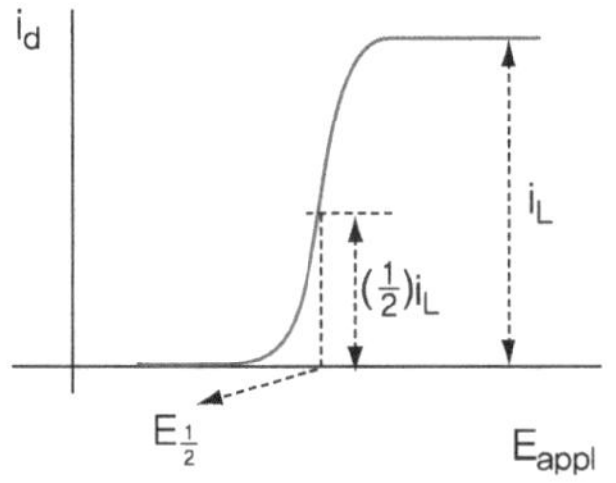

(a) i_d vs. E의 plot: 한계 전류(i_L)와 반파 전위(half-wave potential, $E_{1/2}$: 한계 전류의 반에 상당하는 전류인 $0.5i_L$가 발생한 전압)를 보여주고 있다.

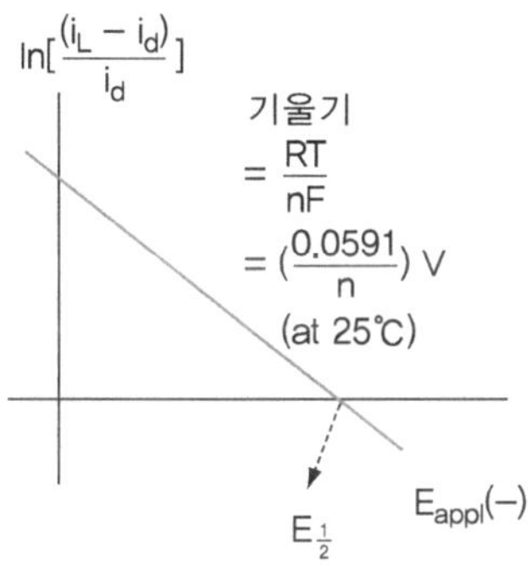

(b) $\ln[(i_L - i_d)/i_d]$ vs. E의 plot: 얻어진 직선의 기울기로부터 주어진 전극 반응에 관련된 전자의 몰수(n)를 구할 수 있음을 보여준다.

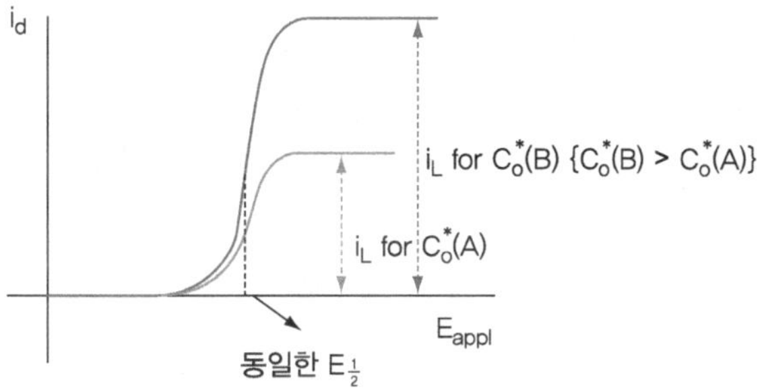

(c) • 한계 전류(i_L)의 경우 ox의 농도에 따라 그 크기가 달라지므로 ox의 농도를 알 수 있는 정량 분석의 근거가 될 수 있고, $i_{LC} = nFAm_{ox}C_{ox}^*$이므로 C_o^*↑이면, i_L↑

• 반파 전위($E_{1/2}$)의 경우 ox의 농도가 달라져도 그 위치가 변하지 않으므로 ox의 존재 확인을 위한 정성 분석의 근거가 될 수 있다는 점을 보여준다.

When $i_d = (\frac{1}{2})i_{LC}$,

E_{appl}

$= E^{o'} + (\frac{RT}{nF})\ln(\frac{m_{red}}{m_{ox}})$

$= E_{\frac{1}{2}}$: 반파 전위(half-wave potential)

$\Rightarrow$

$m_{ox} = m_{red}$인 경우에는 $E_{\frac{1}{2}} = E^{o'}$

그림 6.8 초기 용액에 ox만이 존재하는 경우의 전류-전압 특성

나. 초기 용액에 가용성 ox와 red가 둘 다 존재하는 경우 (예: Fe^{3+} 이온 + Fe^{2+} 이온 용액)

앞의 경우와 비슷한 과정을 거쳐 다음과 같은 결과를 얻을 수 있다.

• ox의 경우

$$i_d = nFAm_o[C_o^* - C_{o(x=0)}] = nFAm_oC_o^* - nFAm_oC_{o(x=0)} = i_{L,C} - nFAm_oC_{o(x=0)}$$

$$\Rightarrow C_{ox(x=0)} = \frac{(i_{LC} - i_d)}{nFAm_{ox}}$$

(i_{LC} = 한계 환원 전류(limiting cathodic current) = $nFAm_oC_o^*$)

• red의 경우

$$i_d = -nFAm_{red}[C_{red}^* - C_{red(x=0)}] = nFAm_{red}C_{r(x=0)} - nFAm_{red}C_{red}^*$$
$$= nFAm_{red}C_{red(x=0)} - i_{LA}$$

$$\Rightarrow C_{ox(x=0)} = \frac{(i_d - i_{LA})}{nFAm_{red}}$$

(i_{LA} = 한계 산화 전류(limiting anodic current) = $nFAm_{red}C_{red}^*$)

와 같은 표현들이 얻어질 수 있으므로, 전류와 전압 사이의 관계는 다음과 같다.

$$E_{appl} = E^{o'} + (\frac{RT}{nF})\ln[\frac{C_{ox(x=0)}}{C_{red(x=0)}}]$$

$$E_{appl} = E^{o'} + (\frac{RT}{nF})\ln[\frac{(i_{LC} - i_d)}{(i_d - i_{LA})}] + (\frac{RT}{nF})\ln(\frac{m_{red}}{m_{ox}})$$

그림 6.9는 이 경우에 해당하는 전류-전압 특성을 보여준다.

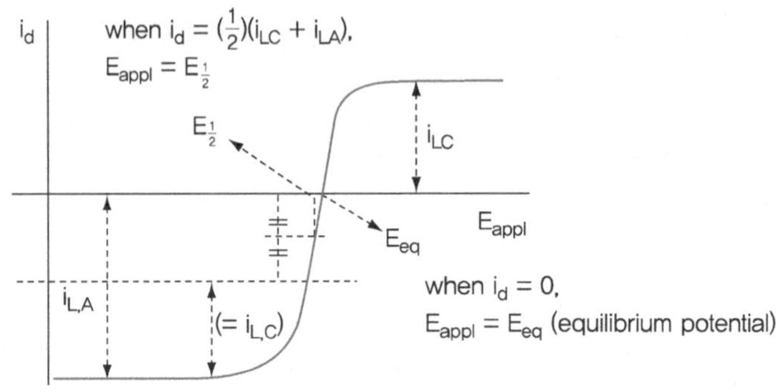

그림 6.9 초기 용액에 ox와 red가 공존하는 경우의 전류-전압 특성: 환원 전류는 +값 그리고 산화 전류는 -값으로 표현된다. 따라서 $i_d = (\frac{1}{2})(i_{LC} + i_{LA})$의 값

을 구하는 경우에도 i_{LA}은 −값임을 고려해야 한다.

참고자료 Fe^{3+}/Fe^{2+}쌍의 경우 얻어지는 전류−전압 특성들

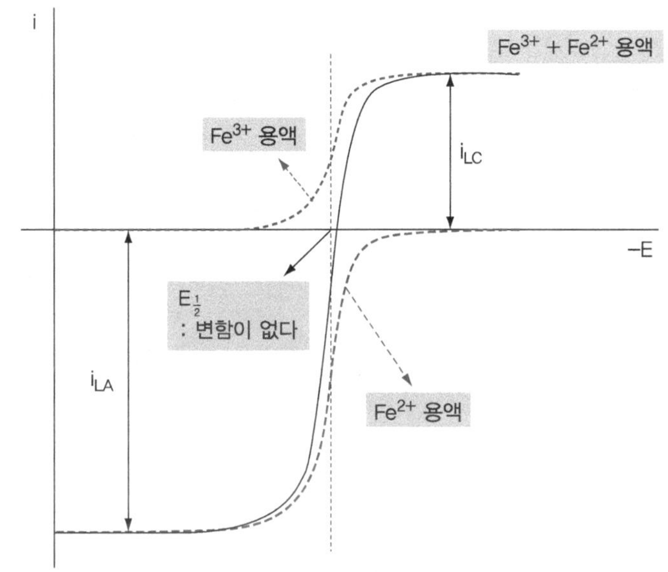

다. 초기 용액 속에 red는 존재하지만 ox는 없는 경우(예: Fe^{2+} 이온 용액)

앞의 경우와 비슷한 과정을 거친 후, 그 결과를 그림으로 표현하면 그림 6.10과 같다.

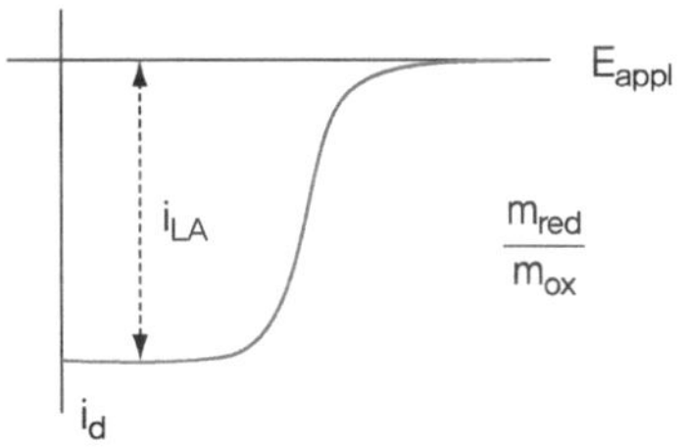

$$E_{appl} = E^{o'} + (\frac{RT}{nF})\ln\frac{-i_d}{(i_d - i_{LA})} + (\frac{RT}{nF})\ln(\frac{m_{red}}{m_{ox}})$$

⇒

$i_d = (\frac{1}{2})i_{LA}$이면,

$$E_{appl} = E^{o'} + (\frac{RT}{nF})\ln(\frac{m_{red}}{m_{ox}}) = E_{\frac{1}{2}}$$

그림 6.10 초기 용액 속에 red만 존재하는 경우 전류−전압 특성

그림 6.10에 실려 있는 그래프는 그림 6.8 (a) i_d vs. E plot과 비슷한 유형임을 알 수 있으며, 서로 다른 점은 발생하는 전류가 산화 전류라는 점이다. 따라서 정성 분석과 정량 분석의 방법(근거)들은 동일하다.

라. red가 불용성(ox가 환원되어 전극 표면에 석출)

비슷한 과정을 통해 다음과 같은 결과를 얻는다.

$$i_d = nFAm_{ox}[C_{ox}^* - C_{ox(x=0)}] = nFAm_{ox}C_{ox}^* - nFAm_{ox}C_{ox(x=0)}$$

$$= i_{LC} - nFAm_{ox}C_{ox(x=0)}$$

$$\Rightarrow C_{ox(x=0)} = \frac{(i_L - i_d)}{nFAm_{ox}}$$

$i_L = nFAm_{ox}C_{ox}^* \Rightarrow nFAm_{ox} = \frac{i_L}{C_{ox}^*}$를 사용하면

$C_{ox(x=0)} = \frac{(i_L - i_d)}{(i_L/C_{ox}^*)}$, $C_{ox(x=0)} = C_{ox}^*[\frac{(i_L - i_d)}{i_L}]$와 같은 표현식이 얻어진다.

따라서 걸어 주는 전압(E)과 확산 전류(i_d) 사이에는 다음과 같은 관계식이 얻어진다.

$$E_{appl} = E^{o\prime} + (\frac{RT}{nF})\ln C_{ox(x=0)}$$

$$E_{appl} = E^{o\prime} + (\frac{RT}{nF})\ln[\frac{(i_L - i_d)}{i_L}] + (\frac{RT}{nF})\ln C_{ox}^*$$

그림 6.11은 위 식이 의미하는 내용을 표현하고 있다.

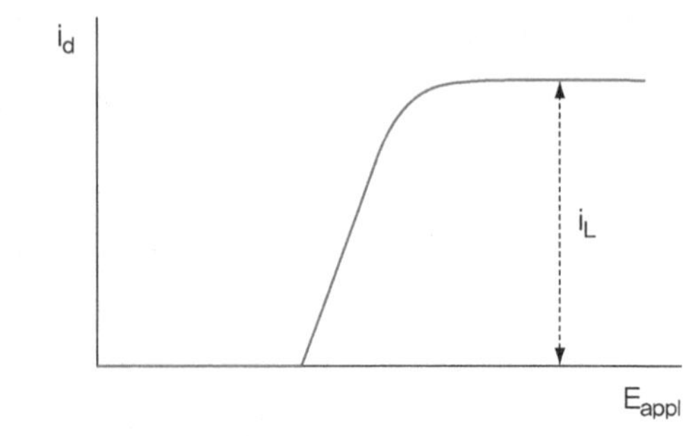

그림 6.11 초기 용액 속에 ox만이 존재하고, ox가 불용성 금속으로 환원되는 경우 전류-전압 특성

6.2 과전압

6.2.1 활성화 과전압

앞에서 주어진 전압 범위 내에서 IPE로 작동할 수 있는 전극으로 순수한 KCl 수용액(지지 전해질 용액)과 접촉하고 있는 수은 전극의 경우 다음과 같은 예측이 가능하다.

$Hg + Cl^- \rightarrow \frac{1}{2}Hg_2Cl_2 + e$ at ~ +0.25 V vs. SHE

$K^+ + Hg + e \rightarrow K(Hg)$ at ~ −2.1 V vs. SHE

- +0.25 V ~ −2.1 V의 범위 내의 전압을 걸어주면, 수은 전극의 계면에서는 어떠한 산화 또는 환원 반응도 일어나지 않는다.

그렇다면 +0.25 V ~ −2.1 V의 범위 내의 전압을 걸어주면 KCl 수용액의 용매인 물은 왜 환원되지 않는가?

물의 경우 표준 환원 전위($E^o_{H_2O/H_2,OH^-}$)가 −0.828 V이므로 위 전압 범위 내에서 물의 환원($H_2O + e \rightarrow \frac{1}{2}H_2 + OH^-$)이 일어나야 하겠지만, 수은 전극의 경우 계면의 특성상 물의 환원이 일어나기 위해서는 −0.828 V보다 α만큼의 전압을 더 걸어주어야 한다(⇒ KCl 용액에 접촉하고 있는 수은 전극의 경우 물의 환원은 K^+ 이온의 환원이 일어나는 −2.1 V를 지난 전압에서 일어나기 시작한다)(그림 6.12).

이러한 여분의 전압(α)은 계면의 종류에 따라 다르며 활성화 과전압(activation overpotential)이라 부른다. 다시 말해 주어진 계면에서 전극 반응이 진행되기 위해서는 일종의 장벽(barrier)을 극복해야 하는데, 이러한 장벽을 활성화 장벽(activation barrier) 또는 활성화 과전압이라 한다. 활성화 과전압의 크기는 전극의 조성과 면적, 전극의 표면과 전극 반응의 종류, 그리고 온도 등에 따라 달라진다.

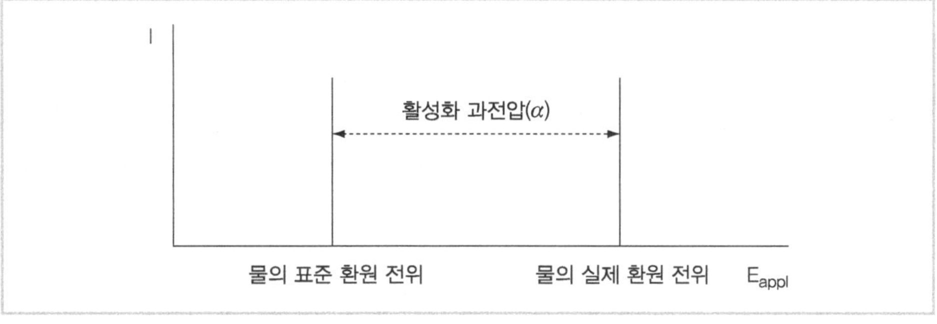

그림 6.12 수은 전극과 접촉하는 물의 활성화 과전압

6.2.2 농도 과전압

주어진 전극 반응이 진행될 수 있는 전압에 도달하면(활성화 과전압이 적용된 후), 이론적으로는 용액 속의 화학종들이 모두 산화 또는 환원되어 그림 6.13의 점선(A)과 같은 전류가 발생해야 한다.

그러나 실제로는 계면에 전압을 걸어준 후 화학종의 산화 또는 환원 반응이 일어나는 속도는 매우 빠르지만 용액중의 화학종들이 계면으로 확산해 오는 속도는 느려서 전극 반응의 속도를 따라가지 못한다. 결국 화학종들이 계면으로 확산해 오는 동안 전극에는 지속적으로 증가하는 전압이 걸리게 되므로 그림 6.13의 실선과 같은 전류가 흐르게 된다.

따라서 주어진 크기의 전류가 발생하기 위해서는 과량의 전압을 더 걸어주어야 하며, 이 과량의 전압을 농도 과전압(concentration overpotential, η_{conc})이라 부른다.

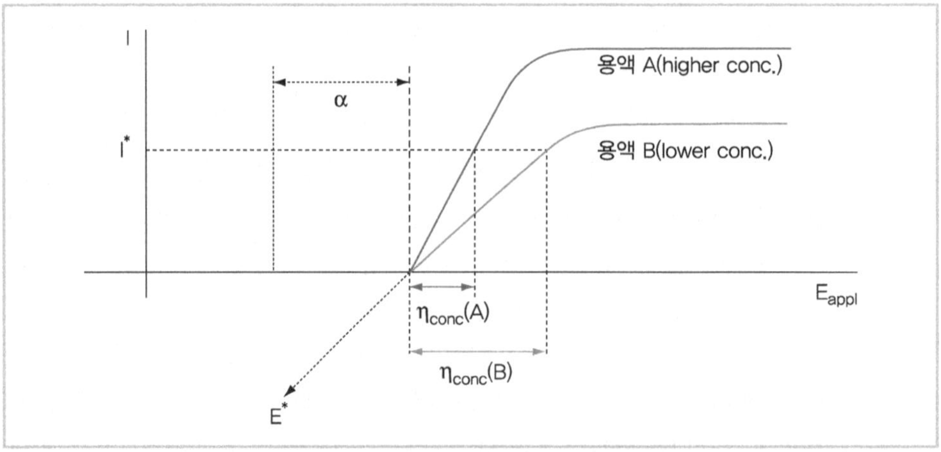

그림 6.13 용액의 농도에 따른 농도 과전압의 차이: 전류 i*를 얻기 위해 B의 경우 전압을 E*보다 η_{conc}(B)만큼 더 걸어주어야 하지만, A의 경우에는 EC보다 η_{conc}(A)만큼만 더 걸어주면 된다.

용액의 농도가 낮은 경우 농도가 진한 경우에 비해 더 많은 농도 과전압이 필요하다. 농도가 진한 용액의 경우 화학종의 mass transfer에 대한 용액 자체의 저항이 낮아(화학종의 확산이 보다 더 빠르게 진행되어) 농도 과전압이 크지 않지만, 용액의 농도가 묽어지면 화학종의 mass transfer에 대한 저항이 더 높아져(화학종의 확산이 더 느리게 일어나) 농도 과전압이 커진다.

참고자료 Diffusion and Fick's laws

1. 확산 방정식(Diffusion Equation) – Fick's laws

$$J = -D\frac{dC}{dx}$$

• Fick의 첫 번째 법칙(The Fick's 1st law)

이 식은 전극 반응이 일어난 후 어떤 순간(t)에 용액 중 확산층의 주어진 지점(x)에서 일어나는 화학종의 flux[J(x, t)]는 농도 차(dC/dx)와 확산 상수(diffusion constant, D)에 비례한다는 내용(농도 차이는 시간에 무관함 – steady state diffusion)을 담고 있다.

– 부호는 flux의 방향이 농도 차이의 방향과 서로 반대라는 점을 의미한다. 다음의 그림에서 위 부분은 농도 차이와 그 결과 x–축 방향으로 발생하는 flux의 모습을 보여주고 있으며, 아래 부분은 확산에 의해 발생하는 x–축 방향의 농도 profile을 보여준다.

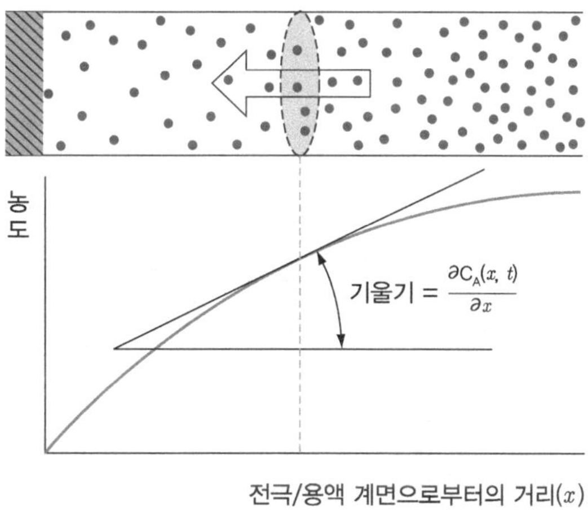

• Fick의 두 번째 법칙(The Fick's 2nd law)

$$J = -D\frac{\partial C(x,t)}{\partial x} \qquad \frac{\partial C}{\partial t} = -\frac{\partial J}{\partial x} \qquad \boxed{\frac{\partial C}{\partial t} = D\frac{\partial^2 C}{\partial x^2}}$$

시간(t)이 또 하나의 변수로 도입된다. 즉, 전극 반응이 일어난 후 어떤 순간(t)에 용액 중 확산층의 주어진 지점(x)에서 화학종의 농도 차이는 시간에 따라 변한다는 내용(non-steady state diffusion 또는 continually changing state diffusion)을 담고 있다.

만일 초기(t = 0) 용액 중에는 ox만이 존재하고 있었고 그 농도가 ox^*이라고 가정하자. 다음의 그림은 전극에 전압이 걸리고 전극 표면의 모든 ox가 red로 환원되어 버린 후, 시간이 지나면서($t = 0 < t_1 < t_2 < t_3$) 나타나는 ox와 red의 농도 profile들을 보여주고 있다.

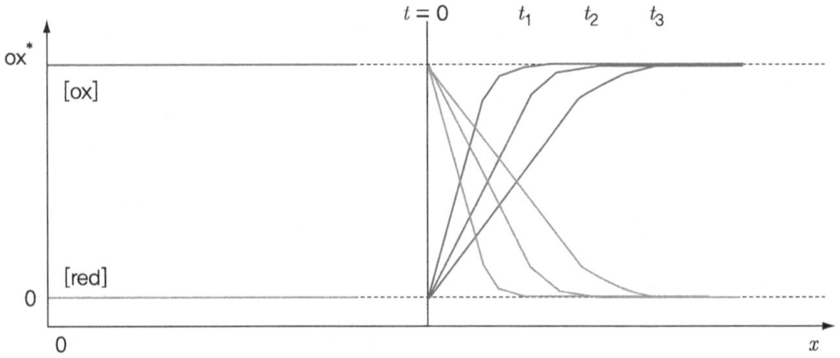

시간이 경과하면서($t = 0 \rightarrow t_1 \rightarrow t_2 \rightarrow t_3$) 확산층(농도 차이에 의한 화학종의 이동이 진행되는 용액 층)이 점차 용액의 bulk 부분으로 퍼져 나가는 모습을 볼 수 있다.

2. 전극 전위에 의한 영향

만일 전극 반응이 가역적이라면(ox + ne ⇄ red) 주어진 시간이 지난 후($t > 0$) 계면($x = 0$)에서 $[ox]_{x=0}/[red]_{x=0}$ 비(ratio)는 전극에 걸어준 전압(E)에 의해 좌우되며, 그 값은 다음과 같이 Nernst 식에 의해 구할 수 있다.

$$E = E^{o} + (\frac{0.0591}{n}) + \log\frac{[ox]_{x=0}}{[red]_{x=0}}$$

$$\Rightarrow$$

$$\frac{n\Delta E}{0.0591} = \log\frac{[ox]_{x=0}}{[red]_{x=0}} \qquad \text{여기서 } \Delta E = E - E^{o}$$

다음은 ΔE와 $[ox]_{x=0}/[red]_{x=0}$ 사이의 관계를 보여주는 표와 그 표의 내용을 그림으로 보여주고 있다.

$n\Delta E$, mV	$[ox]_{x=0}/[red]_{x=0}$
118	100/1
59	10/1
0	1
−59	1/10
−118	1/100

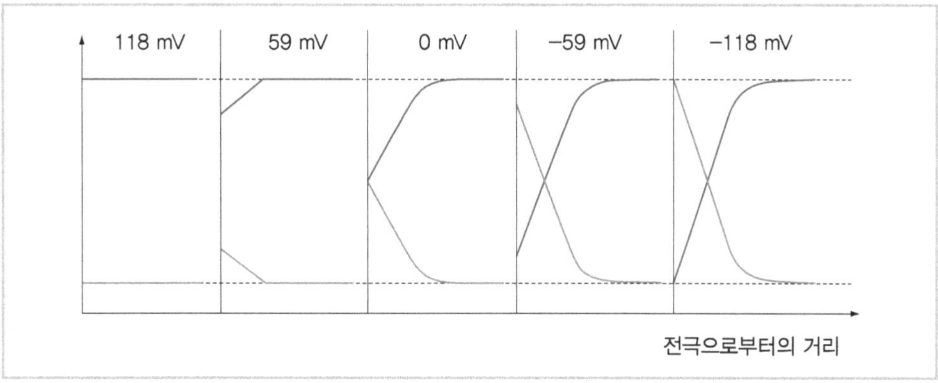

걸어 주는 전압이 − 방향으로 걸리는 동안 ΔE가 59 mV에 이르면서 ox의 환원이 시작되고 0 mV, −59 mV, 그리고 − 118 mV에 이르는 동안 더 많은 환원이 진행되어 계면에서의 ox의 농도는 급격히 감소하는 현상을 볼 수 있다(계면과 bulk 부분에서의 농도 차이로 인한 농도 profile 관찰).

반면에, 전극에 걸리는 전압의 변화에 따라(ox의 환원에 따라) 계면에서의 red의 양은 증가하고 bulk 부분으로 갈수록 농도가 감소하는 profile을 볼 수 있다.

제7장

전위차법 분석

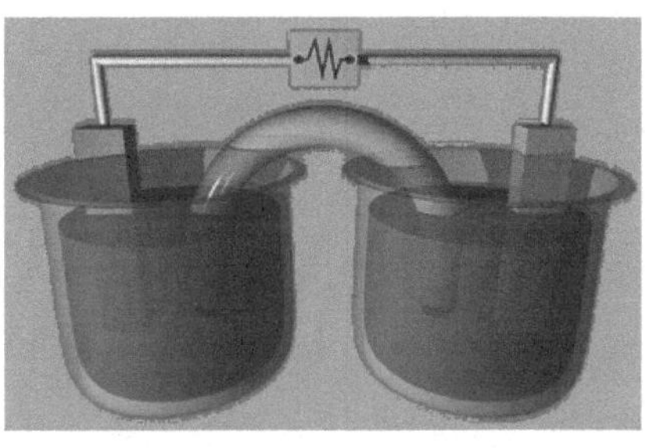

7.1 전위차법 분석

전위차법 분석(potentiometric analysis)은 주어진 전기화학적 셀을 galvanic cell의 형태로 작동시키면서, 그 셀을 구성하는 시료 용액 속에 함유된 분석대상성분에 관한 정성적 정보와 정량적 정보를 얻는 분석 방법이다.

전위차법 분석은 직접 전위차법 분석(direct potentiometry)과 간접 전위차법 분석(indirect potentiometry)으로 구분하며, 간접 전위차법 분석은 전위차법 적정분석(potentiometric titrimetry)으로도 부른다.

◎ 직접 전위차법

직접 전위차법에서는 시료 용액, 특정 분석대상성분에만 선택적으로 감응하는 지시 전극(indicator electrode, IE)(또는 작업 전극〈working electrode〉이라고도 부름), 그리고 기준 전극(reference electrode, RE)으로 전기화학적 셀을 구성한다.

만일 주어진 전기화학적 셀을 구성하면서 특정 분석대상성분에만 감응하여 전극 전위를 발생시키는 지시 전극에서 의미 있는 전극 전위가 나타난다면(결과적으로 의미 있는 셀 전위가 발생한다면), 그 셀을 구성하는 시료 용액 속에는 해당 분석대상성분이 존재한다는 사실을 의미하므로, 이러한 원리는 정성 분석에 활용된다. 또한 셀 전위의 크기는 시료 용액 속 분석대상성분의 활동도(또는 농도)에 따라 달라지므로, Nernst식을 사용하여 셀 전위와 분석대상성분의 활동도(또는 농도) 사이의 관계를 다루는 정량 분석이 가능하다.

◎ 간접 전위차법

간접 전위차법이란 주어진 적정분석(titration analysis)의 당량점(equivalence point)을 찾아내는 도구로서 전위차법을 적용하는 분석법이다. 즉, 시료 용액을 사용하여 다양한 화학량론적 반응에 근거를 둔 적정분석을 수행하고, 그로부터 시료 용액 속 분석대상성분에 대한 정량적인 정보를 얻는다.

7.1.1 전위차법에서 사용하는 전극들

◎ 1급 전극, 2급 전극 그리고 3급 전극

가. 1급 전극

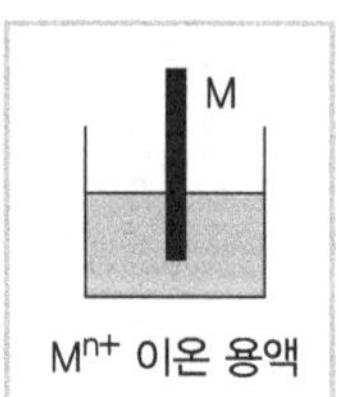

1급 전극(electrodes of the first kind)은 금속 전극(metal electrode, M)이 그 금속의 양이온(metal cation, M^{n+})이 녹아 있는 용액과 접촉하고 있는 형태로써, 전극 반응에 직접 참여하는 금속 양

이온의 농도에 따라 전극 전위가 달라지는 전극이다.

다음은 1급 전극의 전극 표시법과 전극 반응식 그리고 전극 전위를 구하는 방법을 소개하고 있다.

- 전극 표시: $M(s)/M^{n+}(aq,\ x\ M)//$
- 전극 반응: $M^{n+} + ne \rightleftarrows M^{o}$
- 전극 전위: $E_{M^{n+}/M^{o}} = E^{o}_{M^{n+}/M^{o}} + (\frac{0.0591}{n})\log[M^{n+}]$

나. 2급 전극

2급 전극(electrodes of the second kind)은 금속 전극(M)이 그 금속의 난용성 염(sparingly soluble salt, MX_n) 그리고 그 염의 음이온(X^-) 용액과 접촉하고 있는 형태이며, 전극 반응에 직접 참여하지 않는(계면에서 산화 또는 환원 반쪽 반응을 일으키지 않는) 음이온의 농도에 따라 전극 전위가 달라지는 전극이다.

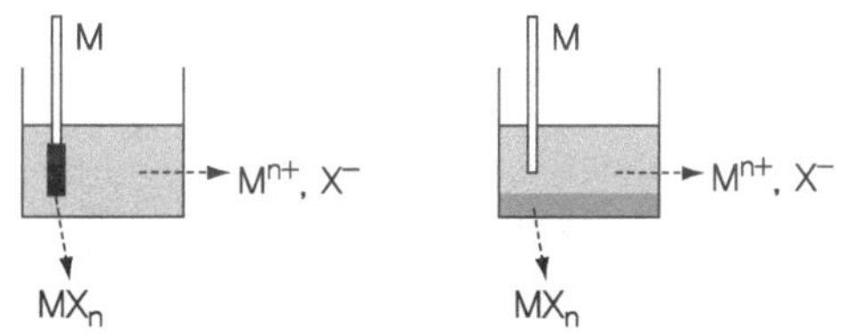

다시 말해 이 유형의 반쪽 셀의 경우 전극 전위가 두 단계에 걸쳐 영향을 받으므로(전극 반응에 참여하지 않는 X^- 이온의 농도 변화는 전극 반응에 참여하는 M^{n+} 이온의 농도를 변화시킴 → M^{n+} 이온의 농도 변화는 전극 전위의 변화를 초래), 2급 전극이라 부른다.

다음은 2급 전극의 전극 표시법과 전극 반응식 그리고 전극 전위를 구하는 방법을 소개하고 있다.

- 전극 표시: $M(s)/MX_n(s)/X^-(aq,\ x\ M)//$
- 전극 반응 1: $MX_n(s) + ne \rightleftarrows M^{o} + nX^-$

  전극 전위 1: $E_{MX_n/M^{o},Cl^-} = E^{o}_{MX_n/M^{o},Cl^-} + (\frac{0.0591}{n})\log(\frac{1}{[Cl^-]^n})$

  전극 반응 2: $MX_n(s) \rightleftarrows M^{n+} + nX^-$ $\quad K_{sp} = [M^{n+}][X^-]^n$

  $M^{n+} + ne \rightleftarrows M^{o}$

  전극 전위 2: $E_{M^{n+}/M^{o}} = E^{o}_{M^{n+}/M^{o}} + (\frac{0.0591}{n})\log[M^{n+}]$

  $E_{M^{n+}/M^{o}} = E^{o}_{M^{n+}/M^{o}} + (\frac{0.0591}{n})\log(\frac{K_{sp}}{[X^-]^n})$

즉, 2급 전극의 경우 다음과 같은 두 개의 식들

$$E_{MX_n/M^o,Cl^-} = E^o_{MX_n/M^o,Cl^-} + (\frac{0.0591}{n})\log(\frac{1}{[Cl^-]^n})$$

$$E_{M^{n+}/M^o} = E^o_{M^{n+}/M^o} + (\frac{0.0591}{n})\log(\frac{K_{sp}}{[X^-]^n})$$

중의 한 가지를 사용하여 전극 전위를 구할 수 있는데, 두 개의 식들 모두 전극 반응에는 직접 참여하지 않는(전자를 잃거나 받지 않는) 화학종인 음이온(X^- 이온)의 농도에 따라 전극 전위가 달라짐을 보여주고 있다.

다. 3급 전극

3급 전극(electrodes of the third kind)은 금속 전극(M)과 그 금속의 난용성 염(또는 착화합물) 그리고 그 염(또는 착화합물)의 음이온과 두 번째 금속 양이온과 반응하여 생성된 염(또는 착화합물)으로 이루어진 형태이며, 시료 용액 중 두 번째 금속 양이온의 농도에 의해 전극 전위가 결정되는 전극이다.

예를 들어, $Hg(l)/HgY^{2-}(aq)$, $MY^{2-}(aq)$, $M^{2+}(aq)$ 반쪽 셀은 다음과 같은 특성을 가진다.

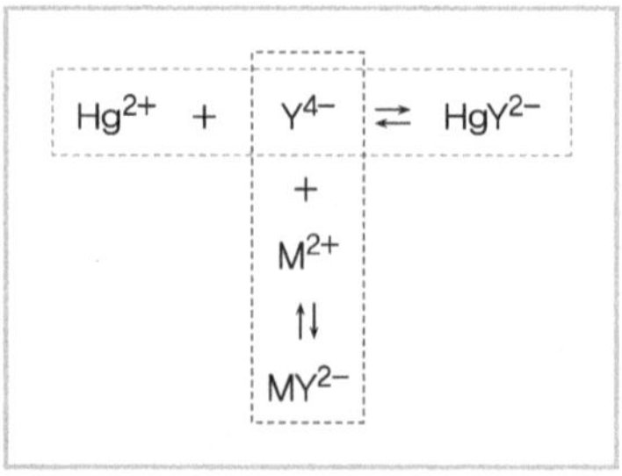

이러한 유형의 반쪽 셀에서는 오른쪽에 나타낸 것과 같이 Hg^{2+} 이온과 Y^{4-} 이온 사이의 착화합물 형성 반응과 M^{2+} 이온과 Y^{4-} 이온 사이의 착화합물 형성 반응이 서로 경쟁 관계에 놓여 있다.

이러한 유형의 전극에서 전극 전위가 달라지는 것은 용액 중 전극 반응에 직접 참여하는 화학종인 Hg^{2+} 이온의 농도가 변하기 때문이며, 그러한 Hg^{2+} 이온의 농도를 변화시키는 화학종은 Y^{4-} 이온이다. 그리고 마지막으로 용액 중 Y^{4-} 이온의 농도를 변화시키는 화학종이 바로 두 번째 금속 양이온인 M^{2+} 이온이다.

이와 같이 전극 전위가 3단계에 걸쳐 영향을 받으므로(M^{2+} 이온의 농도 변화는 Y^{4-} 이온의 농도를 변화시킴 → Y^{4-} 이온의 농도 변화는 Hg^{2+} 이온의 농도 변화를 일으킴 → Hg^{2+} 이온의 농도 변화는 전극 전위의 변화를 초래), 이러한 유형의 반쪽 셀을 3급 전극이라고 부른다.

다음은 $Hg(l)/HgY^{2-}(aq)$, $MY^{2-}(aq)$, $M^{2+}(aq)$ 전극의 전극 반응과 전극 전위에 관한 사항들을 자세히 다루고 있다.

$$Hg(l)/HgY^{2-}(aq),\ MY^{2-}(aq),\ M^{2+}(aq)$$

이러한 유형의 반쪽 셀의 경우, 다음과 같은 두 가지의 경쟁적인 평형 반응들이 관련되어 있다.

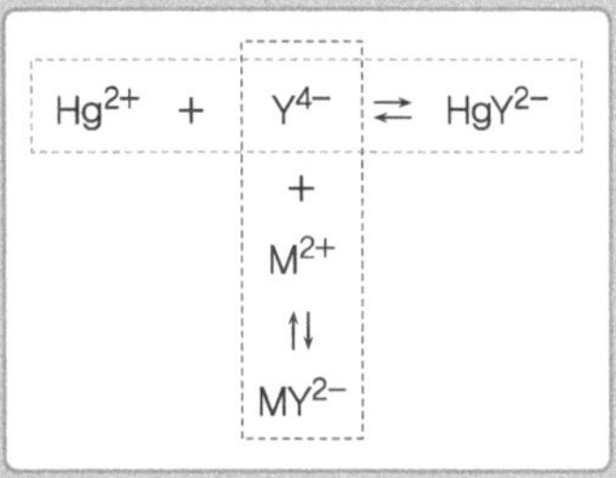

Hg와 Hg^{2+} 이온이 관련된 전극 반응은

$$Hg^{2+} + 2e \rightleftarrows Hg(l)$$

이고, 전극 전위를 구하는 식은 다음과 같다.

$$E_{Hg} = E^{o}{}_{Hg^{2+}/Hg} + (\frac{0.0591}{2})\log[Hg^{2+}] \qquad ①$$

그리고 Hg^{2+} 이온과 EDTA의 음이온(Y^{4-}) 사이의 착화합물 형성 반응은 다음과 같다.

$$Hg^{2+} + Y^{4-} \rightleftarrows HgY^{2-} \qquad K_{f,HgY^{2-}} = \frac{[HgY^{2-}]}{[Hg^{2+}][Y^{4-}]}$$

그런데 $[Y^{4-}] = \alpha_{Y^{4-}}C_{EDTA}$

($\alpha_{Y^{4-}}$는 용액 중 Y^{4-} 이온의 분율(fraction), C_{EDTA}는 EDTA의 초기 농도(EDTA 관련 화학종들의 농도 합)이다.)

이므로

$$K_{f,HgY^{2-}} = \frac{[HgY^{2-}]}{[Hg^{2+}]\alpha_{Y}{}^{4-}C_{EDTA}}$$

$$(K_{f,HgY^{2-}})(\alpha_{Y^{4-}}) = K_f{}',_{HgY^{2-}} = \frac{[HgY^{2-}]}{[Hg^{2+}]C_{EDTA}}$$

$$[Hg^{2+}] = \frac{[HgY^{2-}]}{C_{EDTA}(K_f{}',_{HgY^{2-}})} \qquad ②$$

($K_f{}',_{HgY^{2-}}$: HgY^{2-}의 조건부 생성 상수(conditional formation constant))

이제 두 번째 금속 양이온(M^{2+})이 관련된 $M^{2+} + Y^{4-} \rightleftarrows MY^{2-}$에 대해서도 비슷한 과정을 반복하면,

$$M^{2+} + Y^{4-} \rightleftarrows MY^{2-} \qquad K_f = \frac{[MY^{2-}]}{[M^{2+}][Y^{4-}]}$$

$$K_f{}',_{MY^{2-}} = \frac{[MY^{2-}]}{[M^{2+}]C_{EDTA}}$$

$$\Rightarrow C_{EDTA} = \frac{[MY^{2-}]}{(K_f{}',_{MY^{2-}})[M^{2+}]} \qquad ③$$

와 같은 결과를 얻는다. 이제 ②식을 ①식에 대입하면

$$E_{Hg} = E^{o}{}_{Hg^{2+}/Hg} + (\frac{0.0591}{2})\log[Hg^{2+}]$$

$$E_{Hg} = E^{o}_{Hg^{2+}/Hg} + (\frac{0.0591}{2})\log\frac{[HgY^{2-}]}{C_{EDTA}(K_{f}',_{HgY^{2-}})} \qquad ④$$

가 얻어진다. ③식을 ④식에 대입하면

$$E_{Hg} = E^{o}_{Hg^{2+}/Hg} + (\frac{0.0591}{2})\log\frac{[HgY^{2-}]}{C_{EDTA}(K_{f}',_{HgY^{2-}})}$$

$$E_{Hg} = E^{o}_{Hg^{2+}/Hg} + (\frac{0.0591}{2})\log\frac{[HgY^{2-}]}{\{\frac{[MY^{2-}]}{(K_{f}',_{MY^{2-}})[M^{2+}]}\}(K_{f}',_{HgY^{2-}})}$$

$$E_{Hg} = E^{o}_{Hg^{2+}/Hg} + (\frac{0.0591}{2})\log(\frac{K_{f}',_{MY^{2-}}}{K_{f}',_{HgY^{2-}}})$$

$$+ (\frac{0.0591}{2})\log(\frac{[HgY^{2-}]}{[MY^{2-}]}) + (\frac{0.0591}{2})\log[M^{2+}] \qquad ⑤$$

와 같은 식이 얻어지며, 식 ⑤는 수은 전극의 전극 전위가 Hg^{2+} 이온이 아닌 다른 M^{2+} 이온의 농도에 따라 달라진다는 내용을 담고 있다.

일반적으로 이러한 유형의 3급전극의 경우, 다음 관계가 성립한다.

$$K_{f,HgY^{2-}} > K_{f,MY^{2-}}$$

그런데 만일 이 형태의 3급 전극의 감도(sensitivity)가 커지려면(☞ 시료 용액 중 M^{2+} 이온의 농도가 조금만 변하여도 전극 전위의 변화가 크게 나타날 수 있으려면),

$$K_{f,HgY^{2-}} \gg K_{f,MY^{2-}}$$

와 같은 관계가 성립하는 금속 양이온(M^{2+}) 용액에 적용하는 것이 좋은데, 그 이유는 다음과 같다.

이 유형의 3급전극의 감도가 높으려면, 「$K_{f,HgY^{2-}} \gg K_{f,MY^{2-}}$」이어야 하는 이유

오른쪽과 같이 Hg^{2+} 이온과 Y^{4-} 이온 사이의 착화합물 형성 반응은 M^{2+} 이온과 Y^{4-} 이온 사이의 착화합물 형성 반응과 서로 경쟁 관계에 놓여 있다.

그리고 $K_{f,HgY^{2-}}$가 $K_{f,MY^{2-}}$보다 크다는 것은, 용액 중 Y^{4-} 이온의 농도 변화에 따른 Hg^{2+} 이온의 농도 변화가 M^{2+} 이온의 농도 변화보다 더 크게 일어날 것이라는 사실을 의미한다.

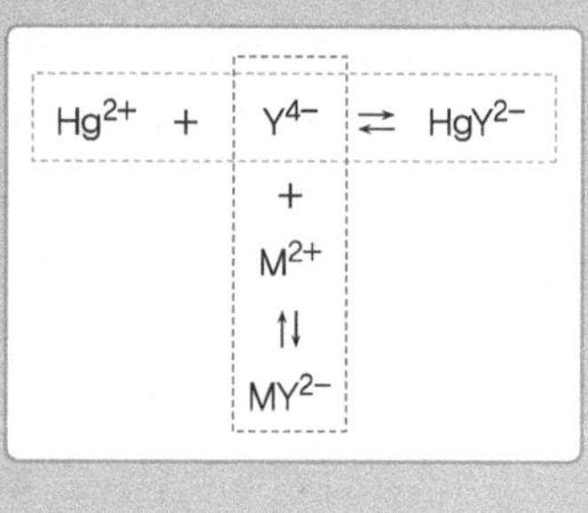

다시 말해 Hg^{2+} 이온과 Y^{4-} 이온 사이의 착화합물 형성 반응만이 존재하는 용액에 소량의 M^{2+} 이온이 등장하는 경우, 그로 인해 용액 중 Y^{4-} 이온의 농도 변화는 적게 일어나지만, 그에 따라 초래되는 Hg^{2+} 이온의 농도 변화는 더 크게 일어날 수 있음을 의미한다. 따라서 주어진 크기의 M^{2+} 이온의 농도 변화에 의해 초래되는 전극 전위의 변화가 크게 발생하기 위해서는 $K_{f,HgY^{2-}}$가 $K_{f,MY^{2-}}$보다 훨씬 더 큰 값을 가져야 함을 알 수 있다.

기준 전극

전위차법에서는 시료 용액 속에 존재하는 분석대상성분의 농도를 구하기 위해 주어진 전기화학적 셀의 전위차(셀 전위)를 측정하게 되는데, 셀 전위는 분석대상성분을 함유하는 시료 용액이 구성하는 반쪽 셀의 전위와 두 번째 반쪽 셀이 나타내는 전위와의 차이이다. 다시 말해 시료 용액 중 분석대상성분에 대한 정량적인 분석을 수행하기 위해서는 시료 용액 중 분석대상성분의 농도 변화가 일어나면, 주어진 셀의 셀 전위에도 상대적인 변화가 초래되어야 함을 의미한다.

이를 위해서는 주어진 셀을 구성하는 두 개의 반쪽 셀들 중 하나의 반쪽 셀은 시료 용액 속 분석대상성분의 농도가 변함에 따라 그 전극 전위가 변하지만, 두 번째 반쪽 셀의 경우에는 일정한 전위를 소유하면서 시료 용액 중 분석대상성분의 농도가 변하여도 그 전극 전위는 변하지 않아야 하는 것이다.

이렇게 그 전위가 알려져 있고 그 값이 변하지 않는 반쪽 셀을 기준 전극(reference electrode, RE) 또는 기준 반쪽 셀(reference half-cell)이라 부른다. 이제 전위차법에서 사용할 수 있는 기준 전극들의 종류에 대해 알아보기로 한다.

우선 가장 먼저 떠오르는 기준 전극으로 앞에서 이미 언급되었던 표준 수소 전극(SHE)을 들 수 있다. 그러나 표준 수소 전극은 제작, 유지, 사용 및 관리가 쉽지 않으므로 실제의 전기화학적 분석에서는 잘 사용하지 않는다.

따라서 상대적으로 보다 더 쉽고 유용하게 기준 전극으로 활용할 수 있는 반쪽 셀들을 제작하는데, 그러한 기준 전극들의 전극 전위는 표준 수소 전극과 연결하여 측정하게 된다. 표준 수소 전극은 1차 기준 전극(primary reference electrode)이라 하고, 표준 수소 전극과 연결하여 전극 전위들이 부여되는 기준 전극들은 2차 기준 전극(secondary reference electrode)이라 부른다.

다음은 몇 가지 유형의 기준 전극들을 소개하고 있다.

가. 칼로멜 전극(Calomel electrode)(Calomel: Hg_2Cl_2, mercurous chloride)

■ 전극 표시

$Hg(l)/Hg_2Cl_2(s)/Cl^-(aq)$

■ 전극 반응과 표준 환원 전위

$Hg_2Cl_2(s) + 2e \rightleftarrows 2Hg(l) + 2Cl^-$

$E^o_{Hg_2Cl_2/Hg,Cl^-}(vs.\ SHE) = 0.268\ V$

■ 전극 전위

$$E_{Hg_2Cl_2/Hg,Cl^-} = E^o_{Hg_2Cl_2/Hg,Cl^-} + (\frac{0.0591}{2})\log(\frac{1}{[Cl^-]^2})$$

■ 특성

칼로멜 전극은 2급 전극으로서 전극 반응에 직접 참여하지 않는 Cl^- 이온에 의해 그 전위가 변한다. 따라서 Cl^- 이온의 농도가 일정하게 유지된다면, 전극 전위도 변하지 않게 된다.

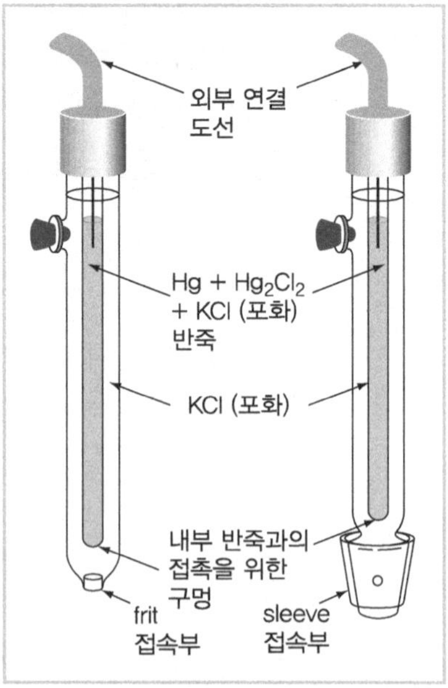

포화 칼로멜 전극(SCE)

- $[Cl^-]$ = 1.0 M이면, $E_{Hg_2Cl_2/Hg,Cl^-} = 0.268\ V$
  ➡ normal Calomel electrode
- $[Cl^-]$ = 포화 농도이면, $E_{Hg_2Cl_2/Hg,Cl^-} = 0.244\ V$
  ➡ 포화 칼로멜 전극(saturated Calomel electrode, SCE)

Hg_2^{2+} 이온이 참여한 화합물들은 대부분 불안정(unstable)하기 때문에 빛(light)에 노출되거나 물과 접촉하거나 가열되면, 분해(decomposition)될 수 있다. 예를 들어 Hg_2^{2+} 이온의 화합물이 물과 접촉하여 분해하는 경우, 다음과 같은 반응들이 진행될 수 있다.

$Hg_2Cl_2(s) \xrightleftharpoons{H_2O} Hg_2^{2+}(aq) + 2Cl^-(aq)$

$Hg_2^{2+}(aq) \rightleftarrows Hg(l) + Hg^{2+}(aq)$

$Hg^{2+}(aq) + 2Cl^-(aq) \rightleftarrows HgCl_2(aq)$(complex)

☞ $Hg_2Cl_2(s) \rightleftarrows Hg(l) + HgCl_2(aq)$ (complex)

위 반응들 중에서 $Hg_2^{2+}(aq) \rightleftarrows Hg(l) + Hg^{2+}(aq)$

와 같은 반응은 불균등화 반응(disproportionation reaction)이라 부르며, 이 반응의 평형 상수(equilibrium constant)는 6.0×10^{-3} 정도로 그리 작지 않다. 즉, 이러한 반응이 촉진되는 조건(예 온도의 급격한 변화)에서는

$$Hg_2Cl_2(s) + 2e \rightleftarrows 2Hg(l) + 2Cl^-$$

와 같은 전극 반응(Hg_2^{2+} 이온이 관련된 전극 반응)에 영향을 받게 되므로 칼로멜 전극의 전극 전위는 안정된 값을 보여주지 못하게 된다.

나. $Ag/AgCl/Cl^-$ 전극

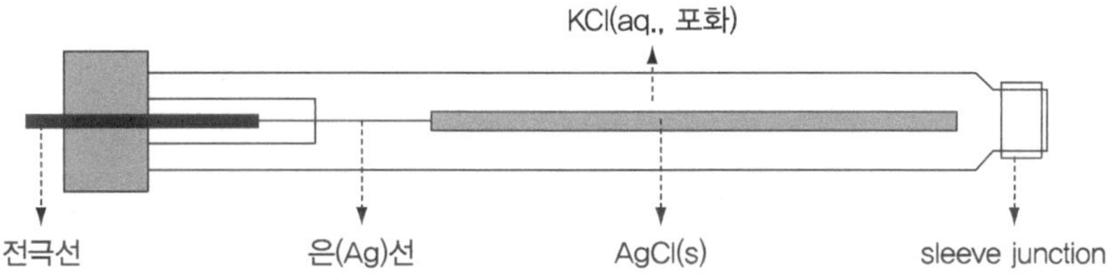

■ 전극 표시

$Ag(s)/AgCl(s)$ 또는 $Ag(s)/AgCl(s)/Cl^-(aq)$

■ 전극 반응과 표준 환원 전위 그리고 전극 전위

- $AgCl(s) \rightleftarrows Ag^+ + Cl^-$　　$K_{sp} = [Ag^+][Cl^-] = 1.8\times10^{-10}$

  전극 반응 (a): $Ag^+ + e \rightleftarrows Ag^o$　　$E^o_{Ag^+/Ag^o} = 0.799$ V

  전극 반응 (a)를 사용하는 경우의 전극 전위

$$\begin{aligned} &E_{Ag^+/Ag^o} \\ &= E^o_{Ag^+/Ag^o} + (0.0591)\log[Ag^+] \\ &= 0.799 + (0.0591)\log(\frac{K_{sp}}{[Cl^-]}) \end{aligned}$$

- 전극 반응 (b): $AgCl(s) + e \rightleftarrows Ag^o + Cl^-$　　$E^o_{AgCl/Ag^o,\ Cl^-} = 0.222$ V

  전극 반응 (b)를 사용하는 경우의 전극 전위

$$\begin{aligned} &E_{AgCl/Ag^o,Cl^-} \\ &= E^o_{AgCl/Ag^o,\ Cl^-} + (0.0591)\log(\frac{1}{[Cl^-]}) \\ &= 0.222 + (0.0591)\log(\frac{1}{[Cl^-]}) \end{aligned}$$

■ 특성

Ag/AgCl/Cl$^-$ 전극도 역시 2급 전극이며, 전극 반응에 직접 참여하지 않는 Cl$^-$ 이온에 의해 그 전극 전위가 변한다. 따라서 Cl$^-$ 이온의 농도가 일정하게 유지된다면, Ag/AgCl/ Cl$^-$ 전극의 전극 전위도 변하지 않는다.

Ag/AgCl/Cl$^-$ 전극은 칼로멜 전극에 비해 온도 변화에는 덜 민감하다는 장점을 소유하지만, 빛에 민감(은의 할로겐화물인 AgX의 특성)하다는 단점을 가진다.

다음은 Ag(s)/AgCl(s)/Cl$^-$(aq., 포화) 전극의 전극 전위를 보여준다.

[Cl$^-$] = 포화 농도이면,

$$E_{AgCl/Ag,Cl^-} = 0.799 + (0.0591)\log(\frac{K_{sp}}{[Cl^-]}) = 0.199\ V$$

$$E_{AgCl/Ag^o,Cl^-} = E^o_{AgCl/Ag^o,\ Cl^-} + (0.0591)\log(\frac{1}{[Cl^-]})$$

$$= 0.222 + (0.0591)\log(\frac{1}{[Cl^-]}) = 0.199\ V$$

※ Calomel 전극과 Ag/AgCl/Cl$^-$ 전극의 전극 전위들(단위: V vs. SHE)

온도(° C)	0.1 M Calomel	3.5 M Calomel	saturated Calomel	3.5 M Ag/AgCl	saturated Ag/AgCl
15	0.3362	0.254	0.2511	0.212	0.209
20	0.3359	0.252	0.2479	0.208	0.204
25	0.3356	0.250	0.2444	0.205	0.199
30	0.3351	0.248	0.2411	0.201	0.194
35	0.3344	0.246	0.2378	0.197	0.189

다. 적가액 흐름 기준 전극

전위차법 적정에서 사용되는 기준 전극의 경우 적정이 진행되는 동안에만 그 전위가 일정한 값을 유지할 수 있다면, 그 기능을 다할 수 있다. 다시 말해 기준 전극의 전위가 꼭 알려질 필요는 없으며, 단지 적정 과정을 통해 그 값이 변하지만 않으면 되는 것이다.

이러한 목적을 달성할 수 있는 전극이 바로 적가액 흐름 기준 전극(titrant-stream reference electrode)인데, 이 전극은 전기적으로 비활성인 백금 선을 적가액이 담긴 뷰렛의 끝부분에 삽입하여 밀봉한 형태로 사용한다.

이러한 형태는 백금 전극이 조성이 변하지 않는 적가액과의 접촉을 유지하므로 주어진 적정이 진행되는 동안에는 그 전위가 변하지 않고 일정한 값을 유지하게 된다. 단, 이 전극이 적정액에 설치된 다른 전극(지시 전극)과 전기적으로 연결되게 만들기 위해서는 뷰렛의 끝부분이 적정액에 잠기도록 만들어 주어야 한다.

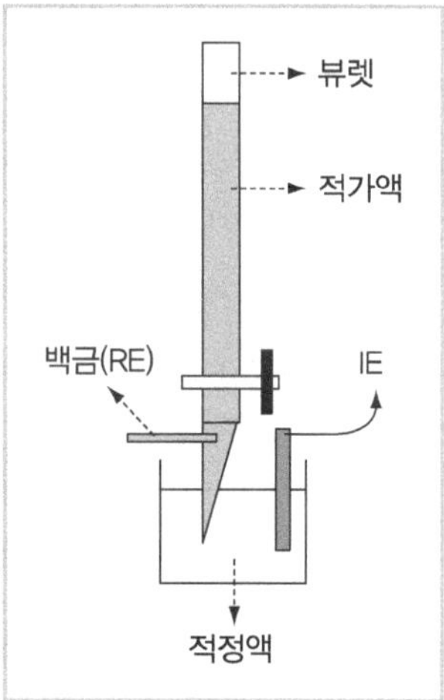

이러한 형태의 기준 전극은 제작이 쉽고 견고하며 다양한 응용성을 소유한다는 장점들을 가진다.

지시 전극

가. 금속 지시 전극

1급 전극과 2급 전극은 금속 지시 전극(metal indicator electrode)들이다.

나. 산화–환원 지시 전극

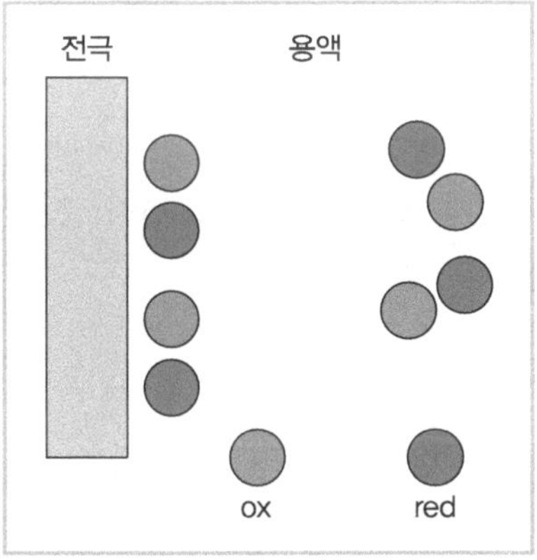

Pt, Au, Pd와 같은 비활성 금속을 사용하여 만든 전극이며, 이 전극은 용액 중의 산화–환원 쌍에 의한 전자의 이동 과정에서 매개체의 역할만을 수행할 뿐, 전극 그 자체는 산화 또는 환원되지 않는다.

왼쪽의 그림은 주어진 산화–환원 지시 전극이 용액 중에 존재하는 산화–환원 쌍의 전기화학적 잠재력에 어떻게 감응하게 되는가를 보여 주고 있다.

산화–환원 지시 전극으로 오른쪽 그림에서 볼 수 있는 것처럼, $FeCl_3$와 $FeCl_2$가 함유된 용액 속에 잠겨있는 백금 전극을 예로 들 수 있다.

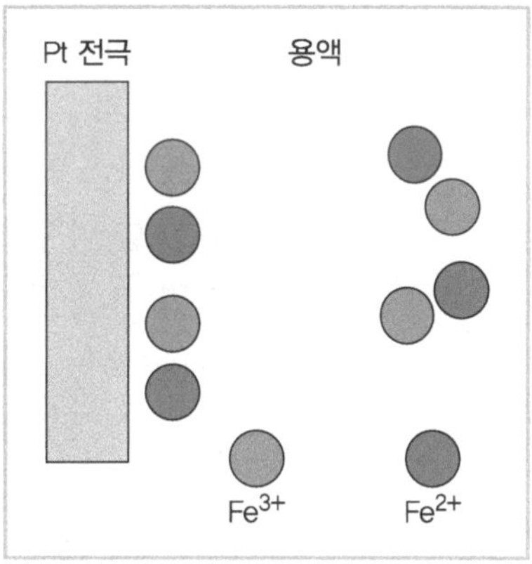

이 용액에는 Fe^{3+}–Fe^{2+}와 같은 산화–환원 쌍이 존재하며, 용액 중에서 두 가지 이온들 사이의 충돌에 의해 Fe^{2+} 이온과 Fe^{3+} 이온 사이에서 전자가 이동할 수 있게 된다.

또한, 이들 이온들이 전극과 충분히 가까워지면, 전극과 이들 이온들 사이에서 전자의 이동이 발생한다. Fe^{2+} 이온은 전극에 전자를 내어놓고

Fe^{3+} 이온으로 변하고 Fe^{3+} 이온은 전극으로부터 전자를 받아들여 Fe^{2+} 이온으로 변하는 것이다. 이때 전극은 Fe^{2+} 이온으로부터 받은 전자를 기준 전극으로 보내거나 기준 전극으로부터 전자를 받아 Fe^{3+} 이온에게 주는 매개체 역할만을 수행한다.

시간이 경과하면 $Fe^{3+}-Fe^{2+}$쌍 사이의 전자이전반응(electron transfer reaction, 산화–환원 반응)은 평형에 도달($Fe^{3+} + e \rightleftarrows Fe^{2+}$)하며, 백금 전극의 전자 밀도(electron density)도 일정한 수준에 도달하게 된다. 즉, 백금 전극의 전위는 용액의 전위(평형에 도달한 $Fe^{3+}-Fe^{2+}$쌍을 함유하는 용액의 전위)와 같아지는 것이다.

이와 같이 산화–환원 지시 전극의 전극 전위는 용액 속에 존재하는 산화–환원 쌍의 농도에 의해 결정되고, 여기서 예로 든 백금 지시 전극의 전극 전위는 다음과 같이 나타낸다.

$$E_{Pt} = E_{Fe^{3+}/Fe^{2+}} = E^{o}_{Fe^{3+}/Fe^{2+}} + (0.0591)\log\frac{[Fe^{3+}]}{[Fe^{2+}]}$$

※ Fe^{2+} 이온과 Fe^{3+} 이온 사이의 전자 이동은 계면에서만 일어나는 것은 아니다. 용액의 bulk 부분에서도 두 이온들 사이의 충돌(collision)에 의해 전자의 이동(산화–환원 반응)이 일어날 수도 있다. 그러나 두 이온들 사이의 산화–환원 반응이 일어나려면 적지 않은 크기의 에너지를 소유하고 적절한 방향으로 충돌이 선행되어야 한다. 따라서 용액의 bulk 부분에서 진행되는 전자 이동보다는 전극의 표면이 일종의 매개체로 작용하는 계면에서의 전자 이동이 보다 더 수월하다 하겠다.

다. 막 지시 전극

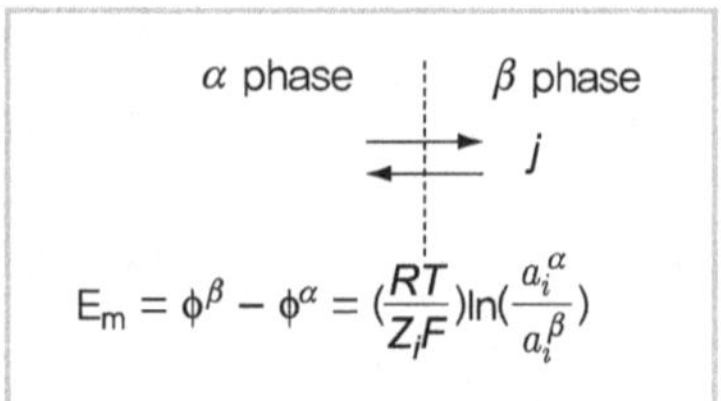

오른쪽 그림에서 나타낸 것처럼 막 지시 전극(membrane indicator electrode)에서 사용하는 막(membrane)은 특정 화학종(i)만을 선택적으로 통과시키며, 막 자체는 전자를 주거나 받지 않는다.

결국, α에서 i의 활동도(a_i^α)와 β에서 i의 활동도(a_i^β)가 다름에 따라 막을 중심으로 양쪽 phase의 전위가 달라지면서($\phi^\beta \neq \phi^\alpha$) 전위차가 발생하는데, 이를 막전위(membrane potential, E_m)라 부른다. 만일 a_i^β의 값이 일정하게 유지된다면,

$$E_m = 상수 + (\frac{RT}{Z_iF})\ln a_i^\alpha$$

의 형태로 되어 막전위는 α phase에 존재하는 i의 활동도에 따라 달라진다.

막 지시 전극의 경우 다양한 종류의 이온 선택성 전극(ion selective electrode, ISE)의 제조에 사용된다.

■ pH 측정용 유리막 전극(glass membrane electrode)
  – H^+ 이온 선택성 전극(H^+ ion selective electrode, H^+–ISE)

유리막

그림 7.1은 유리막의 구조를 보여준다. 유리는 화학적으로 결합한 Na_2O와 SiO_2로 구성되고, 규산염(silicate)이 3차원 그물망 구조(network structure)를 이루면서, $-SiO^-Na^+$와 같은 작용기(functinal group) 기능을 소유하고 있다.

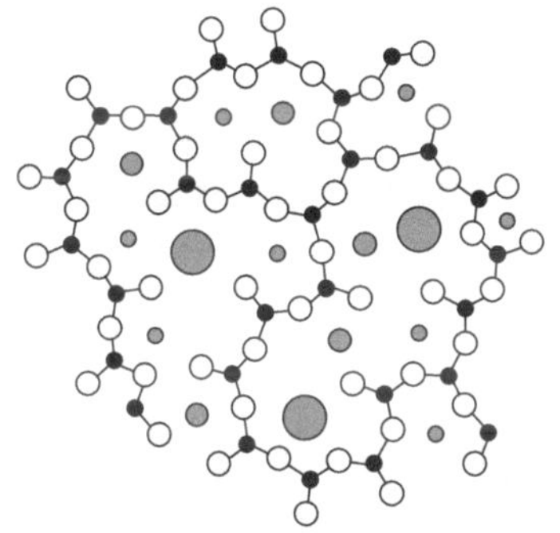

그림 7.1 유리막의 구조

유리막의 경우 그 두께가 약 50 μm 정도이다. 유리막이 수용액과 접촉하여 그 표면이 젖으면, 유리막의 젖은 층(두께: 5 ~ 100 nm)은 수화되어 젤(gel) 상태로 변한다. 그리고 젖은 유리막 층과 수용액 사이에서는 다음과 같은 이온 교환(ion exchange)이 이루어진다.

$$\underset{\text{젖은 유리막}}{-SiO^-Na^+} + \underset{\text{용액}}{H^+} \rightleftarrows \underset{\text{젖은 유리막}}{-SiO^-H^+} + \underset{\text{용액}}{Na^+}$$

용액 속의 다른 양이온들도 위와 같은 이온 교환에 참여할 수 있으나, 그 추진력은 그리 크지 않다. 그러나 유리막을 제조하는 단계에서 유리의 조성을 변화시켜 H^+ 이온 이외의 다른 양이온들과 유리막 속의 양이온들 사이의 이온 교환이 잘 이루어지도록 할 수도 있다.

유리막의 막전위

그림 7.2는 막의 양쪽으로 H^+ 이온을 함유하는 수용액들과 접촉하고 있는 유리막의 단면도를 보여준다.

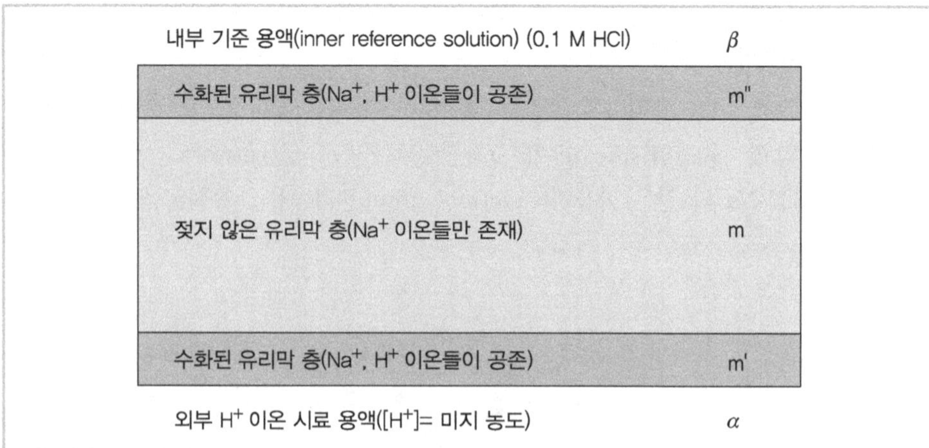

그림 7.2 수용액과 접촉하고 있는 유리막의 단면도

그림 7.2에서 볼 수 있는 단면도에 의하면, 다섯 가지 서로 다른 물질 층들이 서로 인접해 존재함을 알 수 있다. 이들 5가지 물질들은 각각 고유한 전위를 소유하고, 서로 인접한 물질들 사이에는 다음과 같이 상대적인 전위차들이 존재하게 된다.

- $(\phi^{m''} - \phi^{\beta})$
  내부 수용액에 의해 젖어 있는 유리막 층의 전위와 내부 수용액 사이의 전위차
- $(\phi^{m} - \phi^{m''})$
  젖지 않은 유리막 층의 전위와 내부 수용액에 의해 젖어 있는 유리막 층 사이의 전위차
- $(\phi^{m'} - \phi^{m})$
  외부 수용액에 의해 젖어 있는 유리막 층의 전위와 젖지 않은 유리막 층 사이의 전위차
- $(\phi^{\alpha} - \phi^{m'})$
  외부 수용액의 전위와 외부 수용액에 의해 젖어있는 유리막 층 사이의 전위차

※ 이들 중 $(\phi^{m''} - \phi^{\beta})$와 $(\phi^{\alpha} - \phi^{m'})$ 그리고 $(\phi^{m} - \phi^{m''})$와 $(\phi^{m'} - \phi^{m})$는 전위차 발생 특성은 같지만 부호는 서로 반대이다.

따라서 위 네 가지의 전위차들은 다음과 같이 주어진 유리막의 막전위(E_m)를 구성하게 된다.

막전위

$E_m = (\phi^{m''} - \phi^{\beta}) + (\phi^{m} - \phi^{m''}) + (\phi^{m'} - \phi^{m}) + (\phi^{\alpha} - \phi^{m'})$

$\Rightarrow$

$\mathbf{E_m}$ **= 상수 +** $\mathbf{(0.0591)\log\{a_{H^+}{}^{\alpha} + k_{H^+,Na^+}{}^{pot}(a_{Na^+}{}^{\alpha})\}}$

여기서

$a_{H^+}{}^{\alpha}$: α에서 H^+ 이온의 활동도

$a_{Na^+}{}^{\alpha}$: α에서 Na^+ 이온의 활동도

상수: β에서 화학종의 활동도가 일정하게 유지되어 얻어지는 상수항이며, 비대칭 전위도 포함한다.

■ 비대칭 전위(asymmetry potential)

유리막을 제조할 때 피할 수 없는 유리막의 불균일한 조성에 기인하며, 유리막의 양쪽에 동일한 용액을 사용하여도 양쪽 수화 층들에서의 이온 교환의 정도가 다를 수밖에 없고, 그 결과 양쪽의 전위차가 다르게 되어 발생하는 전위이다.

■ $k_{H^+,Na^+}{}^{pot}$(전위차법 선택 계수, potentiometric selectivity coefficient)

유리막의 조성에 따라 다른 값을 가지며, H^+ 이온 선택 전극의 경우 그 값이 매우 작다.

$\Rightarrow$ $k_{H^+,Na^+}{}^{pot}\downarrow$의 값이 아주 작아지면, $E_m = f(a_{H^+}{}^{\alpha})$

전극의 제조에 사용하는 막에 따라 특정 이온에 선택적으로 감응하는 전극을 만들 수 있으며, 거의 모든 이온 선택성 전극들은 유사한 다른 이온들에 의한 간섭을 받을 수 있다(앞에서 언급된 유리막 전극의 경우 Na^+ 이온이 간섭 이온에 해당).

만일 Ca^{2+} 이온에 선택적으로 감응하는 전극(Ca^{2+}-ISE)을 제조할 수 있고, 이 전극의 작동에 있어서 Mg^{2+} 이온이 간섭 이온이라면 이 전극의 전위는 다음과 같이 표현할 수 있다.

$$E_{ISE} = 상수 + (\frac{0.0591}{2})\log\{a_{Ca} + k_{Ca,Mg}{}^{pot}(a_{Mg})\}$$

예로써, 다음은 Ca^{2+}-ISE의 $k_{Ca,Mg}{}^{pot}$값을 구하는 과정을 보여준다.

예제 7-1

Ca^{2+}-ISE을 사용하여 Ca^{2+} 이온과 Mg^{2+} 이온이 여러 가지 비율로 혼합된 용액들의 전극 전위들을 측정한 다음과 같은 결과를 근거로 $k_{Ca,Mg}{}^{pot}$값을 구하시오.

실험 결과

용액 중 이온의 농도 (mM)	$[Ca^{2+}]$	0.10	0.10	0.10	0.10
	$[Mg^{2+}]$	0	10	50	100
E_{ISE}, mV		−353.0	−341.8	−326.4	−318.3

풀이 Mg^{2+} 이온에 의한 간섭이 없는 경우

$$E_{ISE(1)} = 상수 + (0.0295)\log(a_{Ca}) \qquad ①$$

Mg^{2+} 이온에 의한 간섭이 있는 경우

$$E_{ISE(2)} = 상수 + (0.0295)\log\{a_{Ca}(2) + k_{Ca,Mg}{}^{pot}(a_{Mg})\} \qquad ②$$

식 ②에서 식 ①을 빼주면 다음과 같은 표현이 얻어진다.

$$\begin{aligned} &E_{ISE(2)} - E_{ISE(1)} \\ &= \Delta E \\ &= 상수 + (0.0295)\log\{a_{Ca}(2) + k_{Ca,Mg}{}^{pot}(a_{Mg})\} \\ &\quad - [상수 + (0.0295)\log\{a_{Ca}(1)\}] \\ &= (0.0295)\log\{\frac{a_{Ca}(2)}{a_{Ca}(1)}\} + k_{Ca,Mg}{}^{pot}[\frac{(a_{Mg})}{\{a_{Ca}(1)\}}] \\ &= (0.0295)\log(1 + k_{Ca,Mg}{}^{pot}\frac{[Mg^{2+}]}{[Ca^{2+}]}) \end{aligned}$$

이 식을 재배열하여 다음과 같은 표현을 얻는다.

$$10^{\Delta E/0.0295} = 1 + k_{Ca,Mg}{}^{pot}\frac{[Mg^{2+}]}{[Ca^{2+}]}$$

이제 위의 표에 나와 있는 값들을 사용하여

$$10^{\Delta E/0.0295} \text{ vs. } \frac{[Mg^{2+}]}{[Ca^{2+}]}$$

의 plot을 그린 후, 그로부터 얻어진 직선의 기울기($k_{Ca,Mg}{}^{pot}$)를 구한다.

$k_{Ca,Mg}{}^{pot}$ = 0.014(실제로 이 값이 얻어지는지를 알아보는 것이 좋다!)

기전 효율

H^+ 이온 측정용 유리막 전극의 경우 Na^+ 이온 등에 의한 간섭 효과가 제거되었다면 그 막전위는 다음과 같이 표현된다.

$E_m = E_{H+} =$ **상수** $+ \beta(0.0591)\log(a_{H^+}{}^{\alpha})$

여기서

β: 기전 효율(electromotive efficiency)로 1에 가까운 값을 가지며, 보통 0.98보다 큰 값을 가진다.

• β의 의미

H^+ 이온 측정용 유리막 전극의 경우 시료 용액 중 H^+ 이온의 활동도($a_{H^+}{}^{\alpha}$)가 10배씩 변화하면, 전극 전위(막전위)는 $\beta(0.0591)$ V씩 변하게 된다. 즉, β값에 따라 전극 전위의 변화 정도가 결정되므로, H^+ 이온 측정용 유리막 전극을 사용하기 전에 β값을 알아두어야 한다.

• 상수와 β값

유리막 전극을 검정하는 작업(calibration)에서 H^+ 이온의 활동도가 알려진 완충 용액을 사용하여 결정(※ 차후 자세히 다룸)될 수 있다.

■ 액체막 지시 전극(liquid membrane indicator electrode)

이온 교환 과정

그림 7.3에서와 같이 액체막의 양쪽 수용액들과 금속 양이온을 주고받는 다음과 같은 이온 교환 과정이 일어난다.

$$M^{n+}(aq, \beta) + Ex^{n-}(org, m) \rightleftarrows MEx(org, m)$$
$$M^{n+}(aq, \alpha) + Ex^{n-}(org, m) \rightleftarrows MEx(org, m)$$

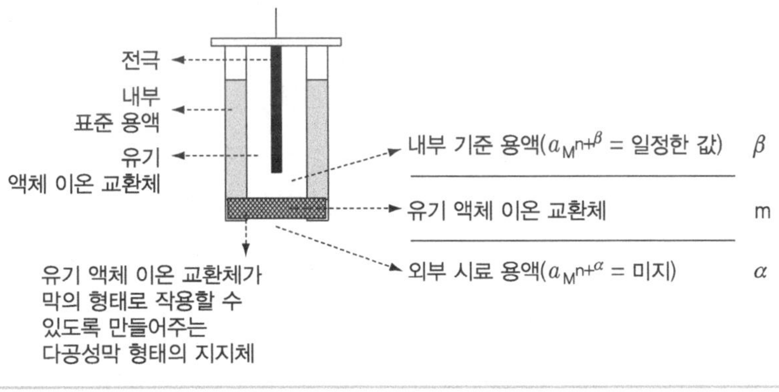

그림 7.3 내부 기준 용액 그리고 외부 시료 용액과 접촉하고 있는 액체막 지시 전극

양쪽 수용액 속의 금속 양이온의 농도가 다른 경우 이러한 이온 교환 과정의 정도가 달라지고, 그 결과 앞에서 다룬 유리막과 마찬가지로 막전위가 발생하게 된다.

액체 이온 교환체의 한 가지 예로써, Ca^{2+}-ISE에는 dioctyl phenylphosphonate에 녹여 만든 calcium dodecyl phosphate($[(RO)_2PO_2]_2Ca$)(R: 12개의 탄소들로 이루어진 dodecyl radical) 용액을 들 수 있다.

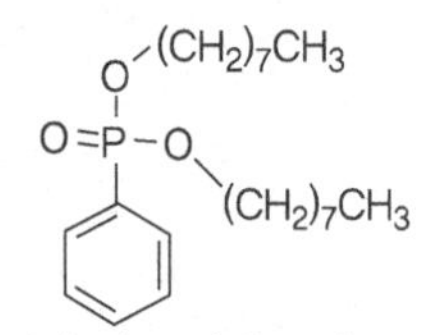

Dioctyl phenylphosphonate
($C_6H_5P(O)[O(CH_2)_7CH_3]_2$)

$$Ca^{2+}(aq,\ \beta) + 2(RO)_2PO_2^-(org,\ m) \rightleftarrows [(RO)_2PO_2]_2Ca(org,\ m)$$
$$Ca^{2+}(aq,\ \alpha) + 2(RO)_2PO_2^-(org,\ m) \rightleftarrows [(RO)_2PO_2]_2Ca(org,\ m)$$

막전위

액체막 지시 전극에서 발생하는 전극 전위는 다음과 같이 유도될 수 있다.

외부 시료 용액과 액체막 사이의 전위차 = $E_{m\alpha}$

$$= k_1 + \left(\frac{0.0591}{Z_i}\right)\log\left(\frac{a_{M^{n+}}{}^{\alpha}}{a_{M^{n+}}{}^{m}}\right)$$

내부 기준 용액과 액체막 사이의 전위차 = $E_{m\beta}$

$$= k_2 + \left(\frac{0.0591}{Z_i}\right)\log\left(\frac{a_{M^{n+}}{}^{\beta}}{a_{M^{n}}{}^{m}}\right)$$

로 표현할 수 있으므로, 이 두 가지 전위차를 사용하여 다음과 같이 액체막의 막전위(E_m)를 표현할 수 있다.

$$E_m = E_{m\alpha} - E_{m\beta}$$
$$= (k_1 - k_2) + \left(\frac{0.0591}{Z_i}\right)\log\left(\frac{a_{M^{n+}}{}^{\alpha}}{aM^{n\beta}}\right)$$
$$= k + \left(\frac{0.0591}{Z_i}\right)\log(a_{M^{n+}}{}^{\alpha})$$

⇒ 외부 시료 용액 속의 금속 이온의 활동도($a_{M^{n+}}{}^{\alpha}$)에 따라 액체막의 막전위(E_m)가 달라진다.

■ 고체막 지시 전극(solid membrane indicator electrode)

단일 결정으로 이루어진 막전극(single crystal membrane electrode)

예를 들어 그림 7.4에 나타낸 것처럼 약 1% 정도의 EuF_2(플루오린화 유로퓸, europium fluoride)가 불순물로 함유된 LaF_3(플루오린화 란타넘, lanthanium fluoride) 결정으로 만들어진 고체막의 경우, F^- 이온이 LaF_3 결정 격자의 내부를 비교적 자유롭게 이동할 수 있는 특성에 근거하여 F^- 이온 선택성 전극(F^--ISE)의 제작을 위한 고체막의 제조에 사용된다.

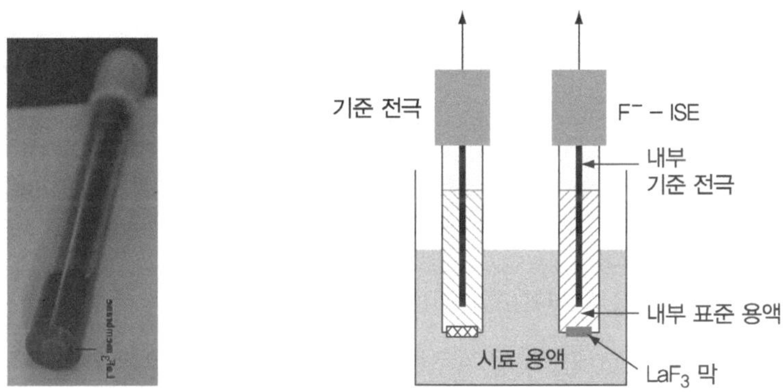

(a) LaF_3막으로 제조한 F^--ISE (b) F^--ISE를 지시 전극으로 사용하는 전위차법

그림 7.4 LaF_3막을 사용하여 제작한 F^--ISE

F^--ISE의 전극 전위는 다음과 같이 표현할 수 있다.

$$E_{F^-} = k + (0.0591/Z_i)\log(a_{F^-}{}^{\alpha})$$
$$= k - (0.0591)\log(a_{F^-}{}^{\alpha})$$

☞ 시료 용액 속의 F^- 이온의 활동도($a_{F^-}{}^{\alpha}$)에 따라 전극 전위가 변한다.

※ 막전극의 경우 전극 전위의 표현식은 계면에서 화학종의 산화 또는 환원 반쪽 반응이 관련된 금속 전극과는 달리 전자의 몰수(n) 대신 관련 화학종의 전하수(Z_i)를 사용한다. 따라서 관련 화학종이 음이온인 경우, 위 식에서와 같이 log 앞에 -부호가 적용될 수 있다는 사실을 잊지 말아야 한다.

난용성 염으로 이루어진 막전극

Ag_2S염의 경우 Ag^+ 이온과 S^{2-} 이온들의 이동이 가능하여 Ag^+ 이온과 S^{2-} 이온의 정량을 위한 고체막의 제조에 활용된다.

다음은 특정 이온에 선택적으로 감응할 수 있는 고체막의 제조에 사용될 수 있는 몇 가지 염들을 보여주고 있다.

Cu^{2+} - ISE를 위한 막 제조용 염: CuS/Ag_2S
Pb^{2+} - ISE를 위한 막 제조용 염: PbS/Ag_2S
Cd^{2+} - ISE를 위한 막 제조용 염: CdS/Ag_2S
I^- - ISE를 위한 막 제조용 염: AgI/Ag_2S
Br^- - ISE를 위한 막 제조용 염: $AgBr/Ag_2S$
Cl^- - ISE를 위한 막 제조용 염: $AgCl/Ag_2S$
SCN^- - ISE를 위한 막 제조용 염: $AgSCN/Ag_2S$

예로써, Cd^{2+}- ISE을 위한 CdS/Ag_2S막의 경우, 이온 교환 반응은 다음과 같으며,

$$Cd^{2+}(aq) + Ag_2S(s) \rightleftarrows CdS(s) + Ag^+(aq)$$

Cd^{2+}- ISE의 전극 전위는 시료 용액 속 Cd^{2+} 이온의 농도에 따라 변한다.

라. 기체 감지 전극(gas sensing electrode)

기체 감지 전극은 그림 7.5에서 볼 수 있는 것처럼 기체만이 투과가 가능한 다공성막(porous gas permeable membrane, 두께: 0.01 ~ 0.1 mm 정도)을 사용하여 만들어진 용기에 내부 충진 용액(internal filling solution)을 채우고 충진 용액에 pH 측정용 유리막 전극을 담근 형태로 구성할 수 있다.

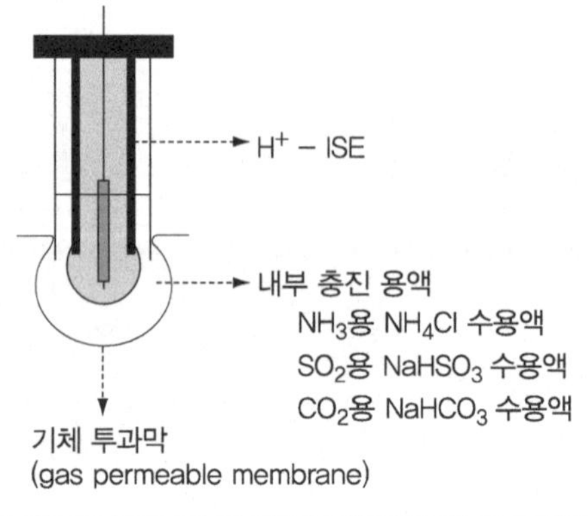

그림 7.5 수용액 속의 용존 기체의 농도 결정을 위한 기체막 전극

예로써, 수용액 중에 존재하는 CO_2 기체 측정용 막전극의 경우 박의 구멍(pore)들을 통해 다음과 같은 평형이 이루어지고, 평형에 의해서 내부 충진 용액 속 H^+ 이온의 활동

도(농도)가 변하고, 그러한 변화는 막 내부의 pH 측정용 유리막 전극에 의해 감지된다.

$$CO_2(aq)(\text{시료 용액}) \rightleftarrows CO_2(g)(\text{막의 구멍}) \rightleftarrows CO_2(aq)(\text{내부 충진 용액})$$
$$\rightleftarrows H_2CO_3(aq) \rightleftarrows HCO_3^-(aq) + H^+(aq)$$

■ 생-촉매막 전극(Bio-catalytic membrane electrode)

요소(urea)의 정량을 위해 사용하는 막전극은 NH_4^+ 이온 선택전극의 표면에 요소 분해 반응의 촉매(catalyst)인 유레이스(urease)를 결합시킨 젤(gel) 형태의 폴리아크릴아마이드(polyacrylamide)를 코팅시켜 만들 수 있으며, 다음과 같은 요소의 가수분해반응으로부터 생성되는 NH_4^+ 이온에 대한 정량을 통하여 요소의 양을 결정한다.

$$H_2N-\overset{\overset{\displaystyle O}{\|}}{C}-NH_2 + 2H_2O \xrightarrow{\text{urease}} 2NH_4^+ + CO_3^{2-}$$

7.1.2 직접 전위차법에서의 검정 작업과 정량 분석

직접 전위차법은 분석대상성분을 함유한 시료 용액, 그 성분에 선택적으로 감응하는 지시 전극 그리고 기준 전극으로 이루어진 전기화학적 셀에서 지시 전극과 기준 전극 사이의 전위차는 바로 시료 용액 속에 들어있는 분석대상성분의 활동도에 따라 달라진다는 사실에 근거를 둔다.

직접 전위차법에 있어서 특정 성분(i)의 활동도와 셀 전위는 다음과 같은 식으로 일반화하여 표현할 수 있다.

$$E_{cell} = E_{ind} - E_{ref} = k + (\frac{0.0591}{n})\log(a_i)$$

$$\text{또는 } E_{cell} = E_{ind} - E_{ref} = k' + (\frac{0.0591}{n})\log[i]$$

여기서 k 또는 k'와 같은 상수항의 값은 주어진 직접 전위차법을 실제 시료 용액에 적용하기 전에 수행하는 다음과 같은 검정 작업의 과정에서 결정되어야 한다.

◉ 단일 표준 용액을 사용하는 검정 작업에 의한 정량 분석

단일 표준 용액을 사용하여 k 또는 k' 와 같은 상수항의 값이 결정되면, 실제 시료 용액에 적용할 수 있다. 다음의 예를 살펴보자.

예제 7-2

F^- 이온 선택성 전극을 사용하여 제작한 전기화학적 셀에서 1.00×10^{-3} M F^- 표준 용액을 사용하여 얻은 셀 전위는 0.214 V이다. 이 셀을 미지 농도의 F^- 시료 용액에 적용한 결과 0.235 V의 셀 전위가 얻어졌다면, 시료 용액 중 F^- 이온의 농도를 구하시오.

풀이 $E_{cell} = k' + (\frac{0.0591}{Z_i})\log[i] = k' - (0.0591)\log[F^-]$

$\Rightarrow 0.214 = k' - (0.0591)\log(1.00\times10^{-3})$

$\Rightarrow k' = 0.037$

$E_{cell} = 0.037 - (0.0591)\log[F^-]$

$\Rightarrow 0.235 = 0.037 - (0.0591)\log[F^-]$

$\Rightarrow [F^-] = 4.46\times10^{-4}$ M

검량선(calibration curve)의 작성에 의한 정량 분석

단일 표준 용액을 사용하는 검정 작업은 시료 용액과 표준 용액의 농도가 거의 같은 경우에만 사용할 수 있으며, 시료 용액이 한 가지 이상이고 그 용액들의 농도들이 서로 10배 이상 차이가 나는 경우에는 적어도 두 가지 이상의 표준 용액들을 사용하여 검량선을 얻는 작업을 수행한다.

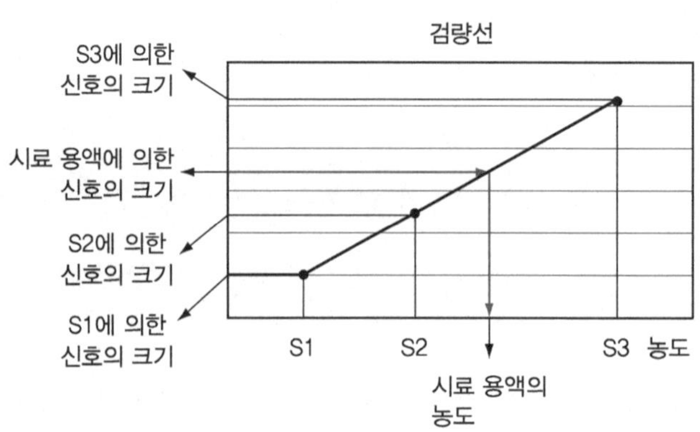

그림 7.6 검량선 작성에 의한 정량 분석 방법: 세 가지 농도의 표준 용액들(S1, S2, S3, 농도: S1 < S2 < S3)을 사용하여 농도 변화에 따른 신호의 변화를 나타내는 검량선을 얻은 후, 시료 용액을 사용하여 얻은 신호의 크기를 검량선에 적용하여 시료 용액의 농도를 알아낸다.

단, 검량선 작성에 의한 정량 분석법에서 유의해야 할 사항은 검량선 작성에 사용하는 표준 용액들과 시료 용액 사이에 존재하는 바탕배경(matrix) 차이를 고려해 주어야 한다는 사실이다.

일반적으로 다양한 농도의 표준 용액들의 경우 분석대상성분을 함유하는 시약을 순수한 물에 녹여 제조하므로, 해당 수용액들에 존재하는 화학종들(주로 이온들)의 종류와 양을 알 수 있다. 반면에 그 양을 알 수 없는 분석대상성분을 함유한 시료 용액의 경우에는 분석대상성분뿐만이 아니라, 다양한 종류와 양의 이온들이 함께 존재할 수도 있다. 결국 실험실에서 인위적으로 제조한 표준 용액들과 지연에서 채취하는 시료 용액 사이에는 그 정도를 알 수 없는 matrix차이가 존재하는 것이다.

이와 같은 matrix 차이는 표준 용액들과 시료 용액에 주어진 분석 방법을 적용하여 얻게 될 결과에 적지 않은 영향을 미칠 수 있으므로(상대적으로 단순한 matrix를 가지는 표준 용액들을 사용하여 얻는 검량선을 보다 더 복잡한 matrix를 소유한 시료 용액에 적용한다는 것은 실험오차의 발생을 초래하므로), 표준 용액들과 시료 용액 사이에서 발생하는 matrix 차이를 완화시켜 주기 위한 다음과 같은 작업을 잊지 말아야 한다.

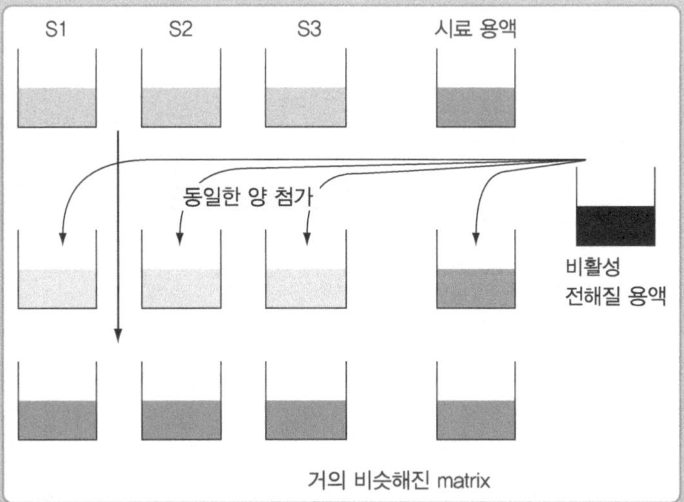

주어진 분석 방법에서 방해(간섭)를 일으키지 않는 양이온과 음이온으로 이루어진 전해질을 선택한 후, 각 표준 용액들과 시료 용액에 그 전해질을 동일한 양으로 다량씩 첨가해 준다. 이와 같은 전해질의 첨가는 표준 용액들과 시료 용액의 matrix를 거의 비슷하게 만들어줄 수 있다.

● 표준 첨가법(standard addition method)

표준 첨가법의 장점은 주어진 셀을 사전 검정 작업이 없이 시료 용액에 사용하면서 분석 작업을 수행할 수 있다는 것이다.

즉, 주어진 지시 전극과 기준 전극을 시료 용액에 담그고 셀 전위(E_1)를 측정한 후, 그 시료 용액에 소량의 표준 용액을 첨가하고 다시 셀 전위(E_2)를 측정한다. 이제 두 번에 걸쳐 측정된 셀 전위의 차이($\Delta E = E_2 - E_1$), 원래 시료 용액의 농도(C_x)와 부피(V_x), 그리고 첨가된 표준 용액의 농도(C_s)와 부피(V_s)들 사이의 관계를 나타내는 다음 식에 의해 시료 용액의 농도를 결정한다.

$$C_x = \frac{C_sV_s}{\{(V_x + V_s)10^{\Delta En/0.0591} - V_x\}} \text{의 유도 과정}$$

$$E_1 = \text{상수} + (\frac{0.0591}{n})\log C_x$$

$$E_2 = \text{상수} + (\frac{0.0591}{n})\log\{\frac{(C_xV_x + C_sV_s)}{(V_x + V_s)}\}$$

$\Rightarrow$

$$\Delta E = E_2 - E_1$$

$$= [\text{상수} + (\frac{0.0591}{n})\log\{\frac{(C_xV_x + C_sV_s)}{(V_x + V_s)}\}] - \{\text{상수} + (\frac{0.0591}{n})\log C_x\}$$

$$= (\frac{0.0591}{n})\log\{\frac{(C_xV_x + C_sV_s)}{(V_x + V_s)}\} - (\frac{0.0591}{n})\log C_x$$

$$= (\frac{0.0591}{n})\log\frac{C_xV_x + C_sV_s}{(V_x + V_s)C_x}$$

$$\Rightarrow \log\{\frac{(C_xV_x + C_sV_s)}{(V_x + V_s)C_x}\} = \frac{n\Delta E}{0.0591}$$

$\Rightarrow$

$$\frac{(C_xV_x + C_sV_s)}{(V_x + V_s)C_x} = 10^{\frac{n\Delta E}{0.0591}}$$

$\Rightarrow$

$$(V_x + \frac{C_sV_s}{C_x}) = 10^{\frac{n\Delta E}{0.0591}}(V_x + V_s)$$

$\Rightarrow$

$$\frac{C_sV_s}{C_x} = 10^{\frac{n\Delta E}{0.0591}}(V_x + V_s) - V_x$$

$$\Rightarrow C_x = \frac{C_sV_s}{\{(V_x + V_s)10^{\frac{n\Delta E}{0.0591}} - V_x\}}$$

이 방법에서는 표준 용액의 첨가에 의해 농도의 변화가 두 배 정도가 되면 가장 신뢰할 수 있는 결과를 얻을 수 있다. 그리고 주어진 시료 용액에 극히 소량의 표준 용액을 첨가하므로, 시료 용액과 표준 용액의 matrix 차이는 고려해 줄 필요가 없다.

연속 표준 첨가법(sequential standard addition method)

이 방법에서는 시료 용액에 소량의 표준 용액들을 단계적으로 첨가하고 각 첨가 단계마다 셀 전위를 측정하여 시료 용액 중 분석대상성분에 대한 정량을 수행한다. 다음의 예를 살펴보자.

예제 7-3

50 mL의 시료 용액에 들어 있는 K^+ 이온에 대한 정량을 위하여 K^+ 이온 선택성 전극을 사용한 직접 전위차법을 수행하였다. 여기서는 연속 표준 첨가법이 사용되었으며, 다음 표와 같은 실험값들을 얻었다. 시료 용액 중 K^+ 이온의 농도를 구하시오.

첨가된 1.0 M KCl 표준 용액의 부피(μ L)	셀 전위(V)	첨가된 1.0 M KCl 표준 용액의 부피(μ L)	셀 전위(V)
0	− 0.145	150	− 0.0994
50	− 0.120	200	− 0.0931
100	− 0.108		

풀이 우선

$$E_{cell} = k' + (0.0591)\log[K^+]$$

의 양변을 0.0591로 나누어주고, 변환 작업을 거쳐

$$\frac{E_{cell}}{0.0591} = \frac{k'}{0.0591} + \log[K^+]$$

$$\log[K^+] = \frac{E_{cell}}{0.0591} - \frac{k'}{0.0591}$$

$$[K^+] = \frac{(10^{\frac{E}{0.0591}})}{(10^{\frac{k'}{0.0591}})}$$

$$\Rightarrow (10^{\frac{E}{0.0591}}) = (10^{\frac{k'}{0.0591}})[K^+]$$

형태의 식이 얻어지면, 다음과 같은 $10^{\frac{E}{0.0591}}$ vs. $\Delta[K^+]$의 plot을 얻어 시료 용액

중의 $[K^+]$의 값을 구할 수 있다.

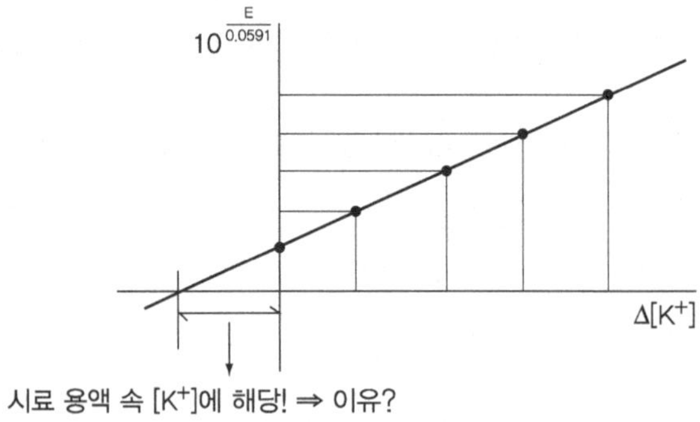

※ 실제로 실험 결과들을 적용한 plot을 그린 후, 시료 용액 중 K^+ 이온의 농도를 알아보자.

7.1.3 전위 측정의 정확도가 분석대상성분의 농도 결정에 미치는 영향

주어진 전기화학적 셀의 셀 전위를 ±1 mV보다 더 정확하게 측정하기는 쉽지 않다. 그렇다면 이러한 전위 측정에서의 부정확성(최소 ±1 mV)으로 인해 결과적으로 구하게 될 시료 용액 중 분석대상성분의 농도에는 어떠한 정도의 오차를 초래하게 되는가? 이온 선택성 전극을 예로 들면 다음과 같은 값들을 얻을 수 있다.

이온 선택성 전극의 경우 전극 전위는

$$E_{ISE} = E^{o'} + \left(\frac{0.0591}{Z_i}\right)\log[i]$$

로 나타낼 수 있으며, $E_{실제}$와 $E_{측정}$ 사이에는 다음과 같은 관계식이 성립될 수 있다.

$$E_{측정} = E^{o'} + \left(\frac{0.0591}{Z_i}\right)\log[i]_{측정}$$

$$E_{실제} = E^{o'} + \left(\frac{0.0591}{Z_i}\right)\log[i]_{실제}$$

$$E_{측정} - E_{실제} = \Delta E = \left(\frac{0.0591}{Z_i}\right)\log\frac{[i]_{측정}}{[i]_{실제}}$$

이 식으로부터 다음과 같은 식을 유도할 수 있고, 농도 결정에서 발생할 수 있는 오차의 크기를 구할 수 있다.

$$[i]_{측정}/[i]_{실제} = 10EXP(\Delta E \cdot Z_i/0.0591)$$

- ΔE = 1 mV(= 0.001 V)이고, 분석대상성분이 일가 양이온(mono-valent cation)인 경우

$$[i]_{측정}/[i]_{실제} = 10EXP(\frac{\Delta E \cdot Z_i}{0.0591}) = 10^{\frac{(0.001)(1)}{0.0591}} = 1.04$$

⇒ +4% 오차

- ΔE = 1 mV(= 0.001 V)이고, 분석대상성분이 이가 양이온(divalent cation)인 경우

$$[i]_{측정}/[i]_{실제} = 10EXP(\frac{\Delta E \cdot Z_i}{0.0591}) = 10^{\frac{(0.001)(2)}{0.0591}} = 1.08$$

⇒ +8% 오차

7.1.4 용액 자체의 저항이 셀 전위의 측정에 미치는 영향

전위차법에서의 셀 전위 측정에서 고려해 주어야 할 사항으로 용액 자체의 저항, 염다리 부분에서의 저항, 그리고 도선의 저항 등이 있다. 이러한 저항들은 셀 자체의 저항(R_{cell})이며, 이상적인 경우 셀을 통한 전류의 흐름이 발생하지 않는 상황에서 셀 전위를 측정한다.

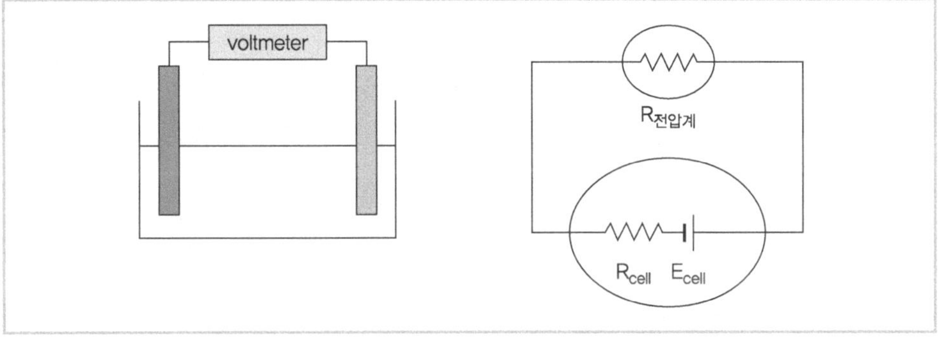

위의 그림과 같이 전위차법에 사용되는 전기화학적 셀은 바로 옆의 전기적 회로의 모습을 가지는 것으로 표현할 수 있다. 이 경우 전압계(voltmeter)에서 측정되는 전압은 다음과 같이 셀 전위에서 셀 자체의 저항에 기인하는 전압 강하(voltage drop, iR drop)를 빼어준 값이 된다.

$$E_{측정} = E_{cell} - E_{전압\ 강하}$$

그런데 Ohm의 법칙에 의하면,

$$E_{측정} = E_{cell} - E_{전압\ 강하} = E_{cell} - iR_{cell}$$

이 성립하며, 만일 i의 값이 작지 않은 경우에는 측정된 전압과 실제 셀 전위와의 차이가 크게 된다. 따라서 전위차법에서는 셀을 통한 전류가 흐르지 않는 상황에서 전류를 측정한다.

반면에, 전압계에 의해 셀 전위를 측정하기 위해서는 전압계를 통해 전류가 흘러야 한다. 이는 결국 셀을 통해 전류가 흘러야 한다는 것을 의미하는 것이다. 그리고 실제로 전압계를 통한 전류의 크기를 0에 가까운 값으로 최소화할 수 있다면, 그러한 전류가 셀에 미치는 영향은 아주 작아 무시할 수 있게 된다.

전위차법에서의 셀 전위 측정에서 고려해 주어야 할 사항으로 용액 자체의 저항, 염다리 부분에서의 저항, 그리고 도선의 저항 등이 있다. 이러한 저항들은 셀 자체의 저항(R_{cell})이며, 이상적인 경우 셀을 통한 전류의 흐름이 발생하지 않는 상황에서 셀 전위를 측정한다.

그렇다면 이와 같이 전압계를 통한 전류의 크기를 최소화하는 경우, 전압계에서는 전압이 제대로 측정될 수 있는가? 다음 그림과 같이 전압계에서는 전압계 자체의 저항에 근거하여 발생하는 전압 강하를 측정하는 것이다. 따라서 Ohm의 법칙에 의하면, $E_{측정} = iR_{전압계}$이므로 $R_{전압계}$의 값이 큰 경우의 i의 값이 작아도 전압의 측정이 가능해진다. 그렇다면 R_{cell}에 의한 오차는 어느 정도일까?

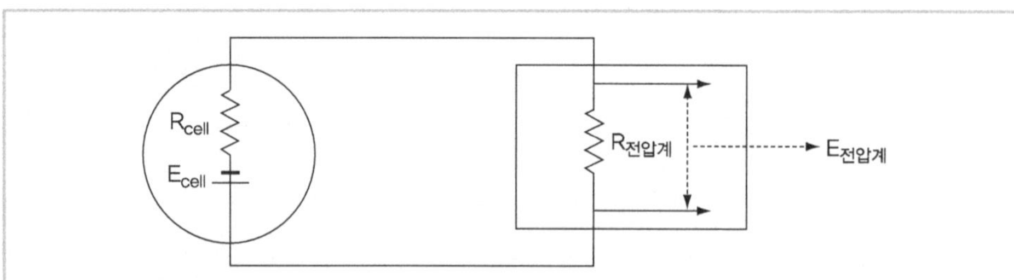

셀을 통해 흐르는 전류는 전압계와 셀을 통하여 흐르게 되므로 $E_{cell} = i(R_{cell} + R_{전압계})$와 같은 식이 얻어진다. 결국 E_{cell}과 $E_{측정}$ 사이에는 다음과 같은 관계가 성립한다.

$$\frac{E_{측정}}{E_{cell}} = \frac{R_{미터}}{(R_{cell} + R_{미터})}$$

이 식에 의하면, 전압계 자체의 저항이 커지면, 전압 측정에서 셀 자체의 저항에 따른 오차는 무시할 수 있을 정도로 작아질 수 있다. 다음의 예를 살펴보자.

예제 7-4

R_{cell} = 10^3 Ω이고 $R_{미터}$ = 10^{12} Ω일 때, E_{cell} = 0.5 V라면 셀 전위 측정에서 오차의 크기를 구하시오.

풀이

$$\frac{E_{측정}}{E_{cell}} = \frac{R_{미터}}{(R_{미터} + R_{cell})} = \frac{10^{12}}{(10^{12} + 10^3)} = 1 - 10^{-9}$$

따라서 셀 전위 측정에서의 오차는

$$0.5 \text{ V} \times 10^{-9} = 5\times10^{-10} \text{ V} \quad \Rightarrow \quad 0.5 \text{ nV 정도의 오차!}$$

7.1.5 전위차법 전기화학적 셀을 사용하는 pH 측정

pH 측정용 결합 전극

전위차법에 근거하여 제작된 장치들 중 하나는 pH 미터(pH meter)이며, 시료 용액의 pH를 측정하기 위해 필요한 전위차법 전기화학적 셀은 기본적으로 H^+ 이온을 함유하는 시료 용액, H^+ 이온에 선택적으로 감응하여 의미 있는 전극 전위가 발생하는 지시 전극인 pH 측정용 유리막 전극 그리고 Ag/AgCl 기준 전극으로 구성된다.

최근에는 그림 7.6에서 볼 수 있는 것처럼 지시 전극인 pH 측정용 유리막 전극과 기

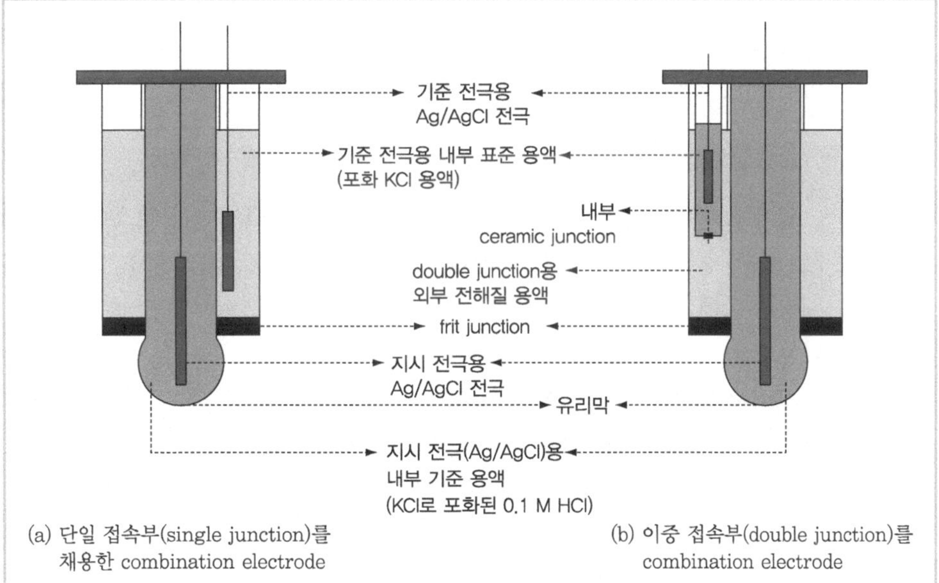

그림 7.6 pH 측정용 결합 전극

준 전극인 Ag/AgCl 기준 전극을 하나의 전극 형태로 결합시킨 pH 측정용 결합 전극(combination electrode)을 제작하여 사용하고 있다.

단일 접속부를 채용한 경우 기준 전극용 전해질 용액을 구성하는 Ag^+ 이온과 시료 용액 중 음이온들(예: S^{2-} 이온, CN^- 이온, I^- 이온 등)이 반응하여 침전물을 형성하면서, 접속부의 액체 통로를 막을 수도 있다. 따라서 그러한 영향이 우려되는 조건에서는 이중 접속부를 채용한 전극을 사용한다.

pH 측정용 결합 전극의 검정 작업

가. 검정 작업의 필요성

모든 화학 분석법들은 그 분석법들(또는 분석법들에서 사용하는 장치들이나 도구들)을 실제 시료에 적용하기 전, 분석대상성분의 표준 용액들을 사용하여 그 행동 양식을 알아보는 검정 작업(검량작업, calibration)을 수행해야 한다. 따라서 시료 용액 속에 함유된 H^+ 이온의 농도를 알아내기 위해 사용하는 전위차법 pH 측정도 실제 시료 용액에 적용하기 전에 H^+ 이온의 표준 용액들을 사용하는 검정 작업을 통해 pH 측정용 결합 전극의 행동 양식을 알아보아야 한다.

앞에서 다루었듯이 pH 측정용 결합 전극은 지시 전극인 pH 측정용 유리막 전극과 기준 전극인 Ag/AgCl 전극으로 이루어져 있다. 이들 중 기준 전극의 경우 그 특성(전극 전위는 알려져 있고, 그 값은 변하지 않고 일정하게 유지됨)에 따라 별도의 검정 작업을 필요로 하지 않는다. 그러나 지시 전극인 유리막 전극의 경우에는 그 유리막 전극의 상태에 따라 행동 양식이 달라질 수 있으므로, 매번 실제 시료 용액에 사용하기 전에 그 행동 양식을 규명해 두어야 한다. 결국 pH 측정용 결합 전극의 검정 작업은 바로 그 결합 전극을 구성하는 유리막 전극의 검정 작업인 것이다.

나. 검정 작업에서 알아내는 것들

앞에서 다루었듯이 주어진 pH 측정용 유리막 전극이 이상적으로 행동한다는 것은, Nernst식에 따른 행동 양식(Nernstian behavior)(시료 용액 중 H^+ 이온의 활동도가 10배씩 변함에 따라 그 유리막 전극의 전극 전위가 59.1 mV씩 변하는 행동 양식)을 보인다는 것을 의미한다.

그러나 유리막 전극이 항상 Nernstian behavior를 보여주는 것은 아니며, 또한 유리막 전극의 상태에 따라 Nernstian behavior에서 벗어나는 정도가 달라진다.

pH 측정용 결합 전극이 시료 용액과 구성하는 전위차법 전기화학적 셀의 셀 전위를 구하는 식은 다음과 같이 나타내며,

$$E_{cell} = E_{지시} - E_{기준} = E_{H^+} - E_{Ag/AgCl}$$
$$= \textbf{상수} + \beta(0.0591)\log aH^{+\alpha}$$

☞ 시료 용액 중 H^+ 이온의 활동도(aH^{+a})에 따라 셀 전위가 변한다.

pH 측정용 결합 전극의 검정 작업이란 두 가지 이상의 H^+ 이온의 표준 용액들을 사용하여 검량선을 작성하는 작업이라고 할 수 있으며, 그러한 검량선의 작성으로부터 다음과 같은 의미를 가진 상수와 β의 값들을 알아낼 수 있다.

- 상수: 내부 표준 용액의 농도가 일정함에 따라 발생하는 값과 비대칭 전위(asymmetry potential)를 포함
- β: 기전 효율(electromotive efficiency)로써 H^+ 이온의 활동도($aH^{+\alpha}$) 변화에 따른 전극 전위(셀 전위)의 변화 정도를 규정함
- pH 측정용 결합 전극을 사용하여 얻게 될 검량선은 H^+ 이온의 활동도 변화에 따른 E_{cell}의 변화 양식을 보여주는

  $$E_{cell} = 상수 + \beta(0.0591)\log aH^{+\alpha}$$

  과 같은 내용을 담고 있는 직선이고,

  검량선의 기울기 = $\beta(0.0591)$　　**검량선의 y-축 절편 = 상수**

  와 같이 그 직선으로부터 상수와 β의 값들을 알아낼 수 있다.

다. 검정 작업

<u>표준 용액</u>

pH 측정용 결합 전극의 검정 작업에서는 pH가 알려진 표준 완충 용액(standard buffer)들을 사용한다. 그리고 결합 전극은 측정하고자 하는 시료 용액의 pH값에 가까운 pH를 가진 표준 완충 용액들을 사용하여 검정한다.

예를 들면, pH가 7.00과 4.00인 표준 완충 용액들을 사용하여 검정한 결합 전극은 3 ~ 8 정도의 pH를 나타내는 가지는 시료 용액의 pH 측정에 사용하며, 6 ~ 11 범위의 pH를 나타내는 시료 용액에 대한 pH 측정의 경우에는 pH가 10.00과 7.00인 두 가지 표준 완충 용액들을 사용하여 검정한다.

<u>검정 과정</u>

- 결합 전극의 유리막 표면을 증류수로 깨끗이 씻고 부드러운 종이 등을 사용하여 표면의 물기를 제거한다.

- 첫 번째 표준 완충 용액에 결합 전극을 담근 후, pH 미터에서 나타내는 pH 수치가 안정되면, 검정(calibrate) 다이얼을 사용하여 pH 미터가 나타내는 pH 수치를 표준 완충 용액의 pH값에 맞춘다.
- 결합 전극을 증류수로 다시 한 번 세척하고, 표면의 물기를 제거한 후, 두 번째 표준 완충 용액에 담근 후, pH 미터에서 나타내는 pH 수치가 안정되면, 기울기(slope) 다이얼을 사용하여 pH 미터가 나타내는 pH 수치를 표준 완충 용액의 pH값에 맞춘다.

※ pH 측정용 결합 전극의 유리막 표면은 항상 수용액과 접촉하여 수화된 상태가 유지될 수 있도록 관리해 주어야 한다. 만일 유리막이 완전히 건조된 상태가 되었다면, 최소 5 ~ 6시간 이상 결합 전극을 수용액과 접촉시켜, 유리막 표면이 정상적으로 수화된 상태로 복원시킨 후 사용해야 한다.

pH 측정에서의 온도 보정

pH 측정용 결합 전극은 온도 변화에 따라 셀 전위도 달라지므로, 시료 용액과 표준 완충 용액 사이의 온도 차이 또는 시료 용액들 사이의 온도 차이 등이 현저하게 나타나는 경우에는 pH 측정에서의 오차를 초래할 수 있다. 따라서 pH 측정용 결합 전극에 대한 온도 보정(temperature compensation) 작업은 그 필요에 따라 이루어지기도 한다.

온도 변화에 따른 pH 측정용 결합 전극의 셀 전위의 변화 정도는 Nernst식을 사용하여 예측할 수도 있으며, 다음 표는 세 가지 표준 완충 용액들의 pH값들이 온도에 따라 달라지는 정도를 보여준다.

표준 완충 용액의 pH와 온도

Temp	Buffer and nominal pH value		
	4.01	7.00	10.00
0	4.00	7.14	10.30
5	4.00	7.10	10.23
10	4.00	7.07	10.17
15	4.00	7.04	10.11
20	4.00	7.02	10.05
25	4.01	7.00	10.00
30	4.01	6.99	9.96
35	4.02	6.98	9.92
40	4.03	6.98	9.88
45	4.05	6.98	9.85
50	4.06	6.98	9.82
55	4.07	6.98	9.72

pH 측정에서의 오차

가. 표준 완충 용액에 의한 오차

pH값에서 ±0.01 정도의 정확도를 소유하는 표준 완충 용액들을 사용하여 검정한 pH 미터로 측정한 시료 용액의 pH값에서 최소한 소수점 이하 두 번째 자리의 수는 불확실성을 소유하게 된다.

또한 ±0.01 정도의 정확도를 소유하는 표준 완충 용액들을 사용하여 검정한 pH 미터로 0.001단위(소수점 이하 세 자리)의 pH 측정값들을 얻는다면, 그 pH값에 절대적인 의미를 부여할 수는 없다. 그러나 주어진 시료 용액들의 pH를 모두 다 소수점 이하 세 자리의 pH 측정값들로 얻는 경우, 그 시료 용액들이 나타내는 상대적인 pH값들로 활용할 수는 있다.

그리고 완충 용액의 제조를 위하여 사용한 산이나 염기의 이온화 정도가 온도에 따라 달라지므로(표준 완충 용액의 pH가 온도에 따라 달라지므로), 표준 완충 용액들과 시료 용액 사이에서 현저한 온도 차이가 발생하는 경우에는 무시할 수 없는 pH 측정 오차가 나타날 수 있다.

나. 액체 경계 전위에 의한 오차

pH 측정용 결합 전극의 기준 전극과 시료 용액 사이에 채용된 접속부를 사이에 두고 경계 전위가 발생한다. 주어진 시료 용액과 표준 완충 용액이 동일한 pH를 나타내더라도 두 용액들의 이온 강도(ionic strength)가 다르다. 따라서 각 용액을 사용하는 경우 발생하는 경계 전위도 다르게 된다.

이와 같이 시료 용액과 표준 완충 용액들의 이온 강도가 다르기 때문에 초래되는 액체 경계 전위의 차이에 의한 오차는 적어도 0.01 pH 단위이다.

다. 알칼리성 오차(alkaline error)(또는, sodium 오차)

일반적으로 pH 측정용 결합 전극에 채용된 유리막의 조성은 대략 72%의 SiO_2, 22%의 Na_2O 그리고 6%의 CaO이다. 이러한 유리막을 채용한 결합 전극은 pH 범위가 1 ~ 9 사이의 시료 용액들에 대한 pH 측정에서 비교적 정확한 결과를 나타낼 수 있지만, Na^+ 이온의 농도가 진한 강한 알칼리성 시료 용액의 pH 측정에서는 큰 오차를 발생시킨다.

이렇게 시료 용액 속 Na^+ 이온의 농도에 의해 발생하는 오차를 염기성 오차 또는 Na 오차라고 한다. pH가 12인 시료 용액의 pH를 측정하는 경우를 예로 들어보면, Na^+ 이온의 농도가 1 M인 시료 용액의 pH는 11로 측정되고, Na^+의 농도가 0.1 M인 시료 용액의 pH는 11.6으로 측정된다.

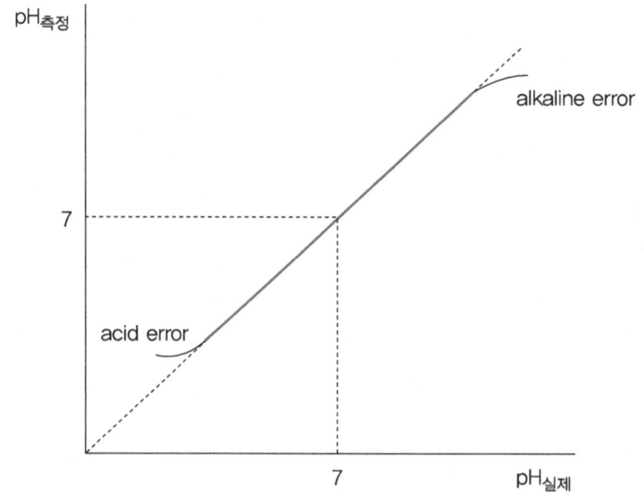

그림 7.7 pH 측정용 유리막 전극의 산 오차와 알칼리 오차

이러한 염기성 오차를 감소시키기 위해서는 조성이 다른 유리막(63%의 SiO_2, 28%의 Li_2O, 4%의 BaO 그리고 3%의 La_2O)을 제조하여 사용한다. 이러한 조성을 가진 유리막을 사용하는 경우, pH가 12이고 Na^+ 이온의 농도가 2 M인 용액의 pH가 11.88로 측정된다.

라. 산 오차(acid error)

산 오차는 수용액 중 H^+ 이온의 증가에 따른 물 분자들의 활동도 감소에 기인한다.

유리막 전극의 막전위는 물 분자들의 활동도에 따라 달라지는데, 강한 산성 용액의 경우처럼 많은 물 분자들이 H^+ 이온들의 수화에 사용되어 물 분자들의 활동도가 감소($1 > a_w$)하는 경우 pH 측정에서는 양의 오차를 초래한다(실제 pH보다 높은 pH로 측정된다).

마. 비수용액(non-aqueous solution)에서의 pH 측정

수용액인 표준 완충 용액들을 사용하여 검정된 pH 측정용 결합 전극을 사용하여 측정된 비수용액 시료의 pH값들은 절대적인 의미를 가질 수 없다. 그러나 측정되는 비수용액 시료의 pH값들은 겉보기 pH(apparent pH)라 부르며, 주어진 같은 유형의 비수용액 시료들 사이에서 성립하는 pH의 상대적 비교에 활용될 수 있다.

7.1.6 시차 전위차법

시차 전위차법(differential potentiometry)에서는 일반적인 전위차법과는 달리 기준 전극은 사용하지 않고 두 개의 지시 전극들만을 사용한다.

그림 7.8에서 볼 수 있는 바와 같이 시료 용액 중 화학종 A에 대한 정량을 위해서 A의 표준 용액(시료 용액보다 A의 농도가 더 높아야 함)과 A에 감응하는 지시 전극(ISE)으로 반쪽 셀(편의상 「표준 반쪽 셀」이라고 부르기로 함)을 구성하고 시료 용액과 동일한 지시 전극으로 두 번째 반쪽 셀을 구성한 후, 전압계가 설치된 외부 회로를 두 개의 지시 전극들을 연결하고 염다리를 사용하여 두 반쪽 셀을 연결하여 정량 분석을 위한 전기화학적 셀을 마련한다.

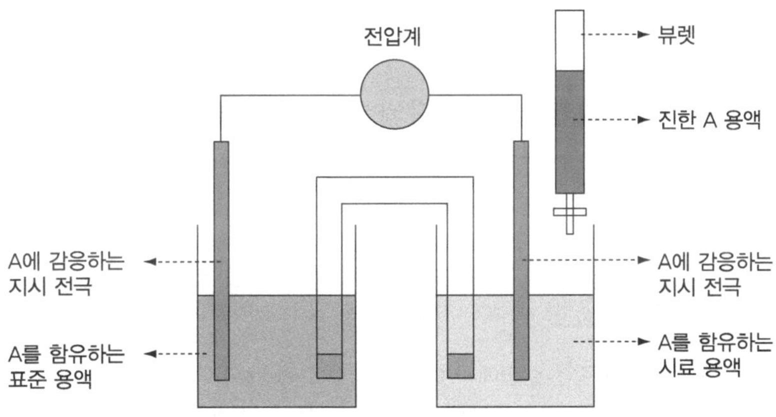

그림 7.8 시차 전위차법

이제 농도가 충분히 진한 A의 표준 용액을 정량적으로 소량씩 시료 용액에 첨가해 주면서 셀 전위(두 반쪽 셀들의 전위차)의 변화를 관찰한다. 두 용액의 농도가 다른 경우 다음과 같이 표현될 수 있는 셀 전위가 발생한다.

$$E_{표준} = 상수 + \left(\frac{0.0591}{Z_A}\right)\log\ (a_A)_{표준}$$

$$E_{시료} = 상수 + \left(\frac{0.0591}{Z_A}\right)\log\ (a_A)_{시료}$$

$$\Rightarrow$$

$$E_{cell} = \Delta E = E_{표준} - E_{시료}$$

$$= 상수 + \left(\frac{0.0591}{Z_A}\right)\log\frac{(a_A)_{표준}}{(a_A)_{시료}}$$

시료 용액에 표준 용액이 첨가되면서 점차 셀 전위는 0으로 감소하게 될 것이다. 아래의 그림은 첨가되는 표준 용액의 부피에 대한 셀 전위의 변화를 측정하여 그 결과를 그래프로 나타낸 모습이다.

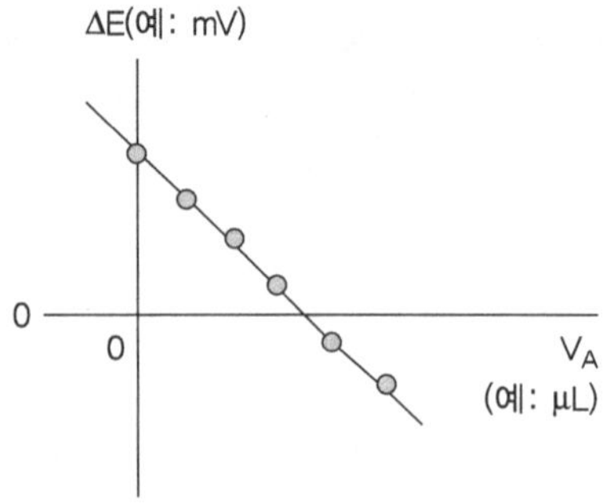

- 시료 용액에 표준 용액을 첨가하기 전 셀 전위를 측정한다.
- 이후 소량의 표준 용액을 첨가하면서 셀 전위를 측정한 후, 셀 전위 vs. 표준 용액의 첨가 부피의 plot을 그린다.
- 그려진 plot으로부터 셀 전위가 0에 해당되는 표준 용액의 첨가 부피를 구한다.

셀 전위가 0이 되는 지점까지 가해준 표준 용액의 농도와 부피, 시료 용액의 부피, 그리고 표준 반쪽 셀 용액의 농도와 부피로부터 시료 용액 중 A의 농도를 구한다. 다음의 예를 살펴보자.

예제 7-5

다음 그림과 같은 실험에서 셀 전위가 0이 될 때까지 가해준 표준 용액의 부피는 5.24 mL이었다면, 시료 용액 중 Ag^+ 이온의 농도를 구하시오.

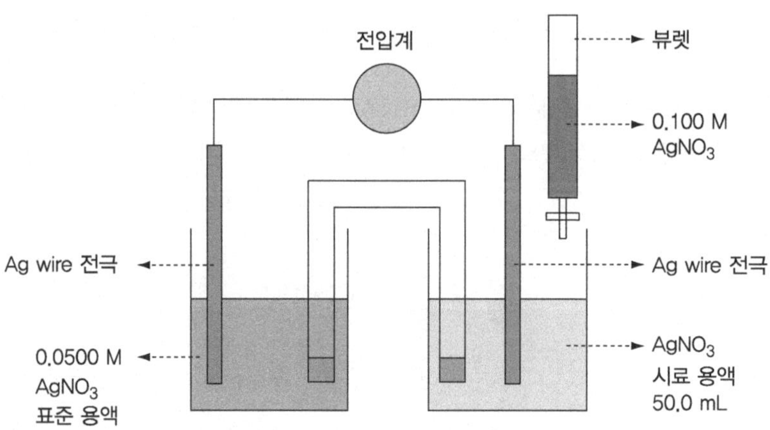

풀이

- 시료 용액 중 Ag^+ 이온의 농도 = x, 시료 용액의 부피 = 50.0 mL

  ⇒ 시료 용액 중 Ag^+ 이온의 몰수 = x × 50.0 mL = 50x mmol

- 첨가된 Ag^+ 이온의 농도 = 0.100 M
  첨가된 Ag^+ 이온 용액의 부피 = 5.24 mL
  ⇒ 첨가된 Ag^+ 이온의 몰수 = 0.100 M × 5.24 mL = 0.524 mmol

- 표준 용액 첨가 후 시료 용액 중 Ag^+ 이온의 몰수
  = 시료 용액 자체의 몰수 + 첨가된 Ag^+ 이온의 몰수
  = $50x$ mmol + 0.524 mmol

- 시료 용액의 부피 + 첨가된 표준 용액의 부피
  = 50.0 mL + 5.24 mL = 55.24 mL = 55.2 mL

- 표준 용액 첨가 후 시료 용액의 농도는

  $(50x + 0.524)$ mmol/55.2 mL

  이고, 이 농도는 표준 반쪽 셀 용액의 농도와 같아야 하므로

  0.0500 M = $(50x + 0.524)$ mmol/55.2 mL와 같은 식이 성립한다.

  그러므로 이 식으로부터 구한 용액 원래 시료 용액 중 Ag^+ 이온의 농도는 다음과 같이 구해진다.

  Ag^+ 이온의 농도(x) = 0.0447 M

7.2 간접 전위차법(전위차법 적정분석)

간접 전위차법이란 주어진 적정분석(titration analysis)의 당량점(equivalence point)을 찾아내는 도구로서 전위차법을 적용하는 분석법이다.

일반적인 주어진 적정분석에서 그 적정에 사용한 시료 용액 속 분석대상성분에 대한 정량을 위해서는 당량점을 찾아내어야 하고, 이를 위해 적절한 해당 적정에서 사용한 지시약(indicator)이 나타내는 종말점(end point)을 활용해야 한다.

그러나 전위차법 적정분석에서는 지시약의 도움이 없어도 다양한 화학량론적 반응에 근거를 둔 적정분석을 수행하여, 그로부터 시료 용액 속 분석대상성분에 대한 정량적인 정보를 얻을 수 있다.

7.2.1 침전 적정

다음은 0.0200 M NaI 용액 100.00 mL를 적정액으로 사용하고, 0.100 M $AgNO_3$ 용액을 적가액(첨가 시약)으로 사용하는 전위차법 침전 적정분석을 소개하고 있다.

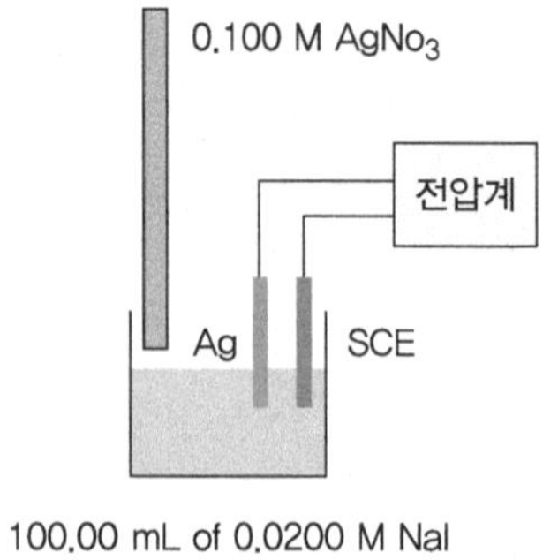

지시 전극: Ag 전극

$Ag^+ + e \rightleftarrows Ag^o \quad E^o_{Ag^+/Ag^o} = 0.799$ V

기준 전극: SCE $\quad E_{SCE} = 0.244$ V

침전 반응: $Ag^+ + I^- \rightleftarrows AgI(s)$

K_{sp} of AgI(s) = 8.30×10^{-17}

셀 전위를 구하는 식

$E_{cell} = E_{Ag} - E_{SCE}$

$= E^o_{Ag^+/Ag^o} + (0.0591)\log[Ag^+] - 0.244$

$= 0.555 + (0.0591)\log[Ag^+]$

● 당량점에 도달하기 전 단계

가. $V_{AgNO_3} = 1.00$ mL

	Ag^+	+	I^-	$\rightleftarrows$	AgI(s)
반응 전	(0.100 M×1.00 mL)		(0.0200 M×100.00 mL)		
	= 0.100 mmol		= 2.00 mmol		
평형	0 mmol		1.90 mmol		0.10 mmol

$$[I^-] = \frac{1.90 \text{ mmol}}{101.00 \text{ mL}} = 1.88\times10^{-2} \text{ M}$$

$$[Ag^+] = \frac{K_{sp}}{([I^-]_{NaI} + [I^-]_{AgI})} \text{이지만,}$$

$[I^-]_{NaI} \gg [I^-]_{AgI}$ 이므로

(∵ AgI가 난용성 염이므로 AgI로부터 만들어지는 $[I^-]$의 값이 크지 않으며, 공통 이온 효과가 작용하여 그 값은 무시할 수 있을 정도로 작아진다.)

$$[Ag^+] = \frac{K_{sp}}{[I^-]_{NaI}} = \frac{(8.30\times10^{-17})}{(1.88\times10^{-2})} = 4.41\times10^{-15} \text{ M}$$

따라서

$$E_{cell} = 0.555 + (0.0591)\log[Ag^+]$$
$$= 0.555 + (0.0591)\log(4.41\times10^{-15}) = -0.293 \text{ V}$$

나. V_{AgNO_3} = 10.00 mL

	Ag^+	+	I^-	⇄	AgI(s)
반응 전	(0.100 M×10.00 mL)		(0.0200 M×100.00 mL)		
	= 1.00 mmol		= 2.00 mmol		
평형	0 mmol		1.00 mmol		1.00 mmol

$$[I^-] = \frac{1.00\ \text{mmol}}{110.00\ \text{mL}} = 9.09\times10^{-3}\ \text{M}$$

$$[Ag^+] = \frac{K_{sp}}{[I^-]_{NaI}} = \frac{(8.30\times10^{-17})}{(9.09\times10^{-3})} = 9.13\times10^{-15}\ \text{M}$$

따라서

$$E_{cell} = 0.555 + (0.0591)\log[Ag^+]$$
$$= 0.555 + (0.0591)\log(9.13\times10^{-15}) = -0.275\ \text{V}$$

다. V_{AgNO_3} = 15.00 mL

	Ag^+	+	I^-	⇄	AgI(s)
반응 전	(0.100 M×15.00 mL)		(0.0200 M×100.00 mL)		
	= 1.50 mmol		= 2.00 mmol		
평형	0 mmol		0.50 mmol		1.00 mmol

$$[I^-] = \frac{0.50\ \text{mmol}}{115.00\ \text{mL}} = 4.3\times10^{-3}\ \text{M}$$

$$[Ag^+] = \frac{K_{sp}}{[I^-]_{NaI}} = \frac{(8.30\times10^{-17})}{(4.3\times10^{-3})} = 1.9\times10^{-14}\ \text{M}$$

따라서

$$E_{cell} = 0.555 + (0.0591)\log[Ag^+]$$
$$= 0.555 + (0.0591)\log(1.9\times10^{-14}) = -0.256\ \text{V}$$

라. V_{AgNO_3} = 19.00 mL

	Ag^+	+	I^-	⇄	AgI(s)
반응 전	(0.100 M×19.00 mL)		(0.0200 M×100.00 mL)		
	= 1.90 mmol		= 2.00 mmol		
평형	0 mmol		0.10 mmol		1.00 mmol

$$[I^-] = \frac{0.10\ \text{mmol}}{119.00\ \text{mL}} = 8.4\times10^{-4}\ \text{M}$$

$$[Ag^+] = \frac{K_{sp}}{[I^-]_{NaI}} = \frac{(8.30\times10^{-17})}{(8.4\times10^{-4})} = 9.9\times10^{-14}\ M$$

따라서

$$\begin{aligned} E_{cell} &= 0.555 + (0.0591)\log[Ag^+] \\ &= 0.555 + (0.0591)\log(9.9\times10^{-14}) = -0.214\ V \end{aligned}$$

● 당량점(V_{AgNO_3} = 20.00 mL)

	Ag^+	+	I^-	⇄	AgI(s)
반응 전	(0.100 M×20.00 mL)		(0.0200 M×100.00 mL)		
	= 2.00 mmol		= 2.00 mmol		
반응 후	0 mmol		0 mmol		2.00 mmol
평형에서	x mmol		x mmol		2.00 − x mmol

당량점에서

$$[Ag^+] = [I^-] = (K_{sp})^{\frac{1}{2}} = (8.30\times10^{-17})^{\frac{1}{2}} = 9.11\times10^{-9}\ M$$

따라서

$$\begin{aligned} E_{cell} &= 0.555 + (0.0591)\log[Ag^+] \\ &= 0.555 + (0.0591)\log(9.11\times10^{-9}) \\ &= 0.080\ V \end{aligned}$$

● 당량점을 지난 단계

가. V_{AgNO_3} = 21.00 mL

	Ag^+	+	I^-	⇄	AgI(s)
반응 전	(0.100 M×21.00 mL)		(0.0200 M×100.00 mL)		
	= 2.10 mmol		= 2.00 mmol		
반응 후	0.10 mmol		0 mmol		2.00 mmol

$$[Ag^+] = [Ag^+]_{AgNO_3} + [Ag^+]_{AgI}$$

그러나

$$[Ag^+]_{AgNO_3} \gg [Ag^+]_{AgI}$$

이므로(∵ 난용성 염의 용해도와 공통 이온 효과)

$$[Ag^+] = [Ag^+]_{AgNO_3} = \frac{(0.10\ mmol)}{(121.00\ mL)} = 8.3\times10^{-4}\ M$$

따라서

$$E_{cell} = 0.555 + (0.0591)\log[Ag^+]$$
$$= 0.555 + (0.0591)\log(8.3\times10^{-4}) = 0.373\ V$$

나. V_{AgNO_3} = 25.00 mL

	Ag^+	+	I^-	⇄	AgI(s)
반응 전	(0.100 M×25.00 mL)		(0.0200 M×100.00 mL)		
	= 2.50 mmol		= 2.00 mmol		
반응 후	0.50 mmol		0 mmol		2.00 mmol

$$[Ag^+] = [Ag^+]_{AgNO_3} = \frac{(0.50\ mmol)}{(125.00\ mL)} = 4.0\times10^{-3}\ M$$

따라서

$$E_{cell} = 0.555 + (0.0591)\log[Ag^+]$$
$$= 0.555 + (0.0591)\log(4.0\times10^{-3}) = 0.413\ V$$

다. V_{AgNO_3} = 30.00 mL

	Ag^+	+	I^-	⇄	AgI(s)
반응 전	(0.100 M×30.00 mL)		(0.0200 M×100.00 mL)		
	= 3.00 mmol		= 2.00 mmol		
반응 후	1.00 mmol		0 mmol		2.00 mmol

$$[Ag^+] = [Ag^+]_{AgNO_3} = \frac{(1.00\ mmol)}{(130.00\ mL)} = 7.69\times10^{-3}\ M$$

따라서

$$E_{cell} = 0.555 + (0.0591)\log[Ag^+]$$
$$= 0.555 + (0.0591)\log(7.69\times10^{-3}) = 0.430\ V$$

이상과 같은 적정 결과를 사용하여 적가액의 첨가 부피에 따른 셀 전위(E_{cell})의 변화를 나타낸 그래프인 전위차법 적정 곡선을 얻을 수 있다.

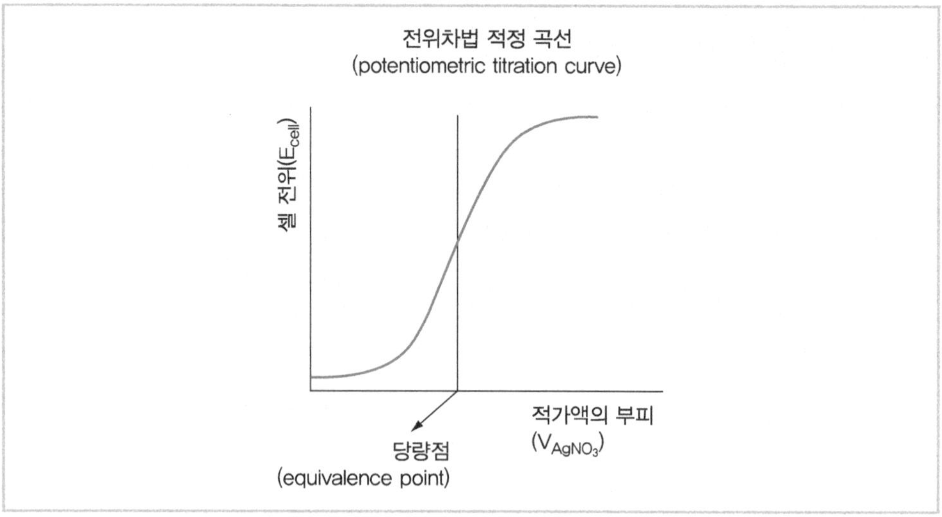

주어진 침전 적정분석에서 적정액이나 적가액 속 분석대상성분의 농도를 알아내어야 한다면, 다음과 같은 과정을 거친다.

- 적정분석을 수행하여 전위차법 침전 적정 곡선을 얻는다.
- 적정 곡선으로부터 당량점을 찾아낸다.
- 화학량론적 침전 반응식과 당량점을 사용한 적정 계산을 통해 적가액 또는 적정액 속에 존재하는 분석대상성분의 농도를 구한다.

7.2.2 EDTA 적정

다음은 0.0100 M $MgSO_4$ 용액(HgY^{2-} 이온의 농도가 1.00×10^{-4} M이고, pH = 10.00, $\alpha_{Y^{4-}}$ = 0.36인 수용액) 50.00 mL를 적정액으로 사용하고, 0.0200 M EDTA 용액을 적가액(첨가 시약)으로 사용하는 전위차법 EDTA 적정분석을 소개하고 있다.

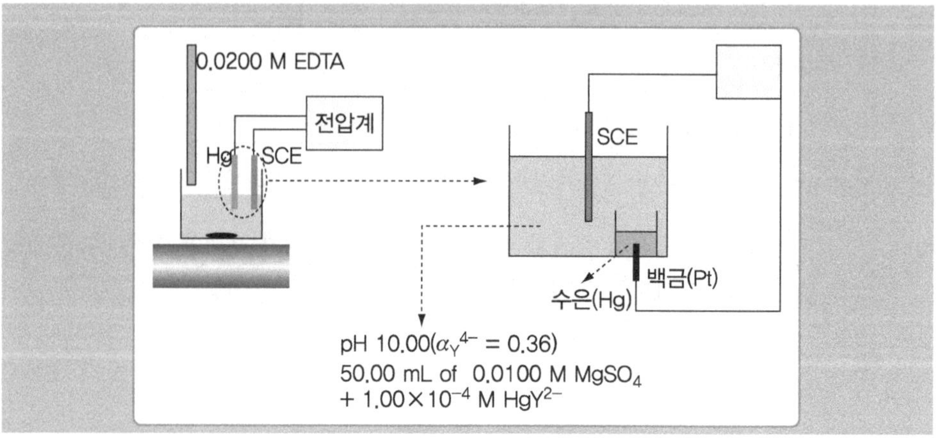

분석대상성분인 Mg^{2+} 이온과 Hg^{2+} 이온의 EDTA 착이온 형성 반응

$$Mg^{2+} + Y^{4-} \rightleftarrows MgY^{2-} \qquad K_f(MgY^{2-}) = \frac{[MgY^{2-}]}{[Mg^{2+}][Y^{4-}]} = 6.17\times10^{8}$$

$$Hg^{2+} + Y^{4-} \rightleftarrows HgY^{2-} \qquad K_f(HgY^{2-}) = \frac{[HgY^{2-}]}{[Hg^{2+}][Y^{4-}]} = 5.01\times10^{21}$$

전극

지시 전극: $Hg^{2+} + 2e \rightleftarrows Hg^{o} \qquad E^{o}_{Hg^{2+}/Hg^{o}} = 0.854\ V$

기준 전극: SCE(ESCE = 0.244 V)

셀 전위를 구하는 식

$$E_{cell} = E^{o}_{Hg^{2+}/Hg^{o}} - E_{SCE}$$

$$= 0.610 + (\frac{0.0591}{2})\log[Hg^{2+}]$$

$$= 0.610 + (\frac{0.0591}{2})\log(\frac{[HgY^{2-}]}{[Y^{4-}]K_f(HgY^{2-})})$$

➡ $[HgY^{2-}] = 1.00\times10^{-4}\ M$

$$= 0.610 + (\frac{0.0591}{2})\log\frac{(1.00\times10^{-4})}{[Y^{4-}](5.01\times10^{21})}$$

$$= -\ 0.149 - (\frac{0.0591}{2})\log[Y^{4-}]$$

당량점에 도달하기 전 단계들

가. $V_{EDTA} = 0\ mL$

$[Y^{4-}] = [Y^{4-}]_{HgY^{2-}}$

그런데

$HgY^{2-} \rightleftarrows Hg^{2+} + Y^{4-},\quad \frac{[Hg^{2+}][Y^{4-}]}{[HgY^{2-}]} = \frac{1}{K_f}$에서

$\frac{[Hg^{2+}][Y^{4-}]}{[HgY^{2-}]} = \frac{1}{K_f},\ [Y^{4-}] = (\alpha_{Y^{4-}})[EDTA]$이므로

$$\frac{[Hg^{2+}](\alpha_{Y^{4-}})[EDTA]}{[HgY^{2-}]} = \frac{1}{K_f}$$

$$\frac{[Hg^{2+}](0.36)[EDTA]}{[HgY^{2-}]} = \frac{1}{(5.01\times10^{21})}$$

$$\frac{[Hg^{2+}][EDTA]}{[HgY^{2-}]} = \frac{1}{(5.01\times10^{21})(0.36)} = 5.5\times10^{-22}$$

가 얻어지고, $[Hg^{2+}] = [EDTA] = x$ 라면,

$$\frac{x^2}{(1.00\times10^{-4} - x)} = 5.5\times10^{-22}$$

$$x = [Hg^{2+}] = [EDTA] = 2.3\times10^{-13}\ M$$

따라서

$$[Y^{4-}] = (\alpha_{Y^{4-}})[EDTA] = (0.36)(2.3\times10^{-13}\ M) = 8.3\times10^{-14}\ M$$

$$\therefore E_{cell} = -0.149 - (\frac{0.0591}{2})\log[Y^{4-}] = 0.24\ V$$

나. V_{EDTA} = 10.00 mL

$$[Y^{4-}] = [Y^{4-}]_{MgY^{2-}} + [Y^{4-}]_{HgY^{2-}}$$

그런데 $[Y^{4-}]_{MgY^{2-}} \gg [Y^{4-}]HgY^{2-}$이므로

$$[Y^{4-}] = [Y^{4-}]_{MgY^{2-}}$$

$$MgY^{2-} \rightleftarrows Mg^{2+} + Y^{4-} \qquad \frac{[Mg^{2+}][Y^{4-}]}{[MgY^{2-}]} = \frac{1}{K_f(MgY^{2-})}$$

$$\Rightarrow [Y^{4-}] = \frac{[MgY^{2-}]}{[Mg^{2+}]K_f(MgY^{2-})}$$

이다. 그런데 이 적정의 당량점은 V_{EDTA} = 25.00 mL인데 V_{EDTA} = 10.00 mL이면, 원래 Mg^{2+} 이온들 중 $\frac{10}{25}$만이 MgY^{2-}로 바뀌고 나머지 $\frac{15}{25}$는 그대로 Mg^{2+} 이온의 형태로 남아 있다.

즉,

$$\frac{[MgY^{2-}]}{[Mg^{2+}]} = \frac{10}{15}$$가 되고

$$[Y^{4-}] = \frac{(\frac{10}{15})}{(6.17\times10^{8})} = 1.08\times10^{-9}\ M$$

$$E_{cell} = -0.149 - (\frac{0.0591}{2})\log[Y^{4-}] = 0.116\ V$$

그러나 이 값은 틀린 것이다. 왜냐하면 위의 E_{cell}의 표현식은

$$[HgY^{2-}] = 1.00\times10^{-4}\ M$$

일 때 얻어진 식이기 때문이며, 지금은

$$[HgY^{2-}] = \frac{(1.00\times10^{-4}\ M)(50.0\ mL)}{(60.0\ mL)} = 8.33\times10^{-5}\ M$$

을 사용하여 얻는

$$E_{cell} = E^{o}_{Hg^{2+}/Hg^{o}} - E_{SCE}$$

$$= 0.610 + (\frac{0.0591}{2})\log[Hg^{2+}]$$

$$= 0.610 + (\frac{0.0591}{2})\log(\frac{[HgY^{2-}]}{[Y^{4-}]K_f(HgY^{2-})})$$

$$\downarrow\ [HgY^{2-}] = 8.33\times10^{-5}\ M$$

$$= 0.610 + (\frac{0.0591}{2})\log\frac{(8.33\times10^{-5})}{[Y^{4-}](5.01\times10^{21})}$$

$$= -\ 0.152 - (\frac{0.0591}{2})\log[Y^{4-}]$$

에 의해 E_{cell}을 구한다. 따라서

$$E_{cell} = -\ 0.152 - (\frac{0.0591}{2})\log[Y^{4-}] = 0.113\ V$$

● 당량점(V_{EDTA} = 25.00 mL)

용액 중의 Mg^{2+} 이온들은 모두가 MgY^{2-}의 형태로 바뀌게 되고

$$[Y^{4-}] = [Y^{4-}]_{MgY^{2-}}$$

와 같은 관계가 성립한다. 그런데

$$MgY^{2-} \rightleftarrows Mg^{2+} + Y^{4-}, \qquad \frac{[Mg^{2+}][Y^{4-}]}{[MgY^{2-}]} = \frac{1}{K_f}$$

에서

$\frac{[Mg^{2+}][Y^{4-}]}{[MgY^{2-}]} = \frac{1}{K_f}$이고

$[Y^{4-}] = (\alpha_{Y^{4-}})[EDTA]$이므로

$$\frac{[Mg^{2+}](\alpha_{Y^{4-}})[EDTA]}{[MgY^{2-}]} = \frac{1}{K_f}$$

$$\frac{[Mg^{2+}](0.36)[EDTA]}{[MgY^{2-}]} = \frac{1}{(6.17\times10^{8})}$$

$$\frac{[Mg^{2+}][EDTA]}{[MgY^{2-}]} = \frac{1}{(6.17\times10^{8})(0.36)} = 4.5\times10^{-9}$$

가 얻어지고

$[Mg^{2+}] = [EDTA] = x$ 라면,

$$\frac{x^2}{\{\frac{(0.0100\ M \times 50.00\ mL)}{(75.00\ mL - x)}\}} = 4.5\times10^{-9}$$

$$\frac{x^2}{(6.67\times10^{-3} - x)} = 4.5\times10^{-9}$$

$$x = [Mg^{2+}] = [EDTA] = 5.5\times10^{-6}\ M$$

따라서

$$[Y^{4-}] = (\alpha_{Y^{4-}})[EDTA] = (0.36)(5.5\times10^{-6}\ M) = 2.0\times10^{-6}\ M$$

이고, 지금은

$$[HgY^{2-}] = \frac{(1.00\times10^{-4}\ M)(50.0\ mL)}{(75.0\ mL)} = 6.67\times10^{-5}\ M$$

을 사용하여 얻은

$$E_{cell} = E^{o}_{Hg^{2+}/Hg^{o}} - E_{SCE}$$

$$= 0.610 + (\frac{0.0591}{2})\log[Hg^{2+}]$$

$$= 0.610 + (\frac{0.0591}{2})\log(\frac{[HgY^{2-}]}{[Y^{4-}]K_f(HgY^{2-})})$$

$$\downarrow\ [HgY^{2-}] = 6.67\times10^{-5}\ M$$

$$= 0.610 + (\frac{0.0591}{2})\log\frac{(6.67\times10^{-5})}{[Y^{4-}](5.01\times10^{21})}$$

$$= -0.155 - (\frac{0.0591}{2})\log[Y^{4-}]$$

$$E_{cell} = -0.155 - (\frac{0.0591}{2})\log[Y^{4-}]$$

에 의해 E_{cell}을 구한다. 따라서

$$E_{cell} = -0.155 - (\frac{0.0591}{2})\log(2.0\times10^{-6}) = 0.01 \text{ V}$$

당량점 이후의 단계

가. V_{EDTA} = 26.00 mL

$$[Y^{4-}] = [Y^{4-}]_{MgY^{4-}} + [Y^{4-}]_{excess}$$
$$= [Y^{4-}]_{excess} = (\alpha_{Y^{4-}})[EDTA]_{excess}$$
$$= \frac{\{(0.36)(0.020 \text{ M} \times 1.00 \text{ mL})\}}{(76.0 \text{ mL})} = 9.5\times10^{-5} \text{ M}$$

지금은

$$[HgY^{2-}] = \frac{(1.00\times10^{-4} \text{ M})(50.0 \text{ mL})}{(76.0 \text{ mL})} = 6.58\times10^{-5} \text{ M}$$

을 사용하여 얻은

$$E_{cell} = E^{o}{}_{Hg^{2+}/Hg^{o}} - E_{SCE}$$
$$= 0.610 + (\frac{0.0591}{2})\log[Hg^{2+}]$$
$$= 0.610 + (\frac{0.0591}{2})\log(\frac{[HgY^{2-}]}{[Y^{4-}]K_f(HgY^{2-})})$$
$$\downarrow [HgY^{2-}] = 6.58\times10^{-5} \text{ M}$$
$$= 0.610 + (\frac{0.0591}{2})\log \frac{(6.58\times10^{-5})}{[Y^{4-}](5.01\times10^{21})}$$
$$= -0.155 - (\frac{0.0591}{2})\log[Y^{4-}]$$

에 의해 E_{cell}을 구한다. 따라서

$$E_{cell} = -0.155 - (\frac{0.0591}{2})\log(9.5\times10^{-5}) = -0.04 \text{ V}$$

나. V_{EDTA} = 30.00 mL

$$[Y^{4-}] = [Y^{4-}]_{MgY^{4-}} + [Y^{4-}]_{excess}$$
$$= [Y^{4-}]_{excess} = (\alpha_{Y^{4-}})[EDTA]_{excess}$$
$$= \frac{\{(0.36)(0.020 \text{ M} \times 5.00 \text{ mL})\}}{(80.0 \text{ mL})} = 4.5\times10^{-4} \text{ M}$$

지금은

$$[HgY^{2-}] = \frac{(1.00\times10^{-4}\ M)(50.0\ mL)}{(80.0\ mL)} = 6.25\times10^{-5}\ M$$

을 사용하여 얻은

$$E_{cell} = E^{o}_{Hg^{2+}/Hg^{o}} - E_{SCE}$$

$$= 0.610 + (\frac{0.0591}{2})\log[Hg^{2+}]$$

$$= 0.610 + (\frac{0.0591}{2})\log(\frac{[HgY^{2-}]}{[Y^{4-}]K_f(HgY^{2-})})$$

$$\downarrow\quad [HgY^{2-}] = 6.25\times10^{-5}\ M$$

$$= 0.610 + (\frac{0.0591}{2})\log\frac{(6.25\times10^{-5})}{[Y^{4-}](5.01\times10^{21})}$$

$$= -\ 0.155 - (\frac{0.0591}{2})\log[Y^{4-}]$$

에 의해 E_{cell}을 구한다. 따라서

$$E_{cell} = -\ 0.155 - (\frac{0.0591}{2})\log(4.5\times10^{-4}) = -0.06\ V$$

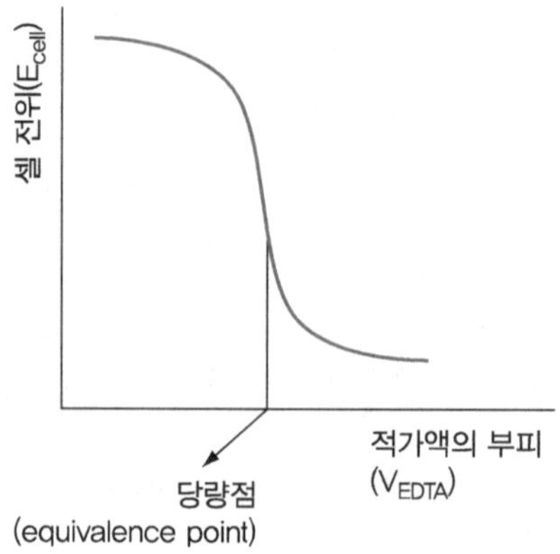

7.2.3 산화-환원 적정

다음은 0.0100 M Fe^{2+} 용액(in 1 M $HClO_4$) 25.00 mL를 적정액으로 사용하고, 0.0100 M Ce^{4+} 용액을 적가액(첨가 시약)으로 사용하는 전위차법 산화-환원 적정분석을 소개하고 있다.

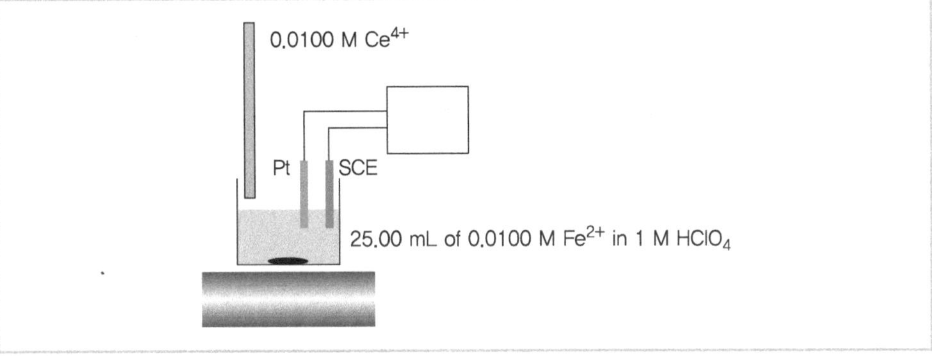

지시 전극: Pt 전극

$E^{o}_{Fe^{3+}/Fe^{2+}}$ = 0.73 V (0.767 V가 아닌 0.73 V를 사용하는 이유?)

$E^{o}_{Ce^{4+}/Ce^{3+}}$ = 1.70 V

기준 전극: SCE $\quad$ E_{SCE} = 0.244 V

산화/환원 반응: $Ce^{4+} + Fe^{2+} \rightleftarrows Ce^{3+} + Fe^{3+}$

셀 전위 구하는 식

$$
\begin{aligned}
E_{cell} &= E_{Pt} - E_{SCE} \\
&= E^{o}_{Fe^{3+}/Fe^{2+}} + (0.0591)\log(\frac{[Fe^{3+}]}{[Fe^{2+}]}) - 0.244 \\
&= 0.46 + (0.0591)\log(\frac{[Fe^{3+}]}{[Fe^{2+}]})
\end{aligned}
$$

또는

$$
\begin{aligned}
E_{cell} &= E^{o}_{Ce^{4+}/Ce^{3+}} + (0.0591)\log(\frac{[Ce^{4+}]}{[Ce^{3+}]}) - 0.244 \\
&= 1.456 + (0.0591)\log(\frac{[Ce^{4+}]}{[Ce^{3+}]})
\end{aligned}
$$

● 당량점 이전 단계들

가. $V_{Ce^{4+}}$ = 5.00 mL

위의 산화-환원 반응에 의해 농도가 알려지는 화학종들은 Fe^{2+}, Ce^{3+}, 그리고 Fe^{3+}들이다. 따라서 E_{cell}을 계산하기 위해서는

$$E_{cell} = 0.46 + (0.0591)\ \log(\frac{[Fe^{3+}]}{[Fe^{2+}]})$$

을 사용한다.

$V_{Ce^{4+}}$ = 5.00 mL이면
$[Fe^{2+}] = 6.67 \times 10^{-3}$ M $\quad [Fe^{3+}] = 1.67 \times 10^{-3}$ M

가 얻어지고($Ce^{4+} + Fe^{2+} \rightleftarrows Ce^{3+} + Fe^{3+}$에 근거한 화학량론에 의해 실제로 이 값들이 얻어지는가를 확인해 보라!)

$$E_{cell} = 0.46 + (0.0591)\log(\frac{[Fe^{3+}]}{[Fe^{2+}]}) = 0.42 \text{ V}$$

나. $V_{Ce^{4+}}$ = 15.00 mL

$V_{Ce^{4+}}$ = 15.00 mL이면
$[Fe^{2+}] = 2.5 \times 10^{-3}$ M $\quad [Fe^{3+}] = 3.75 \times 10^{-3}$ M

$$E_{cell} = 0.46 + (0.0591)\log(\frac{[Fe^{3+}]}{[Fe^{2+}]}) = 0.47 \text{ V}$$

● 당량점에서($V_{Ce^{4+}}$ = 25.00 mL)

당량점에서 위의 산화–환원 반응에 의해 농도를 쉽게 알 수 있는 화학종들은 Fe^{3+}와 Ce^{3+}이다. 따라서 E_{cell}을 계산하기 위해서는 위의 두 식을 합하여 다음과 같은 과정을 거친다.

$$E_{cell} = 0.46 + (0.0591)\log(\frac{[Fe^{3+}]}{[Fe^{2+}]})$$

$$E_{cell} = 1.46 + (0.0591)\log(\frac{[Ce^{4+}]}{[Ce^{3+}]})$$

의 두 식들을 합하여

$$2E_{cell} = 1.92 + (0.0591)\log(\frac{[Ce^{4+}][Fe^{3+}]}{[Ce^{3+}][Fe^{2+}]})$$

을 얻는다. 그런데

$$[Ce^{4+}] = [Fe^{2+}],\ [Fe^{3+}] = [Ce^{3+}]$$

이므로

$$E_{cell} = 0.96 \text{ V}$$

당량점 이후 단계들

가. $V_{Ce^{4+}}$ = 26.00 mL

위의 산화–환원 반응에 의해 농도가 알려지는 화학종들은 Fe^{3+}, Ce^{3+}, 그리고 Ce^{4+}들이다. 따라서 E_{cell}을 계산하기 위해서는

$$E_{cell} = 1.456 + (0.0591)\log(\frac{[Ce^{4+}]}{[Ce^{3+}]})$$

을 사용한다.

$V_{Ce^{4+}}$ = 26.00 mL이면

$[Ce^{4+}] = 1.96\times10^{-4}$ M $\quad$ $[Ce^{3+}] = 4.90\times10^{-3}$ M

$$E_{cell} = 1.456 + (0.0591)\log(\frac{[Ce^{4+}]}{[Ce^{3+}]}) = 1.373 \text{ V}$$

나. $V_{Ce^{4+}}$ = 30.00 mL

$V_{Ce^{4+}}$ = 30.00 mL이면

$[Ce^{4+}] = 9.09\times10^{-4}$ M $\quad$ $[Ce^{3+}] = 4.55\times10^{-3}$ M

$$E_{cell} = 1.456 + (0.0591)\log(\frac{[Ce^{4+}]}{[Ce^{3+}]}) = 1.415 \text{ V}$$

다. $V_{Ce^{4+}}$ = 40.00 mL

$V_{Ce^{4+}}$ = 40.00 mL이면

$[Ce^{4+}] = 2.31\times10^{-3}$ M $\quad$ $[Ce^{3+}] = 3.85\times10^{-3}$ M

$$E_{cell} = 1.456 + (0.0591)\log(\frac{[Ce^{4+}]}{[Ce^{3+}]}) = 1.443 \text{ V}$$

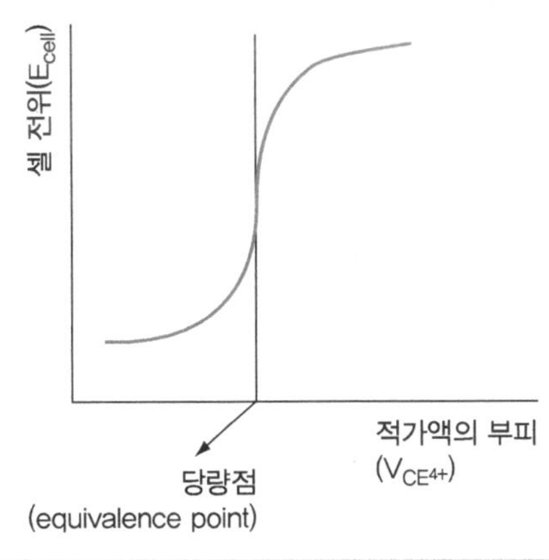

제8장

폴라로그래피

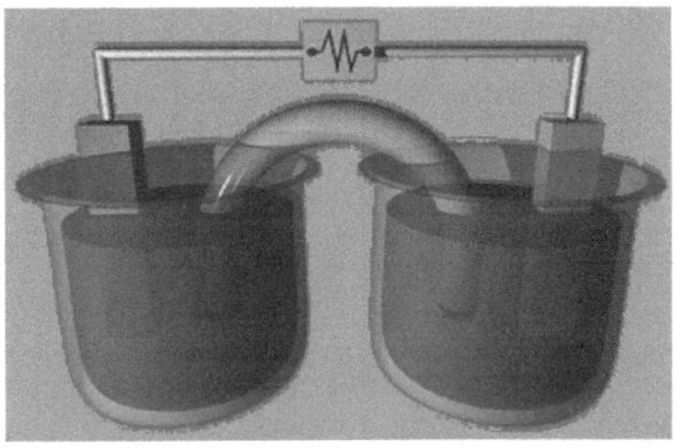

8.1 전압전류법과 폴라로그래피

전기화학적 셀의 지시 전극에 시간에 따라 주어진 비율(형태)로 변하는 전압을 걸어주면, 특정 전압에서 시료 용액 속 화학종의 환원 또는 산화 반쪽 반응이 일어나고, 그 결과 발생한 전류가 셀을 통하여 흐르게 된다. 이와 같이 환원 또는 산화 반쪽 반응이 일어나기 시작하는 전압은 화학종에 따라 다르고(정성적 정보) 발생하는 전류의 크기는 화학종의 양에 비례함(정량 분석의 근거)을 바탕으로 수행하는 분석법을 전압전류법(voltammetry)이라 한다.

주어진 전압전류법에서 측정되는 전류를 걸어준 전압에 대하여 도시한 것을 전압전류그림(voltammogram)이라 하며, 일반적인 전압전류법에서는 백금, 금, 또는 탄소 전극들을 지시 전극으로 사용한다. 적하수은 전극(dropping mercury electrode, dme)을 지시 전극으로 사용하는 전압전류법을 폴라로그래피(polarography)라고 부르며, 폴라로그래피를 통해 얻어지는 전압전류그림은 폴라로그램(polarogram)이라 부른다.

8.1.1 2전극 셀과 3전극 셀

2전극 셀

전압전류법에서는 그림 8.1에서 볼 수 있는 것처럼 기준 전극과 지시 전극(또는 작업 전극)의 두 가지 전극들만을 사용하는 2전극 셀(two-electrode cell)을 사용한다. 2전극 셀을 사용하는 voltammetry에서는 지시 전극에 전압을 걸어준 후, 지시 전극과 기준 전극을 통하여 흐르는 전류를 측정한다.

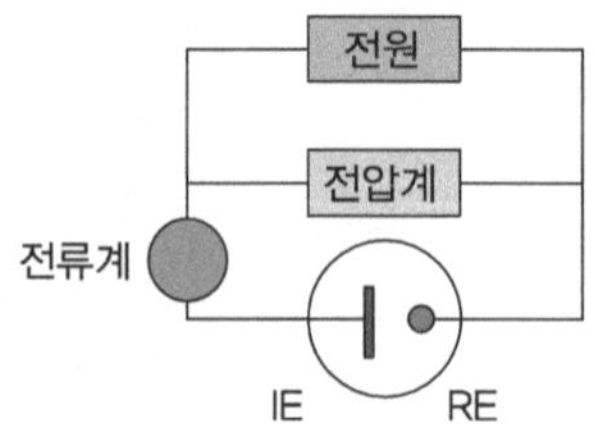

전원: IE에 전압 공급
($E_{IE} = E_{APPL}$ vs. E_{RE})
전압계: IE에 공급되는 전압 (E_{APPL})의 크기를 보여줌
전류계: IE와 RE 사이에 흐르는 전류 (셀을 통해 흐르는 전류)의 크기를 보여줌

그림 8.1 2전극 cell을 채용한 voltammetry 장치의 회로도

2전극 셀의 경우 외부로부터 걸어준 전압에 의해 셀을 통한 전류가 발생하면, 그 전류가 시료 용액을 통해 흐르는 동안 시료 용액 자체의 저항에 기인하는 전압 강하(E_{iR})가 발생할 수 있다. 그러므로 외부 전원을 사용하여 지시 전극에 걸어 주는 전압 중 일부가 전압 강하의 형태로 사라지게 되어, 지시 전극에 실제로 걸리는 전압(E_{IE})은 외부 전원

에서 걸어 주는 전압(E_{APPL})보다 더 작은 값이 된다($E_{IE} = E_{APPL} - E_{iR}$).

시료 용액이 수용액인 경우에는 용액 자체의 저항이 그리 크지 않다($R < 100\ \Omega$). 따라서 두 개의 전극들(IE와 RE) 사이에서 흐르는 전류가 10 μA 정도일 경우, 수용액에 의한 전압 강하는 그 크기가 1 mV보다 더 작아지므로, $E_{IE} \fallingdotseq E_{APPL}$와 같은 조건이 성립할 수도 있다.

그러나 유기 용매가 사용된 시료 용액의 경우에는 용액의 저항이 크기 때문에 용액에 의한 전압 강하가 무시할 수 없는 크기를 가지게 되어, 지시 전극에 실제로 걸리는 전압이 외분전원에서 걸어준 전압에 비해 현저히 작은 값이 될 수도 있다($E_{IE} \neq E_{APPL}$, $E_{IE} < E_{APPL}$). 따라서 $E_{IE} \fallingdotseq E_{APPL}$와 같은 조건을 얻기 위해서는 두 전극들 사이에서 흐르는 전류의 크기를 획기적으로 줄여야 하는 문제가 발생한다.

3전극 셀

3전극 셀(three-electrode cell)에서는 지시 전극과 기준 전극 이외에 세 번째 전극을 채용한다(그림 8.2). 3전극 셀에서 채용하는 세 번째 전극은 보조 전극(auxiliary electrode, AE) 또는 상대 전극(counter electrode, CE)이라고 부르며, 백금과 같은 비활성 금속을 표면적이 넓은 형태(foil이나 gauge)로 만들어 사용한다.

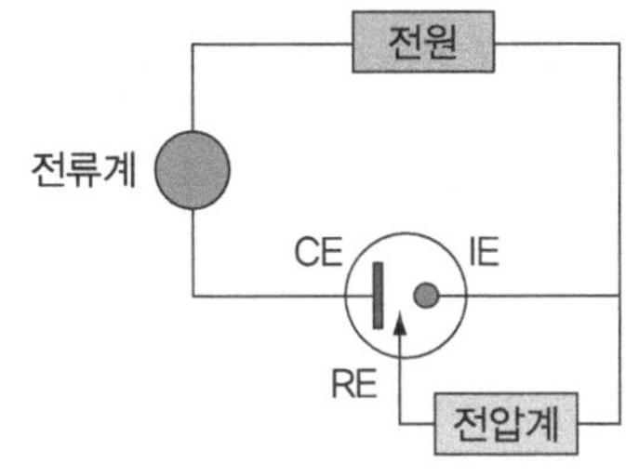

그림 8.2 3전극 셀을 채용하는 voltammetry 장치의 회로도

3전극 셀을 사용하는 voltammetry에서는 지시 전극에 전압을 걸어주고, 지시 전극과 보조 전극을 통하여 흐르는 전류의 크기를 측정한다. 즉, 3전극 셀에서는 전류가 지시 전극과 세 번째 전극을 통하여 흐르게 함으로써, 지시 전극에는 외부 전원에서 걸어준 전압이 거의 그대로 원하는 지시 전극에 걸리도록 만든다.

8.1.2 폴라로그래피

● 적하수은 전극

그림 8.3에서 볼 수 있듯이 미세한 내경(inner diameter)을 가진 유리 모세관(glass capillary)의 위쪽 부분은 유연성을 소유한 tubing에 의해 수은 저장용기(mercury reservoir)에 연결되어 있다. 수은 저장용기에 담긴 수은은 중력에 의해 모세관을 채운 후 모세관의 아래쪽 끝부분에서 작은 크기의 방울(drop)로 성장하고, 수은 방울은 그 크기가 일정 수준에 이르면 중력에 의해 낙하한다.

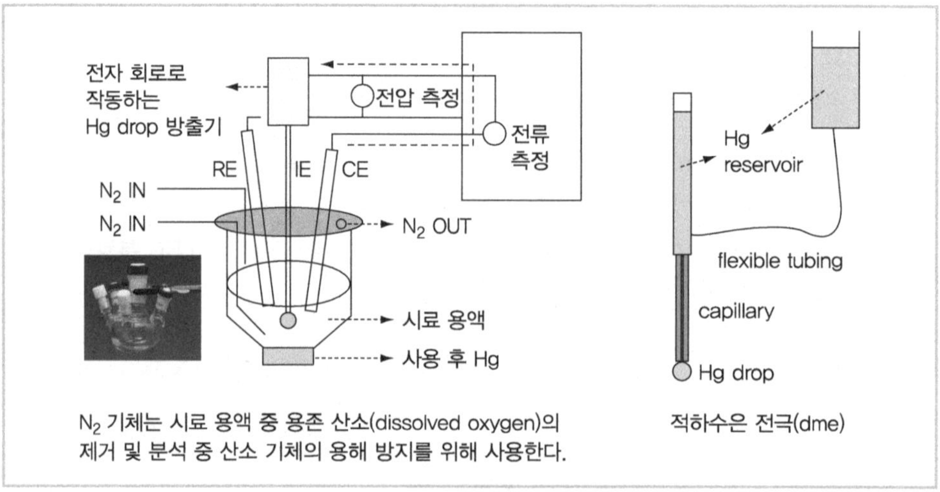

그림 8.3 적하수은 전극을 채용한 three-electrode polarography

일반적인 polarography에서 사용되는 수은 방울의 반지름(drop radius)은 0.5 ~ 1 mm이고, 수은 방울의 수명(lifetime) 또는 성장 시간(drop time)은 2.0 ~ 6.0초 정도이다. 모세관의 다른 쪽 끝에 연결된 수은 용기의 높이를 조절하면, 모세관을 통하여 흐르는 수은의 유속(mercury flow rate)이 변함으로써 수은 방울의 크기와 성장 시간을 조절할 수도 있다. 방울 낙하기(drop knocker)와 같은 장치를 사용하면 재현성 있는 수은 방울의 크기와 성장 시간을 얻을 수 있다.

● dme의 장점

전압전류법에서 지시 전극으로 적하수은 전극을 사용하는 경우 다음과 같은 장점들을 가진다.

- 과전압(overpotential)이 크기 때문에 걸어줄 수 있는 전압의 범위(- 방향)가 다른 전극들에 비해 더 넓다(0 ~ -2 V).
- 수은 방울이 지속적으로 새롭게 형성되어 사용되므로 항상 깨끗한 전극 표면을 제공한다. 일반 전극의 경우 금속들이 전극의 표면에 석출되어 전극의 표면을 오염시키지만, 적하수은 전극의 경우 석출되는 금속이 수은과 아말감(amalgam)을 이루며 용기의 바닥으로 떨어진다.

◎ 모세관 상수

- 수은 방울의 반지름: r (cm)
- 수은 방울의 성장 시간: t (sec)
- 수은의 유속: m (mg/sec)
- 수은의 밀도: d (g/cm^3)
- 수은 방울의 부피: $(4/3)\pi r^3$ = 질량/부피 = mt/d
- 수은 방울의 반지름: $r = (3mt/4\pi d)^{\frac{1}{3}}$
- 수은 방울의 표면적(area): A(t)

$$= 4\pi r^2 = 4\pi(3mt/4\pi d)^{\frac{2}{3}}$$
$$= \text{constant}(m^{\frac{2}{3}}t^{\frac{2}{3}})$$

여기서 $m^{\frac{2}{3}}t^{\frac{2}{3}}$를 모세관 상수(capillary constant)라 하며, 모세관의 종류에 따라 그 값이 달라진다. ☞ 수은 방울의 표면적은 $t^{\frac{2}{3}}$에 비례하며 증가한다.

◎ 폴라로그래피의 기본 원리

가. 전압을 걸어 주는 방식

지시 전극에 전압을 걸어 주는 방식은 주어진 초기 전압($E_{초기}$)으로부터 최종전압($E_{최종}$)에 이르기까지 일정한 비율(약 1 ~ 5 mV/sec)로 증가(drop time은 2 ~ 5sec)하는 형태인 voltage ramp(또는 potential sweep)이다.

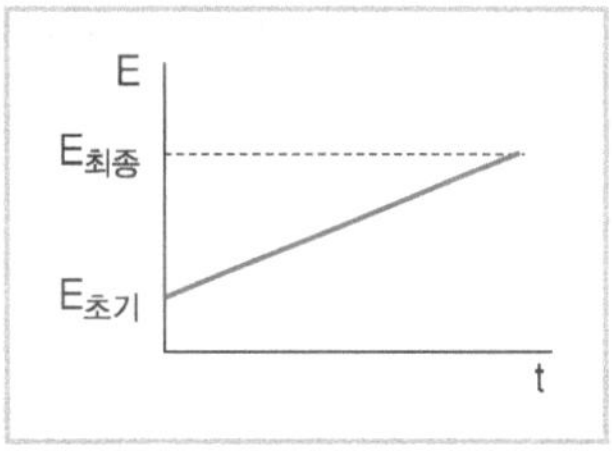

나. 걸어 주는 전압의 범위

polarography에서 지시 전극에 걸어 주는 전압의 범위는 시료 용액에 첨가하는 지지 전해질(supporting electrolyte)(※ 차후 자세히 다룸)의 종류와 농도에 따라 달라진다.

polarography에서는 전압을 +방향으로 걸어 주는 동안 수은 전극 자체가 산화되면서 큰 산화 전류(anodic current)가 발생할 수 있다. 그런데 시료 용액에 첨가된 지지 전해질을 구성하는 음이온의 종류와 농도에 따라 수은 전극의 산화가 일어나는 전압이 달라진다.

또한 전압을 −방향으로 걸어 주는 동안에는 시료 용액을 구성하는 물이 환원되면서 역시 큰 환원 전류(cathodic current)가 발생할 수 있다. 그러나 시료 용액에 지지 전해질을 첨가하는 경우 물의 환원이 일어나기도 전에 지지 전해질을 구성하는 양이온이 환원되면서 큰 환원 전류를 발생시키게 된다.

따라서 지지 전해질을 구성하는 양이온의 종류는 polarography에서 음의 방향으로 걸어 주는 전압의 한계를 결정하게 된다.

■ +쪽 한계 전압(anodic potential limit)

지지 전해질을 구성하는 음이온이 과염소산 이온(ClO_4^-), 질산 이온(NO_3^-) 또는 아세트산 이온(CH_3COO^-)인 경우에는 Hg^{2+} 이온과 안정한 착화합물(complex)이나 침전(precipitate)을 이루지 않는다. 따라서 +쪽으로의 한계 전압은 수은 전극 자체의 산화가 일어나는 전압이 된다. ☞ ~ 0.4 V vs. SCE

그러나 Hg^{2+} 이온과 착화합물이나 침전을 이룰 수 있는 음이온들로 구성된 지지 전해질을 사용하는 경우에는 +쪽 한계 전압은 수은의 산화가 발생하는 전압보다 더 −방향으로 이동한다(수은 전극의 산화가 더 잘 일어난다).

예로써, 농도가 0.1 M 정도인 몇 가지 음이온들의 +방향의 한계 전압은 다음과 같다.

• Cl^- 이온인 경우 0.1 V

$Hg(l) + 4Cl^- \rightleftarrows HgCl_4^{2-}$와 같은 반응에 의해 Hg^{2+} 이온이 안정화되므로, Cl^- 이온의 존재는 Hg의 산화를 촉진시키게 된다.

• OH^- 이온이면 0.2 V

$Hg^{2+} + 2OH^- \rightleftarrows Hg(OH)_2(s)$과 같은 침전 반응은 Hg의 산화를 촉진시킨다.

• CN^- 이온이나 S^{2-} 이온이면 −0.8 V

$Hg^{2+} + 2CN \rightleftarrows Hg(CN)_2(s)$과 같은 침전 반응은 Hg의 산화를 촉진시킨다.
$Hg^{2+} + S^{2-} \rightleftarrows HgS(s)$과 같은 침전 반응도 Hg의 산화를 촉진시킨다.

■ −쪽 한계 전압(cathodic potential limit)

지지 전해질의 양이온에 따라 달라진다. 0.1 M 정도의 강산을 사용하는 경우 −쪽 한계 전압은 대략 −1.5 V이다(수은 전극의 표면에서 H^+의 환원은 과전압에 의해 0 V에서 일어나지 않는다).

지지 전해질의 양이온이 Na^+ 이온이나 K^+ 이온인 경우 이들 금속 이온이 환원되면서 수은과 아말감을 형성[$K^+ + e \rightarrow K(in\ Hg)$]하는 전압이 바로 −쪽 한계 전압이 되며, 대략 −1.9 V 정도이다.

그러나 시료 용액이 순수한 수용액이 아닌 경우에는 4급 암모늄 이온인 Tetra (n−butyl)ammonium ion을 함유한 지지 전해질을 사용하면 −2.6 V 정도까지도 확장될 수도 있다.

다. 폴라로그래피에서의 전류

■ 전류의 진동

폴라로그래피에서는 지시 전극으로 사용하는 수은 방울이 성장과 낙하를 반복한다. 따라서 발생하는 전류도 역시 발생과 소멸을 반복하는 진동(oscillation) 형태를 보이게 된다.

그림 8.4는 계면에서 화학종의 환원이 일어나기 전 전극이 편극되는 동안(계면에서 전기 이중층이 형성되는 동안) 셀을 통해 흐르는 충전 전류(charging current)의 크기가 시간에 따라 변하는 모습(a), 계면에서 화학종이 환원되면서 발생하는 전류(faradaic current)의 크기가 시간에 따라 변하는 모습(b), 그리고 두 가지 전류가 함께 발생하는 경우(두 가지 전류들 중 어느 한 가지가 무시할 수 없을 정도인 경우) 전체 전류(net current)의 크기가 시간에 따라 변하는 모습(c)을 보여준다.

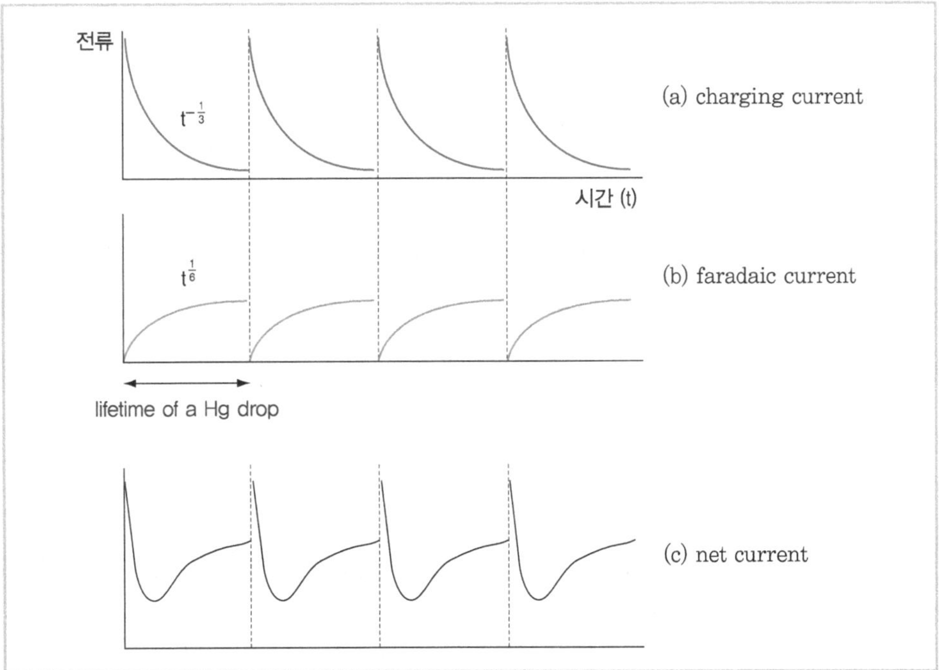

그림 8.4 시간에 따른 전류의 진동

그림 8.5는 charging current가 지배적으로 발생하는 시점과 faradaic current가 지

배적으로 발생하는 시점에 전류의 oscillation 모습들을 보여준다.

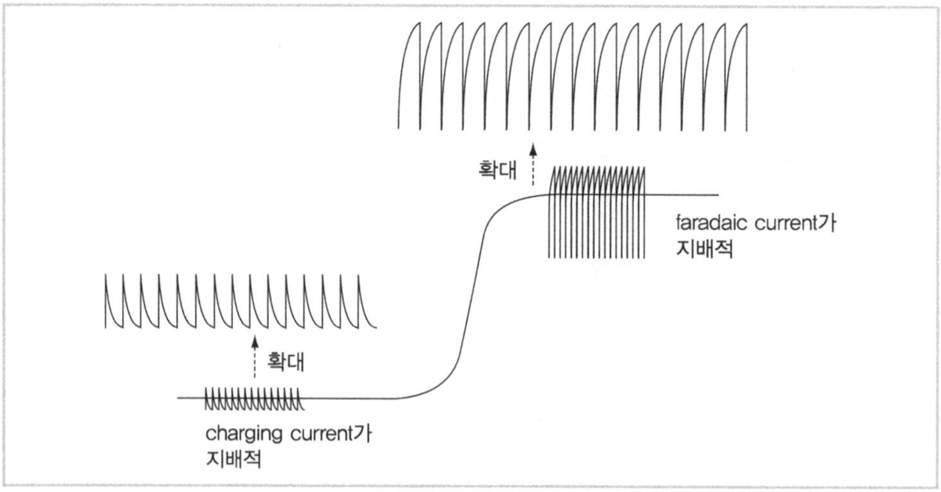

그림 8.5 폴라로그램에서 charging current와 faradaic current의 oscillation

■ 패러데이 전류

Faradaic current의 경우 그 크기가 $t^{-\frac{1}{2}}$에 비례하며 변하며 감소(환원 반응이 진행됨에 따라 전극 주위의 ox의 농도가 줄어들기 때문)하지만, 전극의 표면적이 $t^{\frac{2}{3}}$에 비례하여 증가(표면적의 증가는 환원 반응이 일어날 수 있는 장소가 증가하는 것이므로 그에 따라 환원 반응에 의한 전류가 더 많이 발생할 수 있기 때문)하므로, 두 가지 효과가 함께 기여하면서 faradaic current는 $t^{\frac{1}{6}}$에 비례하며 증가하는 모습을 보이게 된다.

Polarography에서는 확산에 의해서만 화학종의 mass transfer가 일어난 조건을 조성하므로, 이때 흐르는 faradaic current는 확산 전류(diffusion current, id)라 부른다. Polarography에서 발생하는 diffusion current를 나타내는 Ilkovic equation은 다음과 같다.

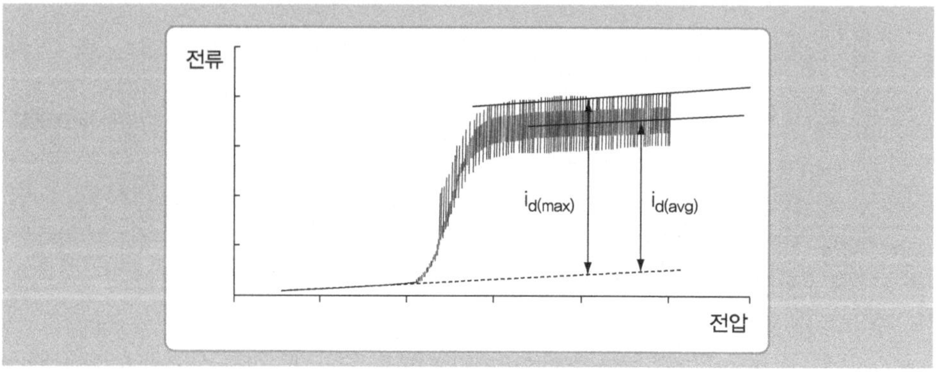

$$i_{d(max)} = 707\ nm^{\frac{2}{3}} D_{ox}^{\frac{1}{2}} t^{\frac{1}{6}} C_{ox}^{*},\ i_{d(avg)} = 607\ nm^{\frac{2}{3}} D_{ox}^{\frac{1}{2}} t^{\frac{1}{6}} C_{ox}^{*}$$

$i_{d(max)}$: 최대 확산 전류(μA)

$i_{d(avg)}$: 평균 확산 전류(μA)

n: 전자의 수　m: 수은의 유속(mg/sec)

D_{ox}: ox의 확산 계수(cm^2/sec)　t: 시간(sec)

C_{ox}^{*}: ox의 농도(mmol/L)

■ 잔류 전류

Polarography에서 잔류 전류는 다음의 두 가지 요소들로 구성되어 있다.

전기 이중층이 형성되면서 발생하는 충전 전류(i_c)

적하수은 전극(dme)의 경우에는 시간이 지남에 따라 전극의 표면적이 증가하므로, 시간에 따른 충전 전류(charging current)의 변화 모습은 $i_c \propto t^{-\frac{1}{3}}$ 이다.

dme가 담긴 용액이 지지 전해질만을 함유한 바탕 용액인 경우 dme에 전압이 걸리면서 residual current가 발생하는데, 이는 dme의 계면에서 발생하는 전기 이중층의 충전 과정에 따른 charging current의 변화 모습이다(그림 8.6의 왼쪽).

그런데 charging current의 변화 모습을 살펴보면 그 크기가 0인 부분을 볼 수 있다. 시료 용액 속에 잠긴 상태의 dme의 경우 dme와 용액은 계면을 형성하고, 그러한 계면의 표면 장력(surface tension)은 dme에 걸리는 전압에 따라 달라진다. 계면에 과량의 양전하 혹은 음전하가 존재하는 경우 계면의 표면 장력은 감소하고, 전기적으로 중성인 상태에서 계면의 표면 장력이 가장 크다. 이와 같이 수은 방울의 표면적이 가장 큰(표면 장력이 가장 큰) 지점을 전기 모세관 극대점(electrocapillary maximum)이라 한다.

그림 8.6의 오른쪽은 수은 방울의 성장 시간을 걸어 주는 전압에 대해 도시한 것

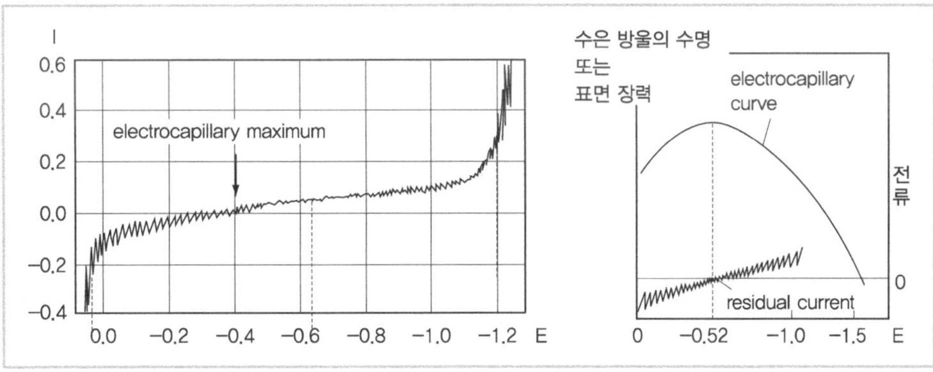

그림 8.6 전기 모세관 곡선(electro-capillary curve)과 전기 모세관 극대점(electro-capillary maximum)

(electrocapillary curve)이다. 계면이 중성일 때 수은 방울의 표면 장력이 가장 크므로 방울의 성장 시간이 가장 길고, 이 조건에서 charging current의 크기가 0인 상태가 얻어진다. 다시 말해 전기 모세관 극대점이 발생하는 시점은 dme와 용액의 전하가 서로 같아진 단계이다.

시료 용액에 녹아 있는 산소 및 불순물 등의 환원에 의한 전류

용존 산소의 환원은 다음과 같이 두 단계(산소가 과산화 수소로 환원된 후, 과산화 수소가 다시 물로 환원 됨)에 걸쳐 진행된다.

$$O_2 + 2e + 2H^+ \rightleftarrows H_2O_2$$
$$H_2O_2 + 2e + 2H^+ \rightleftarrows 2H_2O$$

와 같이 용존 산소(dissolved oxygen)의 환원에 의한 전류가 그 예이고, 이를 제거하기 위해서 시료 용액에 질소(nitrogen, N_2)나 아르곤(argon, Ar) 기체를 통과시켜 용존 산소를 없애는 작업이 필요하다.

용존 산소를 제거한 이후에도 실험을 진행하는 동안 시료 용액이 공기 중 산소 기체와 접촉하는 것을 방지하기 위해 시료 용액 윗부분에 질소 기체 등을 지속적으로 공급한다. 다음의 그림 8.7은 용존 산소에 의해 발생하는 전류의 모습을 보여준다.

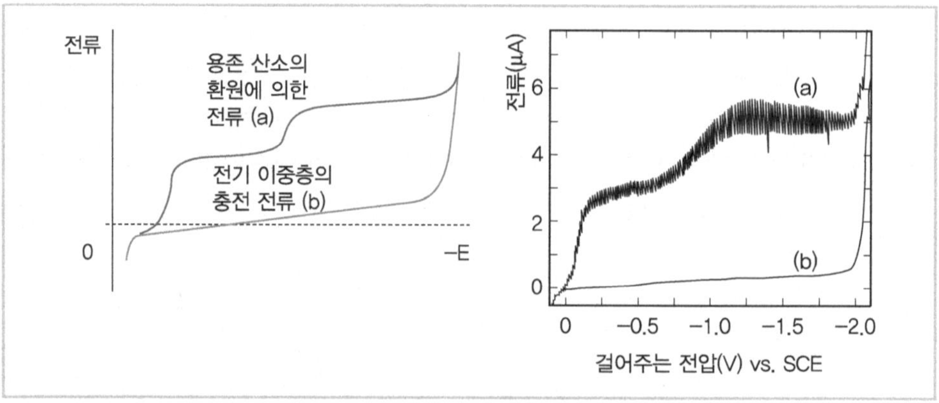

그림 8.7 용존 산소에 의한 polarogram

■ 이동 전류

이동 전류(migration current, i_m)는 하전된 전극과 전하를 띤 화학종 사이의 정전기적 인력 또는 반발력에 기인하여 화학종이 주어진 전극에 더 쉽게(또는 더 어렵게) 도달하게 되면서 발생하는 전류(그림 8.8)이고, 다양한 종류의 양이온과 음이온으로 이루어진 지지 전해질(supporting electrolyte)을 시료 용액에 첨가함으로써 제거될 수 있다.

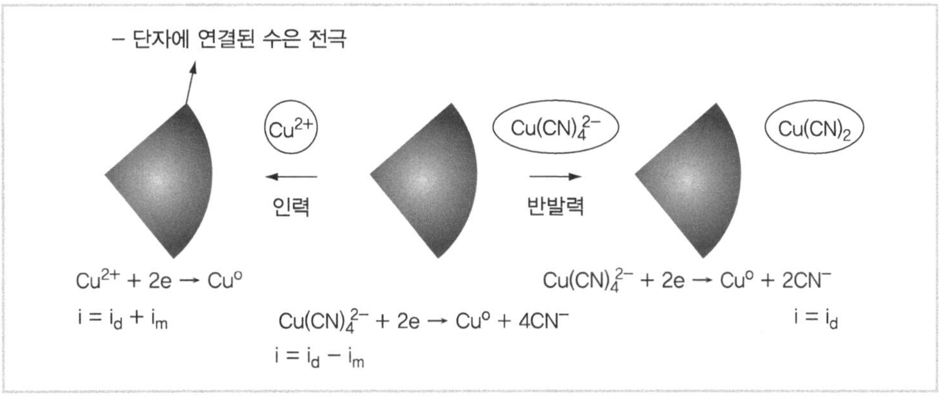

그림 8.8 이동 전류에 의한 기여

■ 최고 전류

수은 방울의 성장 과정은 전극 주위의 용액에 기계적인 휘저음 현상이 일어나게 만들어 대류(convection)와 같은 효과를 초래한다. 이러한 용액의 움직임은 정상적인 확산에 의한 화학종의 이동보다 더 많은 화학종을 전극의 표면으로 이동시킬 수가 있어서, 그 결과 그림 8.9에서 볼 수 있는 것처럼 확산 전류에 비해 더 큰 전류인 최고 전류(current maximum)가 나타날 수 있다.

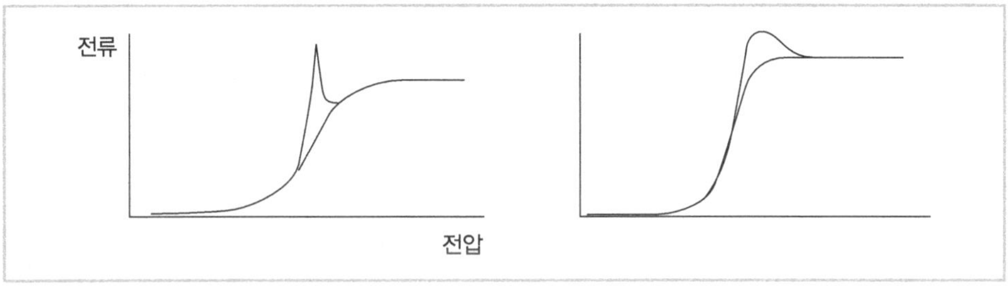

그림 8.9 최고 전류

최고 전류는 수은 전극의 표면에 전기 활성인 화학종이 흡착하기 때문에 발생한다는 관점도 있으며, 이러한 관점에서 최고 전류의 발생을 억제하기 위해 gelatin이나 triton X-100 또는 polyacrylamide나 methyl red와 같은 최고 억제제(maximum suppressor)를 사용하기도 한다.

라. 폴라로그램

■ residual current만이 있을 때

그림 8.10에서 볼 수 있는 polarogram은 지지 전해질로 0.1 M HCl 용액을 사용해서

얻어진 것이다. 화살표 부분(약 −0.4 V)은 전기 모세관 극대점을 표시하며,

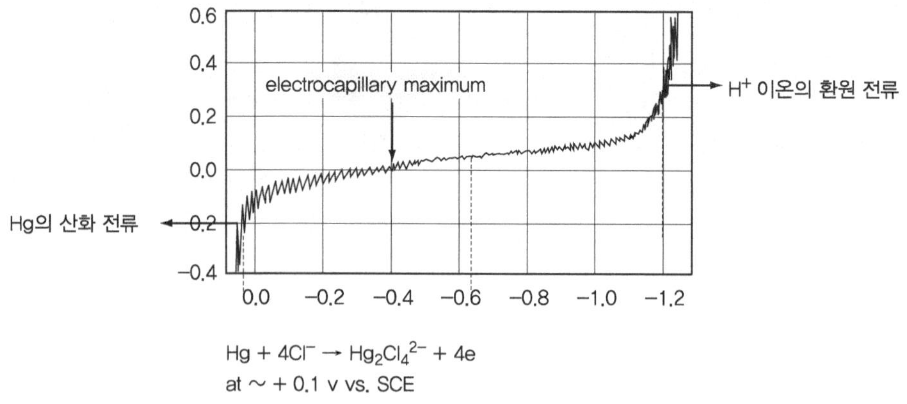

그림 8.10 지지 전해질로 1 M HCl 용액을 사용한 경우 얻는 residual current

dme와 용액의 전하가 서로 같아지는 지점이다. 즉, 이 지점보다 더 음의 전압을 dme에 걸어주면 dme는 음으로 하전되고, 반대로 더 양의 전압을 걸어주면 수은 전극은 양으로 하전된다. 약 −1.2 V 근처에서 급격하게 발생하여 커지는 전류는 H^+의 환원에 의한 것이고, 0.1 V 근처에서는 Hg의 산화에 의해 전류가 발생한다.

■ 분석대상성분에 의한 faradaic current가 존재할 때의 polarogram

그림 8.11의 polarogram은 5×10^{-4} M Cd^{2+} 용액(지지 전해질: 1 M HCl)을 사용하여 얻은 것이다.

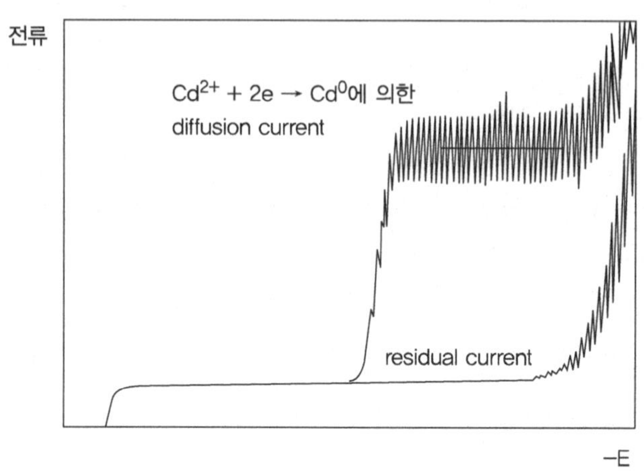

그림 8.11

● polarography에 의한 분석

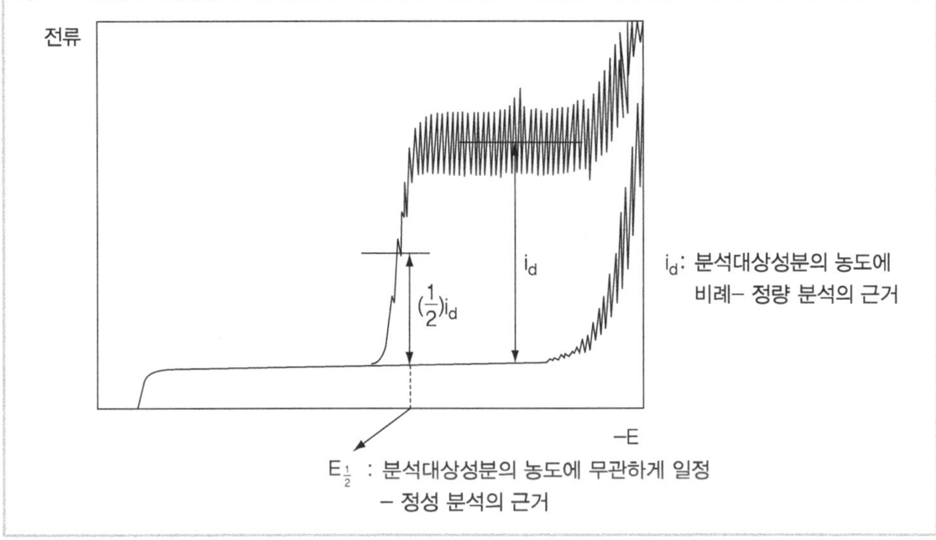

그림 8.12 polarohgram에 나타낸 정성 분석의 근거와 정량 분석의 근거

가. 정성 분석

앞에서 언급된 바와 같이 반파 전위($E_{\frac{1}{2}}$)는 화학종에 따라 다르다는 사실은 정성 분석의 근거가 된다.

나. 정량 분석

■ 내부 표준법

Polarography에서도 앞의 전위차법 분석에서 다루었던 단일 표준 용액 사용법, 검정선(calibration curve) 작성법, 표준 첨가법(standard addition method) 그리고 연속 표준 첨가법(sequential standard addition method)과 같은 여러 유형의 정량 방법들을 적용할 수 있다.

여기서는 polarography에 의한 정량 방법으로 사용할 수 있는 내부 표준법을 소개한다.

Polarography에서의 내부 표준법

- 우선 내부 표준(또는 pilot ion, p)으로 삼을 수 있는 금속 양이온을 선택한다. 내부 표준으로 삼는 금속 양이온은 분석대상성분(analyte, a)보다 더 늦게 환원되는(분석대상성분의 표준 환원 전위보다 더 −로 큰 표준 환원 전위를 가지는) 금속 양이온이어야 한다.
- 분석대상성분의 표준 용액들에 pilot ion의 표준 용액을 소량씩 가한 후, 얻게 되는 polarogram들로부터 분석대상성분에 의한 i_d값(i_a)들과 pilot ion에 의한 i_d값(i_p)들을 구한다(아래 그림 (a)).
- 이제 i_a/i_p vs. 분석대상성분의 표준 용액들의 농도의 plot을 작성한다. (아래 그림 (b))
- 시료 용액에 같은 양의 pilot ion 표준 용액을 가하고 i_a/i_p값을 구한 후, 앞에서 작성한 plot으로부터 시료 중 분석대상 이온의 농도를 구한다(아래 그림 (b)).

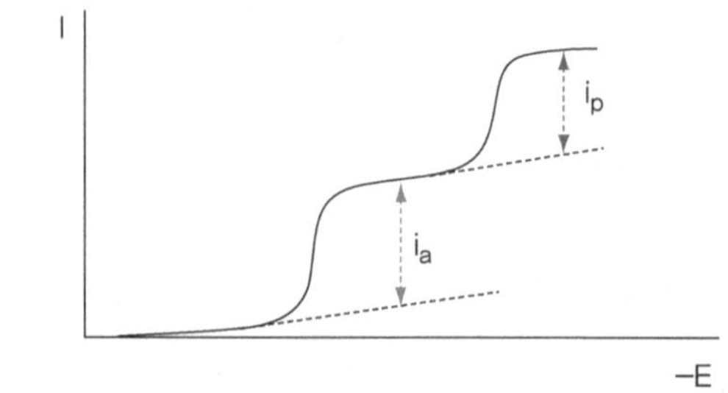

(a)

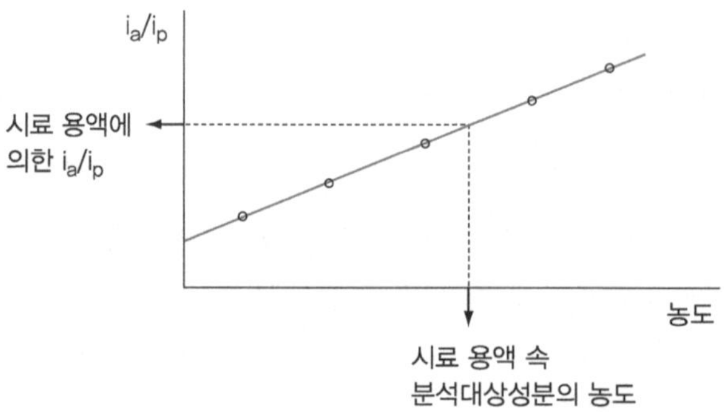

(b)

이와 같은 내부 표준법에서는 일반적인 검정선 작성법과는 달리 시료 용액과 표준 용액들 사이 그리고 표준 용액들 사이에 존재하는 matrix 차이를 고려해 주지 않아도 된다. 그 이유는 무엇일까?

내부 표준법에서는 분석대상성분의 표준 용액들과 시료 용액에 동일한 부피의 내부 표준 물질(pilot ion)의 표준 용액을 첨가한 후, 분석대상성분에 의한 확산 전류(i_a)와 pilot ion에 의한 확산 전류(i_p)의 비(i_a/i_p)를 구하여 사용한다. 이처럼 개별 전류(i_a 또는 i_p)가 아닌 두 전류들의 비(i_a/i_p)는 그 비를 구하는 용액의 환경과는 무관하다. 다시 말해 표준 용액과 시료 용액에 주어진 동일한 양의 pilot ion을 첨가한 후, 각 용액들에서 측정한 i_a와 i_p의 크기들은 서로 다를 수밖에 없다(표준 용액에서의 i_a ≠ 시료 용액에서의 i_a 그리고 표준 용액에서의 i_p≠ 시료 용액에서의 i_p). 그러나 표준 용액에서든 시료 용액에서든 i_a와 i_p의 비(i_a/i_p)는 두 용액들 모두에서 똑같은 값으로 얻어진다(표준 용액에서의 i_a/i_p = 시료 용액에서의 i_a/i_p).

■ 다원소 분석(multi-elemental analysis)

그림 8.13은 여러 가지 금속 양이온들(Tl^+, Cd^{2+}, Ni^{2+}, Zn^{2+})을 함유한 시료 용액에 대한 polarography를 통해 얻은 polarogram을 보여준다.

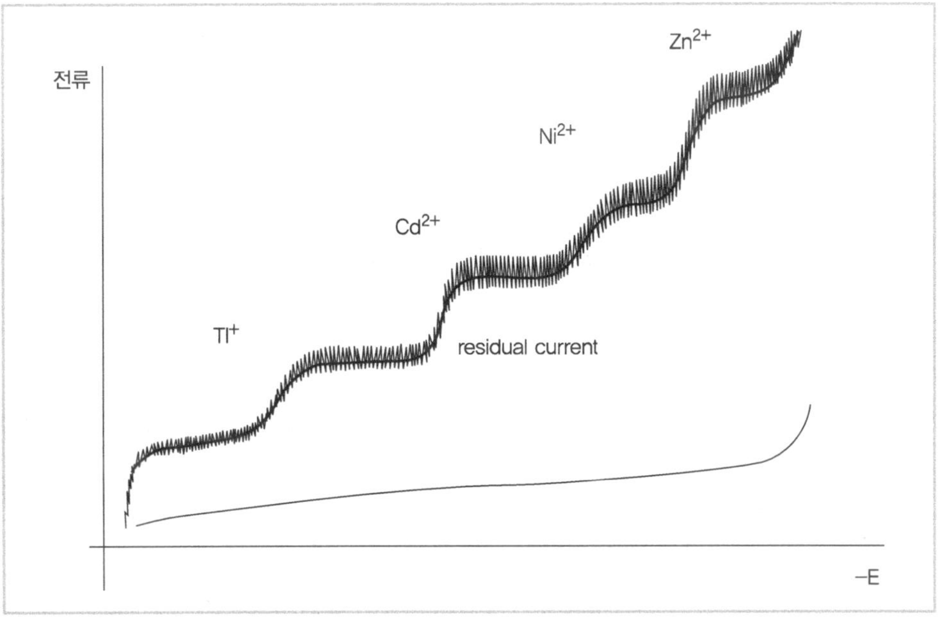

그림 8.13 양이온 혼합물에 의한 polarogram

그리고 그림 8.14는 이와 같이 두 가지 이상의 금속 양이온들을 함유한 시료 용액으로부터 얻어진 polarogram의 경우, 각 금속 양이온의 정량을 위해서 필요한 각 금속 양이온에 의한 확산 전류의 크기를 구하는 방법을 보여준다.

$$i_d(total) = 708\,m^{\frac{2}{3}}t^{\frac{1}{6}}(nD_{ox}^{\frac{1}{2}}C_{ox}^{*} + n'D'^{\frac{1}{2}}_{ox}C'^{*}_{ox}) = i_d + i_d'$$

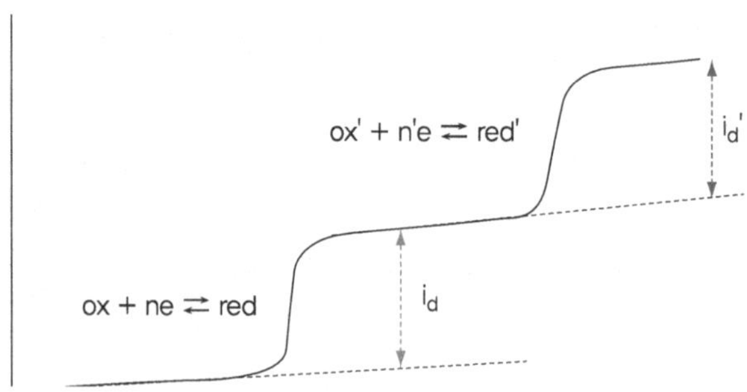

그림 8.14 두 가지 성분들에 의한 polarogram에 대한 정량적 취급법

● Polarography의 여러 유형

가. TAST polarography

일반적인 polarography에서는 전압은 voltage ramp 형태로 전압을 걸어주고, 전류의 측정은 전압을 걸어 주는 전 과정에 걸쳐 이루어지므로, 측정되는 전류에는 확산 전류(i_d)와 충전 전류(i_c)가 모두 다 포함되어 있다. 그런데 측정되는 전류의 크기에 근거하여 시료 용액 중 분석대상성분의 농도를 결정하는 polarography에서 분석대상성분과는 전혀 상관이 없이 발생하는 충전 전류가 측정 전류에 포함된다는 것은 정량 분석에서 다음과 같은 부정적인 영향을 초래한다.

충전 전류가 정량 분석에 미치는 부정적인 영향

일반적으로 polarography에 의한 정량 분석에서는 시료 용액 중 분석대상성분의 농도가 증가하면, 분석대상성분의 환원에 의한 환원 전류(확산 전류, i_d)의 크기도 비례하여 증가한다.

그러나 주어진 분석대상성분을 함유하는 시료 용액에 대한 polarography에서는 그 분석대상성분의 농도와는 전혀 관련이 없는 충전 전류(i_c)도 함께 발생하고, polarography의 전체과정을 통해 측정되는 전류에는 두 가지 전류들의 모두 다 측정된다. 이와 같이 측정되는 전류가 i_d와 i_c를 모두 다 포함하는 경우에는 시료 용액 중 분석대상성분의 정량 과정에서 다음과 같은 부정적인 영향을 미치게 된다.

여기서 분석대상성분을 함유하는 네 가지 농도의 표준 용액들(S1, S2, S3 그리고 S4, 농도: S1 = 1.0×10^{-4} M, S2 = 2.0×10^{-4} M, S3 = 3.0×10^{-4} M, S4 = 4.0×10^{-4} M)을 대상으로 polarography를 수행하여 다음의 표와 같은 결과를 얻었다고 가정하자.

표준 용액(농도, M)	S1	S2	S3	S4
충전 전류	10	10	10	10
측정된 전류의 크기	20	30	40	50

그런데 앞의 표에서 i_d와 i_c를 모두 다 포함하는 측정된 전류의 크기만을 고려하는 경우, 표준 용액의 농도가 증가함에 따라 측정된 전류의 크기도 증가한다는 사실과 전류의 상대적 증가율(20 → 30 → 40 → 50: 20을 기준으로 1.5배, 2배, 2.5배 증가)은 농도의 증가율(1.0×10^{-4} → 2.0×10^{-4} → 3.0×10^{-4} → 4.0×10^{-4}: 1.0×10^{-4}을 기준으로 2배, 3배 그리고 4배 증가)보다 더 작다는 사실도 알 수 있다.

이와 같이 전류의 상대적 증가율이 표준 용액의 상대적 농도 증가율에 미치지 못하는 결과는 정량 분석에서 중요한 감도의 관점에서는 그리 바람직하지 못하다. 왜냐하면 정량 분석에서는 일반적으로 다음과 같은 원칙을 적용하기 때문이다.

- 분석대상성분의 농도 변화에 따른 실험 수치의 증가율이 커지면 커질수록, 분석법의 감도(sensitivity)가 높아진다.
- 분석법의 감도가 높아진다는 것은 보다 더 낮은 농도의 분석대상성분에 대한 정량이 가능해진다라는 사실을 의미하므로, 감도가 높은 분석법은 측정 한계가(limit od detection, LOD)가 낮은 분석법이다.

이제 앞의 표를 다음과 같이 변화시킨 후, 전류의 상대적 증가율과 농도의 상대적 증가율 사이의 관계를 다시 살펴보자.

표준 용액(농도, M)	S1 (1.0×10^{-4})	S2 (2.0×10^{-4})	S3 (3.0×10^{-4})	S4 (4.0×10^{-4})
충전 전류	10	10	10	10
측정된 전류	20	30	40	50
확산 전류 = 측정된 전류 – 충전 전류	10	20	30	40

두 번째 표를 보면, 표준 용액들의 상대적 농도 증가율(1.0×10^{-4} → 2.0×10^{-4} → 3.0×10^{-4} → 4.0×10^{-4} : 1.0×10^{-4}을 기준으로 2배, 3배 그리고 4배 증가)과 확산 전류의 상대적 증가율(10 → 20 → 30 → 40: 10을 기준으로 2배, 3배, 4배 증가)을 살펴보면, 표준 용액의 농도 증가에 따른 전류의 크기 증가율이 향상되었음을 알 수 있다.

즉, polarography에서 측정되는 전류에서 충전 전류에 의한 기여를 최소한으로 할 수 있다면, polarography의 감도가 높아짐(측정 한계는 낮아짐)을 알 수 있다.

TAST polarography의 경우 전압은 voltage ramp 형태이지만, 전류는 그림 8.15에서 볼 수 있는 것처럼 수은 방울이 떨어지기 직전에만 측정한다.

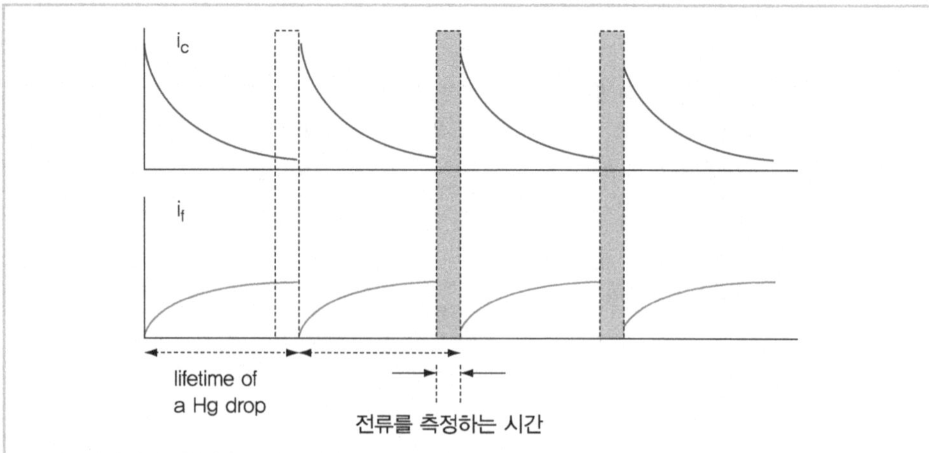

그림 8.15 시간에 따른 확산 전류와 충전 전류의 크기 변화 – i_d는 $t^{\frac{1}{6}}$에 비례하며 변하고(증가하고) i_c는 $t^{-\frac{1}{3}}$에 비례하며 변한다(감소한다).

이 경우 i_d의 값은 거의 최대에 이르고 i_c의 값은 아주 작아지는 짧은 시간 동안에만 전류를 측정하므로, 측정되는 전류에서 i_c가 차지하는 비율이 작아지면서, polarography에 의한 정량 분석의 감도를 증가시키는 효과를 초래한다.

이렇게 매번 수은 방울이 떨어지기 직전에 동일한 시간 동안에만 전류를 측정해야 하는 경우, 모든 수은 방울들의 수명(lifetime)이 동일해야 하므로, 주기적으로 정해진 시간마다 모세관을 타격하여 수은 방울의 낙하시기 또는 수은 방울의 크기를 일정하게 유지할 수 있게 만드는 방울 낙하기(drop knocker)와 같은 장치를 사용해야 한다.

TAST polarography의 경우 일반적인 polarography의 경우보다 10배 정도 더 높은 감도(측정 한계: 10^{-6} M)를 보여준다.

나. Normal pulse polarography

Normal pulse polarography에서는 일반적인 polarography 또는 TAST polaro-graphy에서처럼 연속적으로 증가하는 전압을 걸어 주는 것이 아니라, 그림 8.16에서와 같이 수은 방울이 떨어지기 전 주어진 짧은 시간 동안에만 매번 그 크기가 증가하는 pulse의 형태로 전압을 걸어준다. 그리고 전류는 pulse 형태의 전압을 걸어준 후, 수은 방울이 떨어지기 바로 직전의 짧은 시간 동안에만 측정한다.

주어진 수은 방울의 성장(growth)과 낙하(drop)의 과정을 살펴보자. 수은 방울의 초기 성장 단계에서 수은 방울 표면적(surface area)의 상대적인 증가 비율이 크지만, 수은 방울의 크기가 점차 증가하면서는 수은 방울 표면적의 상대적 증가 비율은 감소하기

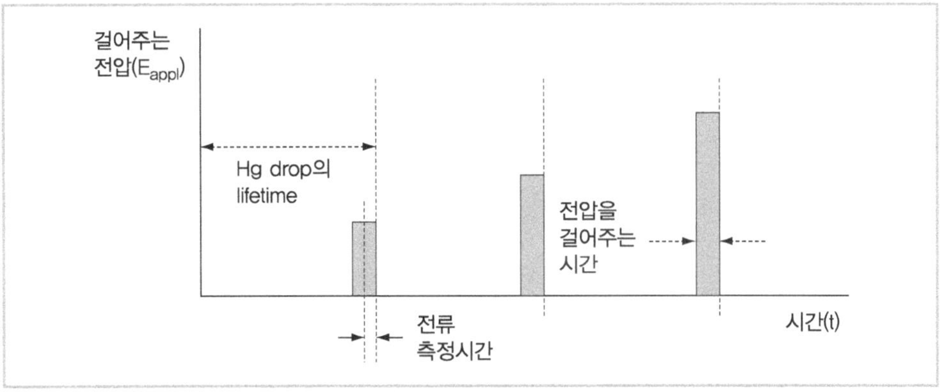

그림 8.16 Normal pulse polarography – 전압을 걸어 주는 방식과 전류를 측정하는 방식

시작한다. 그리고 수은 방울의 성장이 마지막 단계에 들어서면, 수은 방울 표면적의 상대적 증가 비율은 매우 작아진다. 따라서 수은 방울이 낙하하기 직전의 짧은 시간 동안 수은 전극을 표면적의 변화가 없는 일반적인 금속 전극과 마찬가지로 취급할 수 있는 것이다.

이와 같이 수은 전극의 표면적이 일정하게 유지되는 전극에 potential step의 형태인 전압을 걸어 주는 경우, i_d와 i_c의 발생과 시간에 따른 크기의 변화 형태는 그림 8.17에서 볼 수 있다.

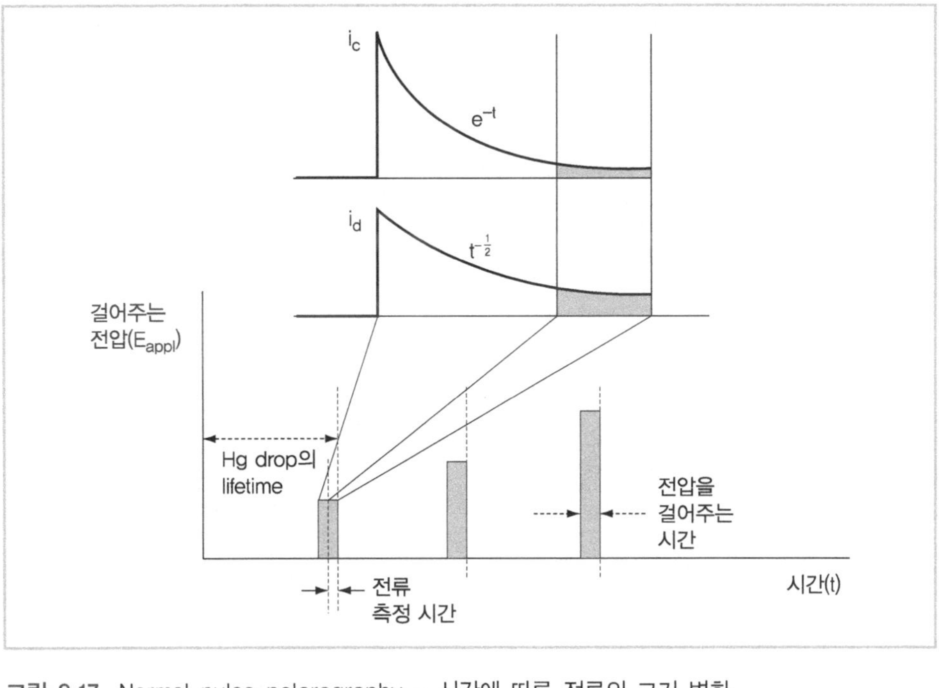

그림 8.17 Normal pulse polarography – 시간에 따른 전류의 크기 변화

i_d는 전압을 걸어 주는 시점에서 가장 큰 값을 나타내다가 시간이 지남에 따라 서서히 감소($t^{-\frac{1}{2}}$)하게 되며, i_c는 전압을 걸어 주는 시점에서 가장 큰 값을 나타내다가 시간이 지남에 따라 급격하게 감소(exponential decrease, e^{-t})한다. 따라서 전류를 측정하는 시점에서 i_c는 거의 포함되지 않는 것이다.

Normal pulse polarography는 TAST의 경우에 비해 6 ~ 7배 정도 더 높은 감도(낮은 측정 한계)를 가진다.

다. Differential pulse polarography

Differential pulse polarography에서는 그림 8.18에서 볼 수 있는 것과 같이 일반적인 polarography에서와 같이 일정한 비율로 증가하는 전압(voltage ramp)을 걸어주다가 수은 방울이 떨어지기 전에 매번 그 동일한 크기의 pulse 형태의 전압을 추가로 걸어준다. 전류는 2회에 걸쳐 측정하는데, 첫 번째는 pulse 전압을 추가하기 직전(τ)에 측정하고, 두 번째 는 pulse 형태의 추가 전압을 걸어준 후 수은 방울이 떨어지기 바로 직전(τ')에 측정한다.

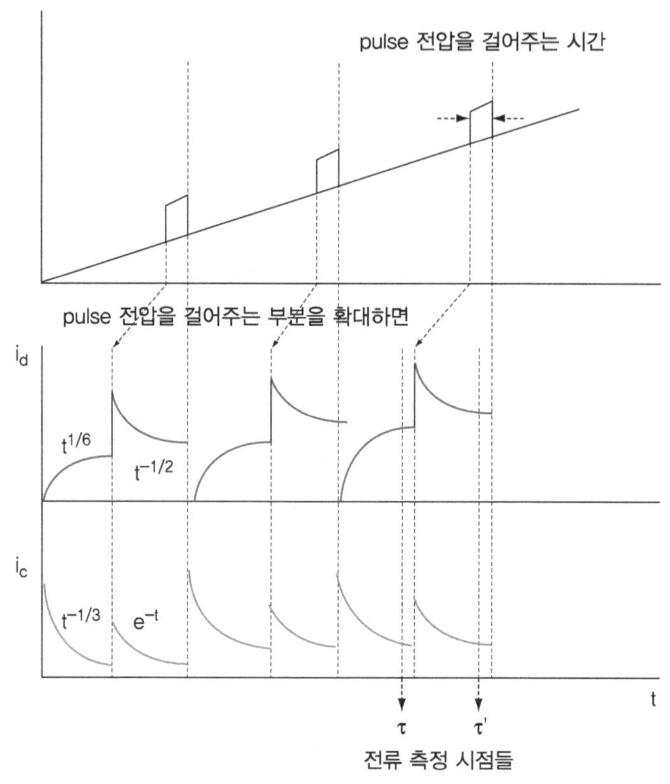

그림 8.18 Differential pulse polarography – 전압을 걸어 주는 방식과 전류를 측정하는 방식

i_d의 경우 pulse 형태의 추가 전압을 얹어주기 전 $t^{\frac{1}{6}}$에 비례하며 커지지만, pulse 형태의 추가 전압을 걸어주면, i_d의 크기는 다시 커졌다가 시간이 지남에 따라 서서히 감소($t^{-\frac{1}{2}}$)한다. 두 측정 시점들에서 얻어진 i_d의 크기들 사이에는 다음과 같은 관계가 성립한다.

$$(i_d \text{ at } \tau') - (i_d \text{ at } \tau) > 0$$

i_c의 경우에는 pulse 형태의 추가 전압을 얹어주기 전에는 서서히 감소($t^{-\frac{1}{3}}$)하지만, pulse 형태의 추가 전압을 얹어주면, i_c의 크기는 다시 커졌다가 시간이 지나면서 그 크기가 급격하게 감소(e^{-t})한다. 두 측정 시점들에서 얻어진 i_c의 크기들 사이에는 다음과 같은 관계가 성립한다.

$$(i_c \text{ at } \tau') - (i_c \text{ at } \tau) \fallingdotseq 0$$

결국 두 시점에서 측정한 전류의 차이는 단지 i_d만을 포함하게 되면서 측정되는 전류에 대한 i_c의 영향을 최소화시킬 수가 있다. 그 결과 differential pulse polarography의 측정 한계는 $10^{-8} \sim 10^{-7}$ M 정도로 낮아진다.

제9장

전압전류법

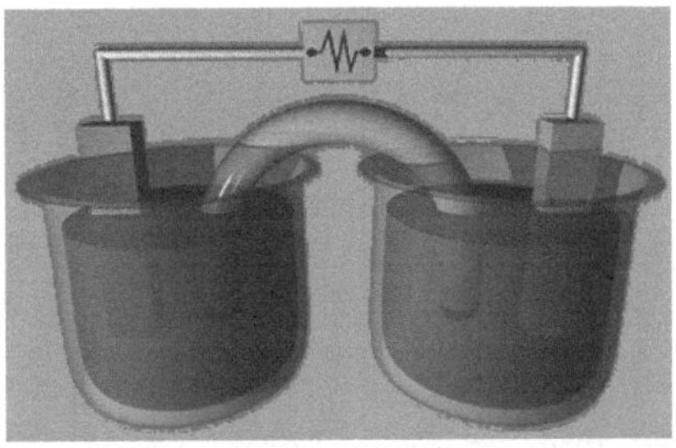

9.1 선형 훑음 전압전류법

전기화학적 셀의 지시 전극에 voltage sweep(시간에 따라 주어진 비율로 증가하는 전압)의 형태로 전압을 걸어주면, 특정 전압에서 시료 용액 중 분석대상성분의 환원이나 산화 반쪽 반응이 일어나고, 그 결과 발생한 전류가 셀을 통하여 흐르게 된다. 이러한 환원 또는 산화 반쪽 반응이 일어나기 시작하는 전압은 화학종에 따라 다르고(정성적 분석의 근거), 발생하는 전류의 크기는 화학종의 양에 비례함(정량 분석의 근거)을 바탕으로 시료 용액 중 분석대상성분에 대한 정성 및 정량적 정보를 구하는 분석법을 전압전류법(voltammetry)이라 한다.

그리고 주어진 전압전류법에서 측정되는 전류를 걸어준 전압에 대하여 도시한 것을 전압전류그림(voltammogram)이라 하며, 일반적인 전압전류법에서는 백금(Pt) 전극이나 금(Au) 전극 또는 탄소(C) 전극들을 지시 전극으로 사용한다.

이제 전류-전압 특성을 나타내는 좌표축들을 다음과 같이 정의해 두기로 하자.

- 전류-전압 특성을 나타내는 그래프(cyclic voltammogram)에서 x축은 전압축이고, y축은 전류축이다.

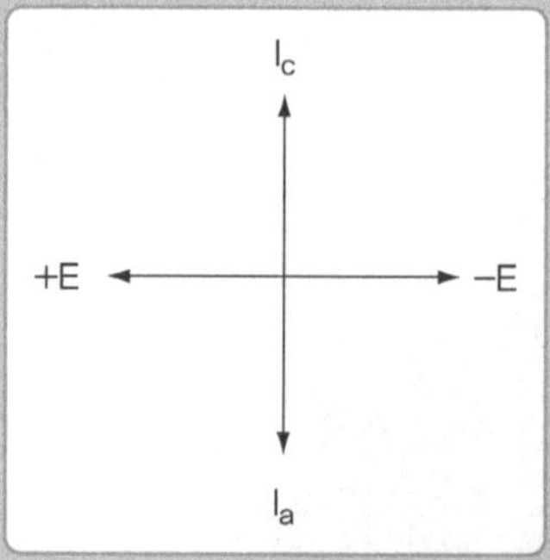

- x축의 경우 걸어 주는 전압이 초기 전압의 위치(크기)와 상관없이 왼쪽에서 오른쪽 방향으로 변한다면, 그것은 걸어 주는 전압이 −E 방향으로 점차 커진다는 것을 의미한다. 즉, 주어진 화학종의 환원 반쪽 반응을 유발하는 전압을 걸어 주는 것이다. 반대로 초기 전압의 위치(크기)와 상관없이 오른쪽에서 왼쪽으로 변하는 전압을 걸어준다는 것은, +E 방향으로 커지는 전압을 걸어 주는 것이다. 다시 말해 주어진 화학종의 산화 반쪽 반응을 유발할 수 있는 방향으로 전압을 걸어 주는 것이다.
- y축의 경우 아래쪽에서 위쪽으로 커지는 전류는 주어진 화학종의 환원 반쪽 반응에 의한 환원 전류(cathodic current, i_c)를 나타내는 것이고, 반대로 위쪽에서 아래쪽 방향으로 커지는 전류는 주어진 화학종의 산화 반쪽 반응에 의한 산화 전류(anodic current, i_a)를 나타내는 것이다.

9.1.1 선형 훑음 전압전류법

다음 그림과 같이 특정 크기의 전압(초기 전압, $V_{초기}$)에서 시작하여 시간에 따라 일정한 비율로 증가하면서 최종 크기의 전압(최종 전압, V_{λ})에 이르는 형태로 지시 전극에 전압을 걸어 주는 방식을 적용한 선형 훑음 전압전류법(linear sweep voltammetry, LSV)이라 한다.

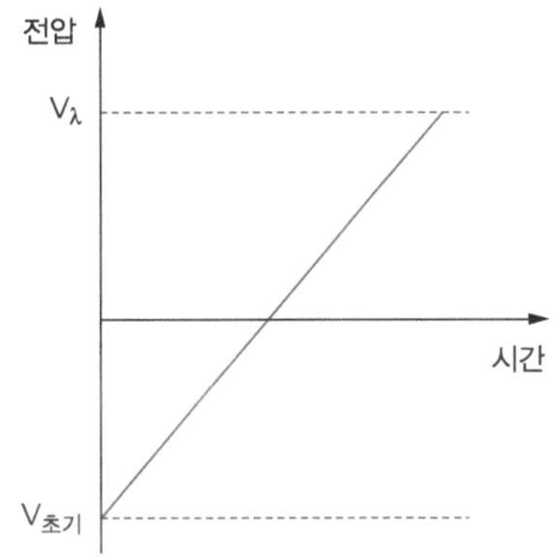

여기서 직선의 기울기는 훑음 속도(scan rate)라 하고, 일반적으로 LSV에서 사용하는 scan rate는 약 100 mV/sec인데, 이 훑음 속도는 polarography에서 적용하는 scan rate들(예: 1 ~ 5 mV/sec)에 비해 훨씬 더 빠르다.

백금(Pt)이나 금(Au) 그리고 흑연(graphite) 또는 탄소(glassy carbon)와 같은 물질로 제작한 지시 전극을 사용하는 경우, 걸어 주는 전압의 +와 −쪽 한계는 앞의 polarography에서 다룬 내용과 마찬가지로 사용하는 용매나 지지 전해질의 산화 또는 환원이 일어나는 값이 된다.

9.1.2 선형 훑음 전압전류법에서의 전압전류그림

그림 9.1은 주어진 시료 용액 중에 존재하는 분석대상성분으로서의 ox가 Nernst식을 따르는 환원 반쪽 반응(ox + ne ⇄ red)을 일으키고, 지시 전극에 100 mV/sec 정도의 scan rate로 −로 커지는 방향의 전압을 걸어주면서 얻어지는 전류의 발생과 그 크기 변화를 나타내는 선형 훑음 전압전류그림(linear sweep voltammogram)이 얻어지는 과정을 단계적으로 구분하여 보여주고 있다.

LSV에서는 주어진 훑음 속도로 전압을 걸어 주는 동안 환원 전류가 발생하기 시작하고, 그 크기가 증가하다가 최대에 이른 후 점차 감소함을 볼 수 있는데, 이때 최대 크기의 환원 전류를 환원 봉우리 전류(cathodic peak current, i_{pc})라 부르고 환원 봉우리 전류가 발생하는 전압을 환원 봉우리 전위(cathodic peak potential)라 부른다.

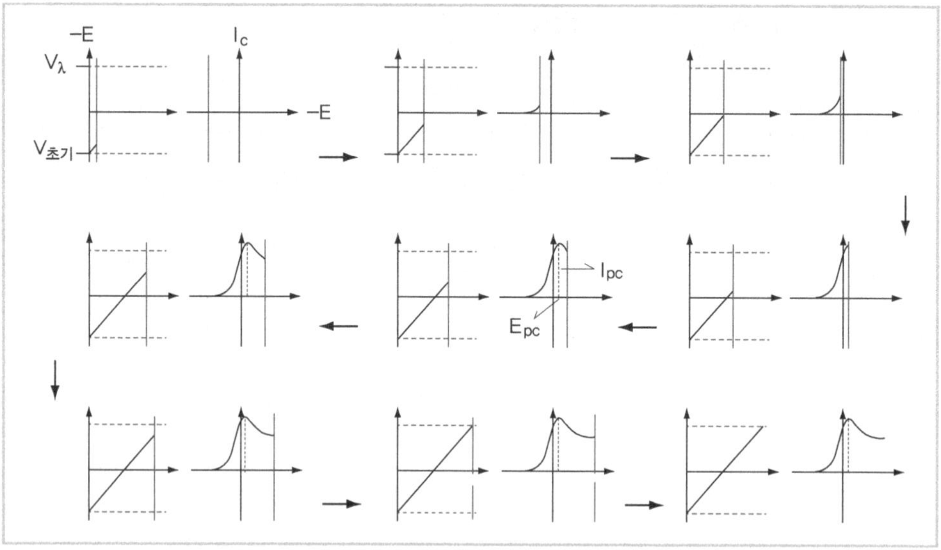

그림 9.1 Linear sweep voltammetry(LSV)에서 전압전류그림의 단계적인 변화 모습

다음은 LSV에서 환원 봉우리 전류가 발생하는 이유를 설명하고 있다.

- 주어진 지시 전극에 −방향으로 일정한 scan rate로 증가하는 전압을 걸어주면서 특정 전압에 이르게 되면, 계면에 존재하던 ox의 환원이 일어나면서 환원 전류가 흐르기 시작한다. 그리고 지시 전극에 걸리는 전압이 지속적으로 그리고 빠른 scan rate로 증가하면, 계면에서 ox의 환원 반쪽 반응이 촉진되면서 환원 전류의 크기 역시 증가하게 된다.
- 계면에서의 환원 반쪽 반응이 촉진되면서 계면 용액 층에 존재하던 ox가 소멸되면, 계면 용액 층과 인접한 용액 층(용액의 bulk 부분)에 존재하던 ox가 계면 용액 층으로 이동(확산)해 온 ox가 환원되기 시작한다. 즉, 용액에는 확산층이 형성되기 시작한다. 그런데 초기 확산층의 경우 그 폭이 그리 넓지 않으므로 걸어 주는 전압이 커짐에 따라 점차 더 많이 일어나게 되는 환원 반쪽 반응에 충분한 양의 ox를 신속하게 공급할 수 있고, 그 결과 환원 전류는 정상적으로 더 크게 발생한다.
- 그러나 시간이 지나면서 확산층의 폭은 점차 넓어지고, 그 결과 계면에서 멀리 떨어진 영역의 용액에 존재하는 ox가 확산되어 오는 현상이 벌어지는 경우, ox가 계면으로 확산해 오는 속도가 느려지기 시작하여 계면에서의 환원 반쪽 반응들에 필요한 충분한 양의 ox가 공급될 수 없게 된다. 즉, 계면으로 이동해 오는 ox의 확산 속도가 계면에서의 환원 반쪽 반응의 속도를 따라가지 못하게 되면서, 점차적으로 환원 반쪽 반응이 덜 일어나게 되면서, 환원 전류의 크기가 감소하게 된다.

그림 9.2는 주어진 LSV에서 얻어지는 전압전류그림에 몇 가지 정성 및 정량적인 항들을 나타낸 것이다.

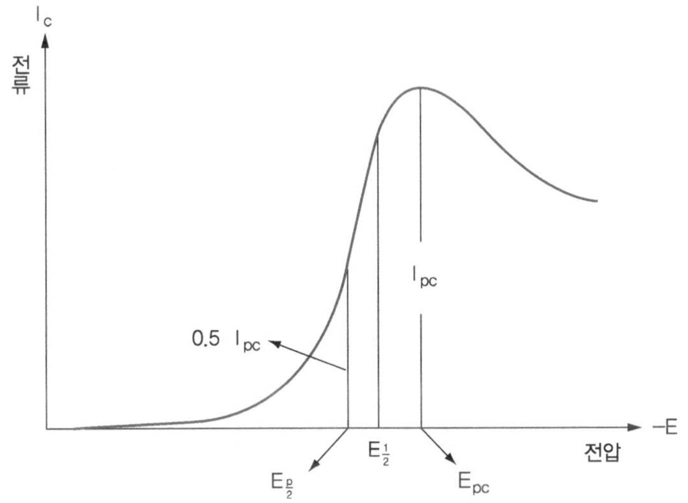

I_{pc}: 환원 봉우리 전류(cathodic peak current)
- 최대 크기의 환원 전류이며, 정량 분석의 근거로 활용함

E_{pc}: 환원 봉우리 전위(cathodic peak potential)
- 환원 봉우리 전류가 발생하는 전위

$E_{\frac{1}{2}}$: polarography에서 얻어지는 반파장 전위
- 동일한 화학종에 대한 polarography를 수행하는 경우 얻어질 반파장 전위

$E_{\frac{p}{2}}$: 반봉우리 전위(half peak potential)
- 환원 봉우리 전류 크기의 반에 해당하는 전류가 발생하는 전위이며, 정성 분석의 근거로 활용함

그림 9.2 LSV의 전압전류그림

또한 그림 9.3은 scan rate의 변화에 따른 전압전류그림의 변화를 보여준다. LSV에서 적용하는 voltage sweep의 scan rate가 느린 경우, 계면 용액 층에서 ox가 소멸되는 속도가 느려지고, 계면 용액 층과 인접 용액 층 사이에서 발생하는 ox의 농도 차이가 크지 않게 되면서 ox의 확산 속도 역시 느려진다. 그 결과 계면에서의 환원 반쪽 반응의 속도 역시 느려지게 되어, 환원 전류(환원 봉우리 전류)의 크기가 감소한다.

반대로 voltage sweep의 scan rate가 빨라지는 경우, 계면 용액 층에서 ox가 소멸되는 속도가 빨라지고, 계면 용액 층과 인접 용액 층 사이에서 발생하는 ox의 농도 차이가 커지면서 ox의 확산 속도 역시 빨라진다. 그 결과 계면에서의 환원 반쪽 반응도 역시 빨리 일어나 환원 전류(환원 봉우리 전류)의 크기가 증가한다.

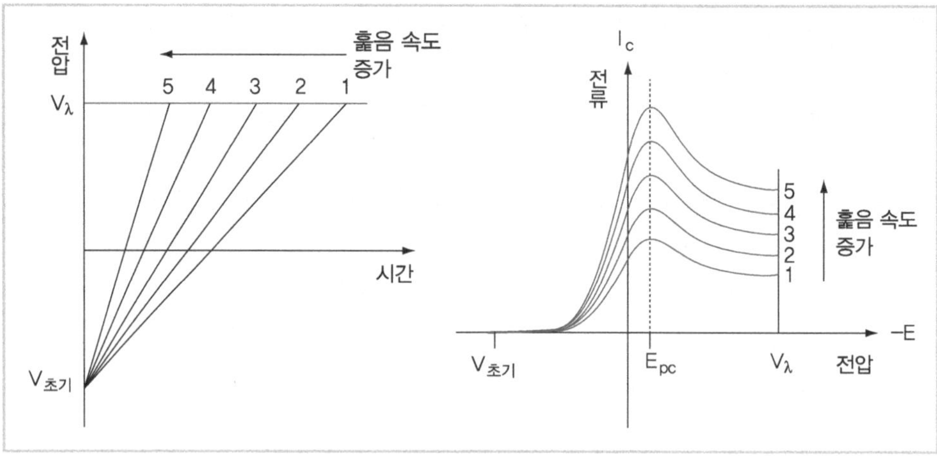

그림 9.3 훑음 속도(scan rate)의 변화에 따른 전압전류그림의 변화

9.1.3 선형 훑음 전압전류법에서의 Nernstian system

앞에서 이미 언급한 바와 같이 주어진 산화–환원 계(redox system)가 Nernstian system인 경우 다음과 같은 현상을 관찰할 수 있다.

> 주어진 평형 상태에 있던 redox system의 산화–환원 반응(ox + ne $\rightleftarrows$ red)은 외부에서 걸어준 전압에 의한 영향을 받아, ox와 red 사이에 새로운 평형이 신속하게 다시 성립한다.

LSV에서는 주어진 redox system이 다음과 같은 조건들을 만족시킨다면, 그 redox system은 Nernstian system이라 할 수 있다.

- $E_{pc} - E_{1/2} = -1.109(\frac{RT}{nF})$

  $= -(\frac{28.5}{n})$

  (단위: mV, at 25° C)

☞ 주어진 화학종에 대한 LSV에서 얻어지는 환원 봉우리 전위(E_{pc})가 동일한 화학종에 대한 polarography에서 얻어지는 반파장 전위($E_{\frac{1}{2}}$)에 비해 −전압 방향으로 $\frac{28.5}{n}$ mV 정도 지난 지점에서 나타나면, Nernstian system이다.

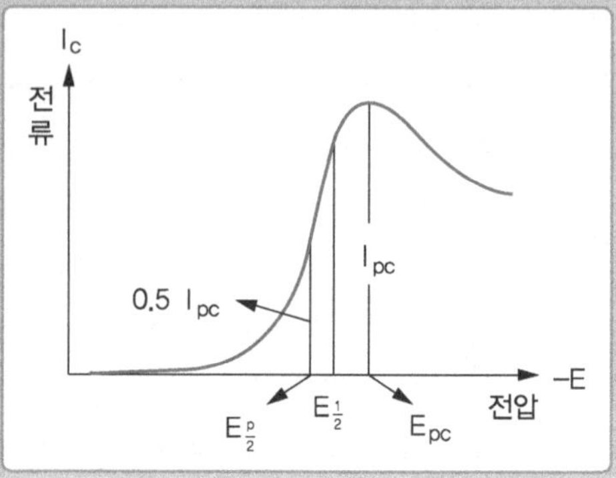

- $E_{\frac{p}{2}} = E_{\frac{1}{2}} + 1.09(\frac{RT}{nF})$

  $= E_{\frac{1}{2}} + \frac{28.0}{n}$

  (단위: mV, at 25° C)

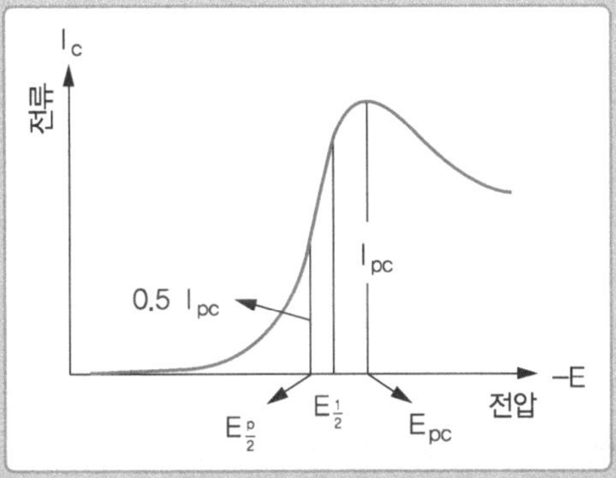

☞ 주어진 화학종에 대한 LSV에서 얻어지는 반봉우리 전위($E_{\frac{p}{2}}$)가 동일한 화학종에 대한 polarography에서 얻어지는 반파장 전위($E_{\frac{1}{2}}$)에 비해 + 전압 방향으로 $\frac{28.0}{n}$ mV 정도 지난 지점에서 나타나면, Nernstian system이다.

- $| E_p - E_{\frac{p}{2}} | = 2.2(\frac{RT}{nF}) = \frac{56.5}{n}$ **(단위: mV, at 25° C)**

☞ 주어진 화학종에 대한 LSV에서의 봉우리 전위(E_{pc})와 반봉우리 전위($E_{\frac{p}{2}}$)의 차이가 $\frac{56.5}{n}$ mV 정도이면, Nenstian system이다.

9.1.4 다성분 함유 시료의 voltammogram

그림 9.4는 두 개의 산화–환원 쌍들을 함유한 redox system으로부터 얻어지는 voltammogram에서 각 성분에 의한 peak current를 알아내는 방법을 보여준다.

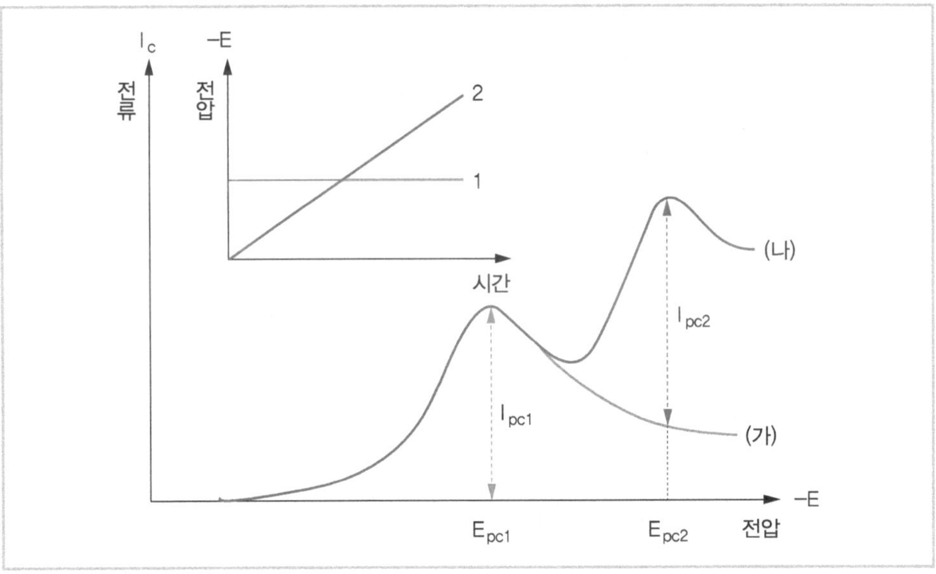

그림 9.4 두 개의 산화–환원 쌍들을 가진 시료 용액에 대한 LSV에서 얻어지는 voltammogram에 대한 정량적 취급 방법

우선 성분 1에 의한 voltammogram을 얻기 위해 voltage sweep의 형태로 전압을 걸어주다가 성분 1에 의한 peak current를 얻게 되면, 잠시 후 일정 크기의 전압을 걸어준다((가)). 그 결과 푸른색 점선으로 이어지는 voltammogram을 얻는다.

이제 같은 시료에 voltage sweep의 형태로 전압을 걸어주어 성분 1과 성분 2에 의한 voltammogram((나))을 얻는다. 이 두 가지 voltammogram을 사용하여 각 성분들에 의한 환원 봉우리 전류들을 구한다.

9.2 순환 전압전류법

9.2.1 순환 전압전류법

앞에서 다루었던 선형 훑음 전압전류법(LSV)에서는 주어진 지시 전극에 일정한 scan rate를 가진 linear voltage sweep의 형태로 전압을 걸어준 후, 그 전극의 계면에서 환원 반쪽 반응이 일어나기 시작하는 전압과 환원 반쪽 반응에 의해 흐르는 전류의 크기를 구하여 시료 용액 중 특정 분석대상성분에 대한 정성적 정보와 정량적 정보를 얻는다.

순환 전압전류법(cyclic voltammetry, CV)도 역시 LSV와 동일한 개념의 전압전류법 원리를 적용할 수 있는 분석법이다. 그러나 LSV에서는 지시 전극에 주어진 scan rate를 가진 linear voltage sweep 형태로 한 가지 방향으로만(−방향으로 커지는) 전압을 걸어주고 환원 봉우리 전위(E_{pc})와 환원 봉우리 전류(I_{pc}) 등을 구하지만, CV에서는 지시 전극에 삼각파형(triangular waveform) 형태의 전압을 걸어준다는 점이 다르다. 오른쪽 그림은 삼각파형 형태의 전압을 보여주고 있다. 주어진 scan rate로 −방향(정방향, forward direction)으로 증가하는 전압을 걸어주고, 전압의 크기가 일정 값(V_λ)에 도달하면 동일한 scan rate로 +방향(역방향, reverse direction)으로 증가하는 전압을 걸어준다.

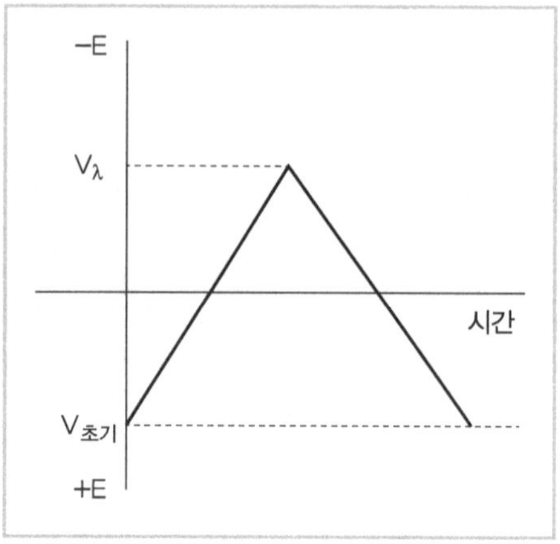

9.2.2 순환 전압전류그림

● 순환 전압전류그림의 기본적인 모습

그림 9.5의 (a)는 ox + ne ⇄ red와 같은 전극 반응에 걸어 주는 삼각파형의 전압을 보

여준다.

그림 9.5 (b)의 전반부는 일정한 비율로 −E 방향으로 커지는 전압을 걸어 주는 경우, 전류의 발생과 시간에 따른 전류의 크기 변화(전류−시간 특성)를 보여준다. 이에 따르면, 시간이 지남에 따라 ox의 환원 반쪽 반응(red의 생성)이 일어나기 시작하여 환원 전

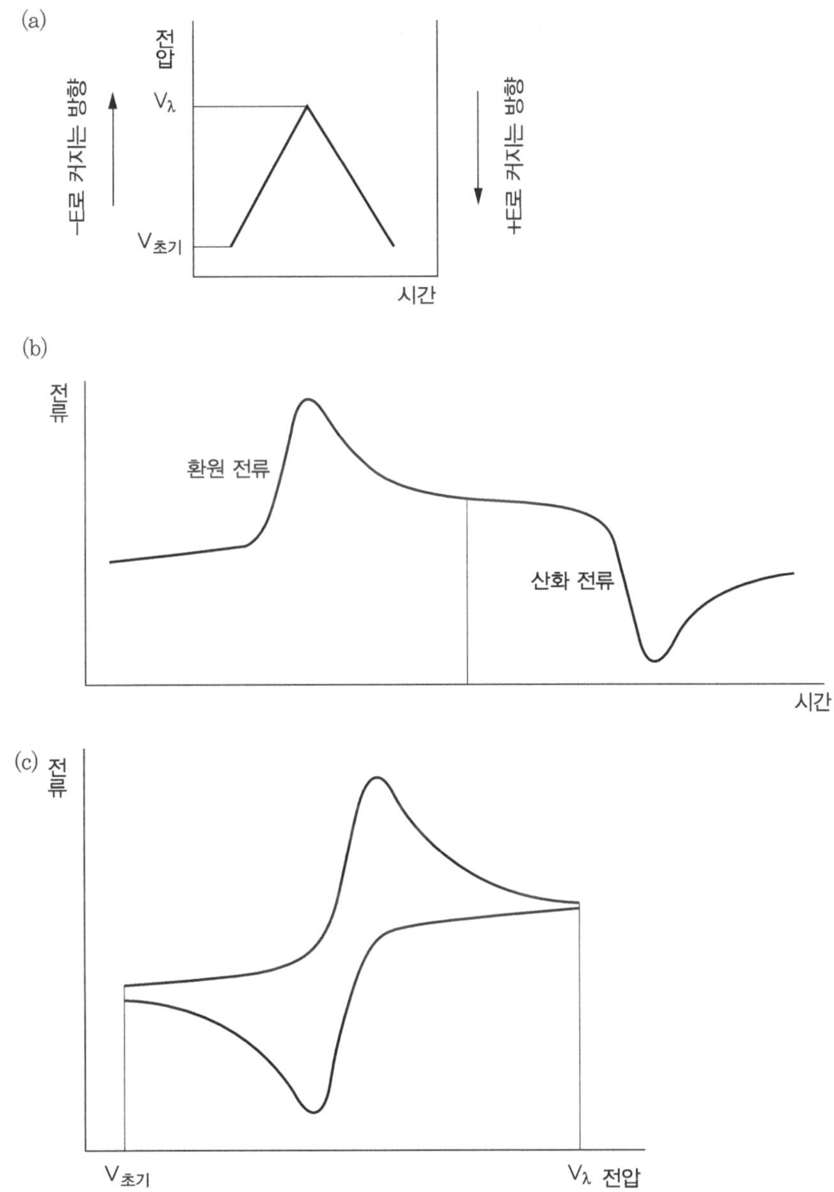

그림 9.5 Cyclic voltammetry에서 (a) 걸어 주는 삼각파형(triangular wave) 전압, (b) 전류−시간 특성 그리고 (c) 전류−전압 특성(cyclic voltammogram)

류가 발생한다. 그 이후 더 많은 ox가 환원되면서 환원 전류의 크기가 증가하지만, 환원 전류의 크기는 최대에 도달한 후 다시 감소하기 시작한다.

그림 9.5 (b)의 후반부는 걸어 주는 전압이 E_λ에 도달한 후, 삼각형파의 후반부와 같이 +E방향으로 증가하는 전압을 걸어주면서 발생하는 전류와 시간에 따른 전류의 크기 변화를 보여준다. 이에 따르면, 시간이 지나면서 ox의 환원에 의해 생겨난 red의 산화 반쪽 반응이 일어나기 시작하여 산화 전류가 발생한다. 그 이후 더 많은 red가 산화되면서 산화 전류의 크기가 증가하지만, 산화 전류의 크기는 최대에 도달한 후 다시 감소하기 시작한다.

그림 9.5의 (c)는 삼각파형 전압을 걸어주면서 발생하는 전류와 전류의 크기 변화를 걸어 주는 전압에 대해 도시한 전류-전압 특성이다. Cyclic voltammogram에서 환원 전류 부분을 환원파(cathodic wave) 그리고 산화 전류 부분은 산화파(anodic wave)라고 한다.

그림 9.6의 (a)는 주어진 cyclic voltammogram에 환원 전류(i_c)의 최대치인 환원 봉우리 전류(cathodic peak current, i_{pc})와 환원 봉우리 전류가 발생하는 전압인 환원 봉우리 전위(cathodic peak potential, E_{pc}) 그리고 산화 전류(i_a)의 최대치인 산화 봉우리 전류(anodic peak current, i_{pa})와 산화 봉우리 전류가 발생하는 전압인 산화 봉우리 전위(anodic peak potential, E_{pa})를 보여준다. 그리고 그림 9.6의 (b)는 주어진 ox + ne $\rightleftarrows$ red로부터 얻어지는 cyclic voltammogram에서 i_{pc}와 i_{pa}가 ox와 red의 농도에 따라 비례하며 변하는 모습(정량 분석의 근거)을 보여준다.

이에 따르면, 걸어 주는 전압의 크기가 -E방향으로 증가하면서 특정 전압에 이르면, ox의 환원(red의 생성)이 일어나기 시작하여 환원 전류가 발생한다. 그 이후 걸어 주는 전압의 크기가 더 증가하면서 더 많은 ox가 환원되어 환원 전류의 크기가 증가하지만, 환원 전류의 크기는 최대에 도달한 후 다시 감소하기 시작한다.

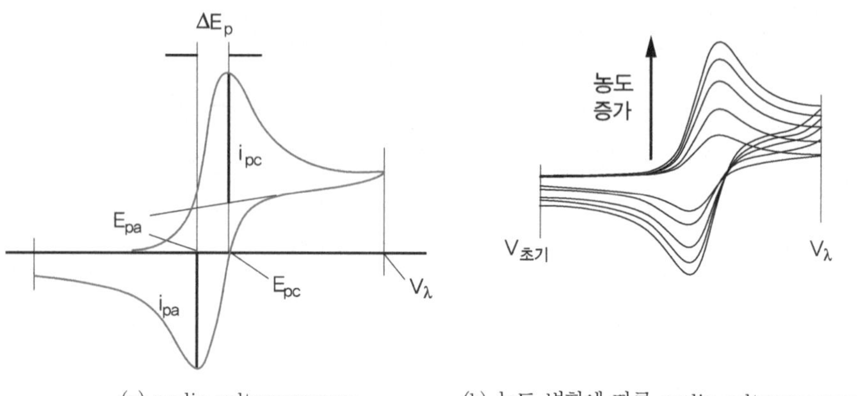

(a) cyclic voltammogram (b) 농도 변화에 따른 cyclic voltammogram

그림 9.6 cyclic voltammogram

◎ 주어진 산화–환원 계가 Nernstian system인 경우 다음과 같은 식들을 만족시킨다.

주어진 산화–환원 쌍에 의해 얻어진 cyclic voltammogram이 제시하는 몇 가지 정량적 수치들에 근거하면, 다음과 같은 조건들을 만족시키는 산화–환원 계(redox system)는 Nernstian system(산화–환원 반응에 Nernst식을 적용 가능)으로 받아들인다.

- $i_{pa}/i_{pc} = 1$
- $E_{pa} - E_{pc} = \Delta E_p = \frac{2.3RT}{nF} = \frac{59}{n}$(단위: mV, at 25° C)

가역적인 산화–환원 계들 중에서 Nernstian system의 경우에는 산화 또는 환원 반쪽 반응의 속도가 빠르고, 그 결과 계면에서는 ox와 red 사이에서 새로운 평형이 신속하게 성립한다. 반면에 non–Nernstian system의 경우에는 산화 또는 환원 반쪽 반응이 상대적으로 느리게 진행되어 ox와 red 사이의 새로운 평형은 충분히 빠르게 성립되지 못하므로, 그 결과 환원 봉우리 전위(E_{pc})가 Nernstian system의 경우에서 보다 더 –쪽으로 이동된 지점에서 발생하며, 산화 봉우리 전위(E_{pa}) 역시 더 +쪽 전압에서 발생하게 된다. 그림 9.7은 1 M KNO_3 수용액으로 제조한 6 mM $Fe(CN)_6^{3-}$ 이온 수용액을 사용하여 얻은 cyclic voltammogram이다.

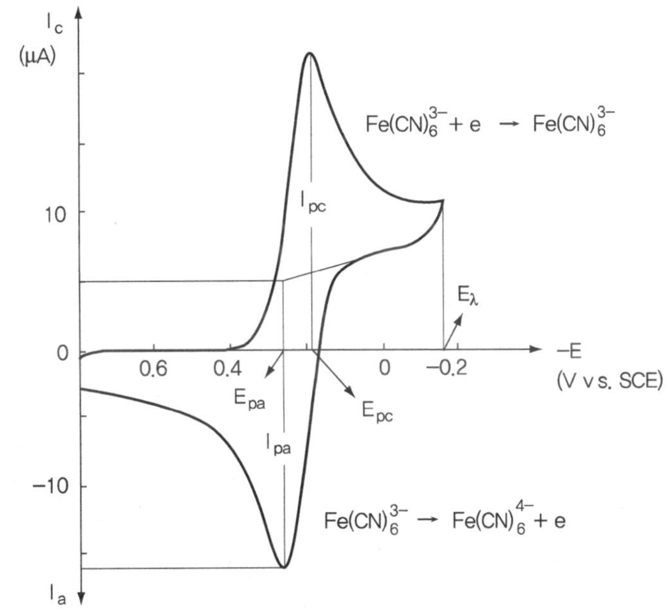

그림 9.7 1 M KNO_3 수용액으로 제조한 6 mM $Fe(CN)_6^{3-}$ 이온 수용액을 사용하여 얻은 cyclic voltammogram

그림 9.7에서와 같은 $Fe(CN)_6^{3-}$ 이온 − $Fe(CN)_6^{4-}$ 이온과 같은 가역적 산화−환원 계의 경우, 형식 전위(formal potential)는 다음과 같이 구할 수 있다.

$$E^{o\prime} = \frac{(E_{pa} + E_{pc})}{2}$$

사실 ΔE_p는 E_λ의 값에 따라 조금씩 변한다. 다음의 표는 Nernstian system의 경우 E_λ의 값에 따라 달라지는 ΔE_p의 값을 보여주고 있다.

$V_\lambda = E_{pc} + \frac{x}{n}$ (mV)에서 x의 값	71.5	121.5	171.5	271.5	∞
$E_{pa} - E_{pc} = \frac{y}{n}$ (mV)에서 y의 값	60.5	59.2	58.3	57.8	57.0

n = 2인 경우

E_λ의 값이 E_{pc}에 비해 60.8 mV(= $\frac{121.5}{2}$) 더 큰 경우

ΔE_p의 값은 29.6 mV(= $\frac{59.2}{2}$) 정도가 되면, Nernstian redox system으로 받아들일 수 있다.

훑음 속도(scan rate)에 따른 cyclic voltammogram의 변화

그림 9.8은 scan rate를 변화시키며 얻어지는 cyclic voltammogram의 변화 모습을 보여주는데, scan rate가 빨라질수록 전체 전류의 크기가 증가함을 볼 수 있는데, 그 이유는 다음과 같다.

LSV에서 이미 언급한 바와 같이 voltage sweep의 scan rate가 빨라지는 경우, 계면 용액 층에서 ox가 소멸되는 속도가 빨라진다. 그 결과 계면 용액 층과 인접 용액 층(용액의 bulk 부분) 사이에서 발생하는 ox의 농도 차이가 커지면서 ox의 확산 속도가 빨라지다. 따라서 계면에서의 환원 반쪽 반응이 빨리 일어나므로 환원 전류(환원 봉우리 전류)의 크기가 증가한다. 반대로 scan rate가 느려지는 경우, 계면 용액 층에서 ox가 사라지는 속도가 느려진다. 그 결과 계면 용액 층과 인접 용액 층 사이에서 발생하는 작은 농도 차이 때문에 ox의 확산 속도가 느려진다. 따라서 계면에서의 환원 반쪽 반응이 느리게 일어나면서 환원 전류(환원 봉우리 전류)의 크기가 감소한다.

여기서 주목할 점은 scan rate가 달라져도 E_{pc}와 E_{pa}의 값들은 변하지 않는다는 사실이다.

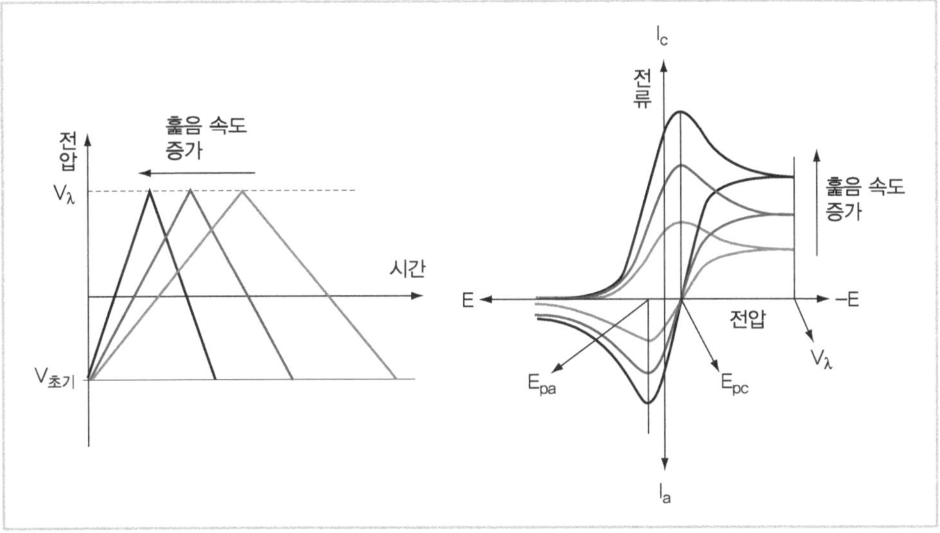

그림 9.8 훑음 속도(scan rate)를 변화시키며 얻은 cyclic voltammogram들

● 몇 가지 redox system들로부터 얻어지는 cyclic voltammogram들

가. 시료 용액 중 한 가지 ox만이 존재하는 경우

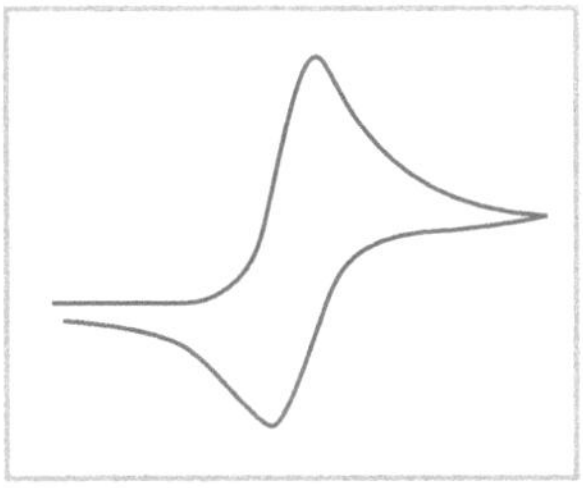

만일 초기 시료 용액 중 ox만이 존재하고 ox의 환원 반쪽 반응이 가역적(ox + ne ⇄ red)인 경우에는 오른쪽 그림과 같이 ox가 red로 환원되면서 발생하는 환원파와 red가 다시 ox로 산화되는 과정에서 나타나는 산화파를 모두 볼 수 있다.

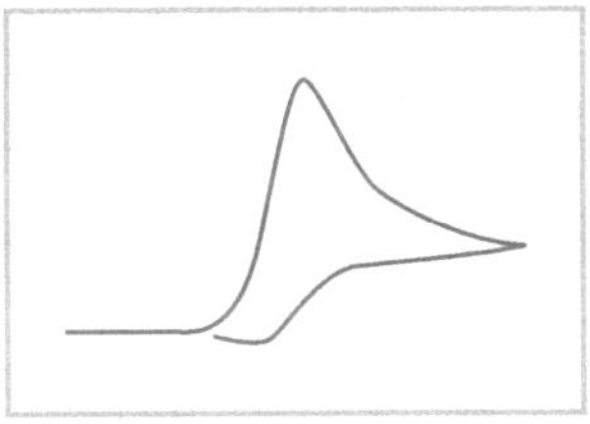

그러나 ox + ne → red와 같은 비가역적인 반응인 경우, 왼쪽 그림과 같이 ox의 환원 반쪽 반응에 의한 cathodic wave만이 등장하고, red의 산화 반쪽 반응에 의한 anodic wave는 나타나지 않는다.

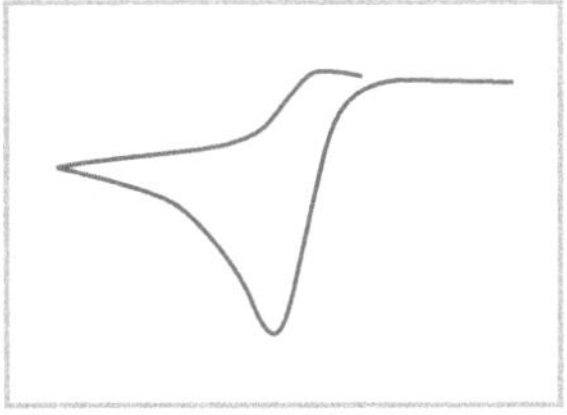

반대로 초기 시료 용액 속에 ox는 존재하지 않고, red만이 존재하고, red가 ox로 산화되는 과정이 비가역적(red → ox + ne)이라면, 오른쪽 그림과 같이 ox에 의한 환원파는 나타나지 않고 red의 산화에 의한 산화파만이 얻어진다.

나. 두 단계에 걸쳐 환원되는 ox 또는 두 가지 다른 ox들을 함유하는 시료 용액에 대한 cyclic voltammogram

시료 용액 속에 한 가지 종류의 ox만이 존재하고, ox는 두 단계의 환원 반쪽 반응을 일으킨다. 그리고 두 단계 환원 반쪽 반응들은 모두 다 가역적(ox + e ⇄ A, A + e ⇄ B)이다. 또는 시료 용액 속에 두 가지 종류의 ox들이 존재하여, 각 ox가 단계적으로 환원 반쪽 반응을 일으킨다. 각 환원 반쪽 반응들은 가역적이다(ox + e ⇄ A, ox′ + e ⇄ B).

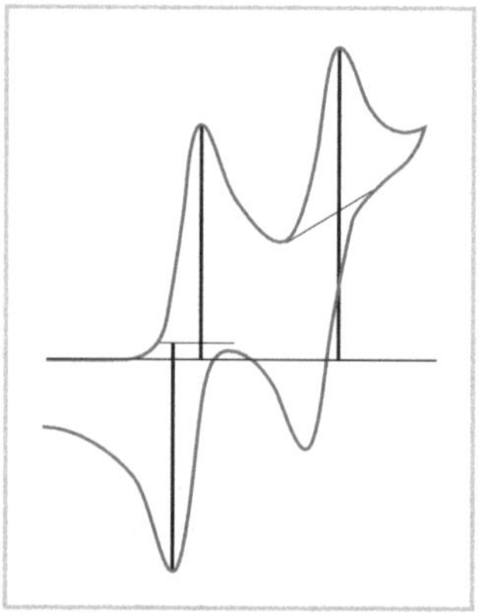

다. 두 단계에 걸쳐 환원되는 ox 또는 두 가지 다른 ox들을 함유하는 시료 용액에 대한 cyclic voltammogram II

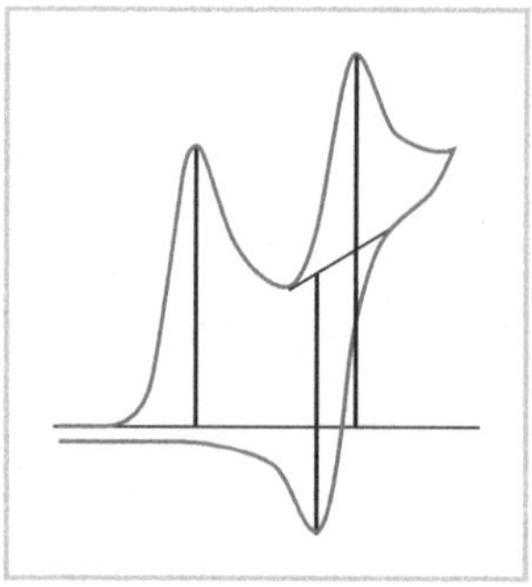

시료 용액 속에 한 종류의 ox만이 존재하고, ox는 두 단계의 환원 반쪽 반응을 일으킨다. 그리고 이러한 두 단계 환원 반쪽 반응들 중 두 번째 환원 반쪽 반응만이 가역적이다(ox + e → A, A + e ⇄ B). 또는 시료 용액 속에 두 종류의 ox들이 존재하여, 각 ox가 단계적으로 환원 반쪽 반응을 일으킨다. 그리고 ox′의 환원 반쪽 반응만이 가역적이다(ox + e → A, ox′ + e ⇄ B).

라. 두 단계에 걸쳐 환원되는 ox 또는 두 가지 다른 ox들을 함유하는 시료 용액에 대한 cyclic voltammogram III

시료 용액 속에 한 종류의 ox만이 존재하고, ox는 두 단계의 환원 반쪽 반응을 일으킨다. 그리고 이러한 두 단계 환원 반쪽 반응들은 모두 다 비가역적이다(ox + e → A, A + e → B). 또는 시료 용액 속에 두 종류의 ox들이 존재하여, 각 ox가 단계적으로 환원 반쪽 반응을 일으킨다. 그리고 ox와 ox'의 환원 반쪽 반응들은 모두 다 비가역적이다(ox + e → A, ox′ + e → B).

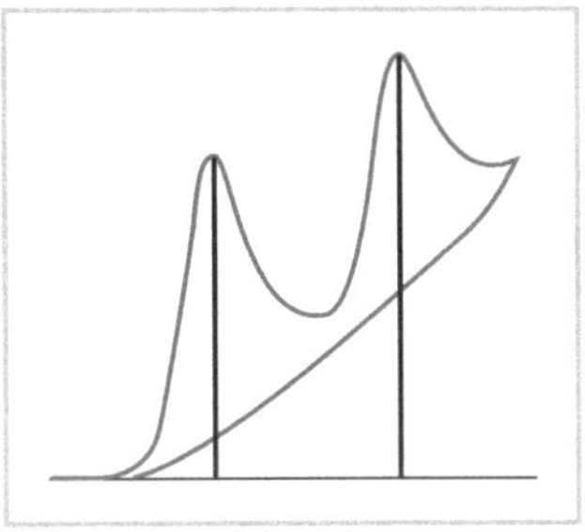

마. coupled reaction의 존재

- ox + e ⇄ red, red $\xrightarrow{k}$ products: ox의 환원에 의해 생성된 red는 다른 화학 반응에 의해 다른 생성물들로 변한다.

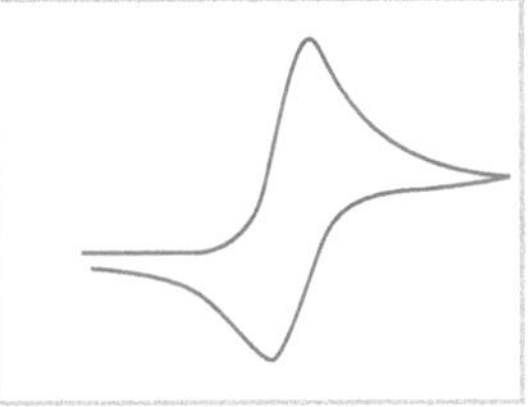

만일 두 번째 비가역적 화학 반응이 충분히 느리게 진행된다면, 즉 삼각형파의 voltage scan이 완료되는 동안 red의 화학 반응이 진행되지 않는다면, cyclic voltammogram에서는 산화 전류 부분도 관측할 수 있다.

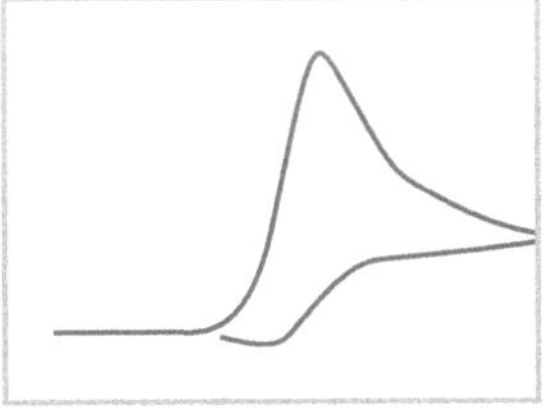

그러나 두 번째 비가역적 화학 반응의 속도가 충분히 빠르다면, 즉 삼각형파의 voltage scan이 완료되기 이전에 red의 화학 반응이 대부분 진행된 상태라면, ox로 산화될 red가 거의 존재하지 않는 상황이므로 cyclic voltammogram에서 산화 전류 부분은 거의 관측할 수 없다.

- ox + e ⇄ red　red $\xrightarrow{k(\text{fast})}$ A　A + ne ⇄ B: ox의 가역적 환원 반쪽 반응에 의해 생성된 red는 다른 비가역적 화학 반응에 의해 A로 변하고, A는 다시 가역적 환원 반쪽 반응을 일으킨다.

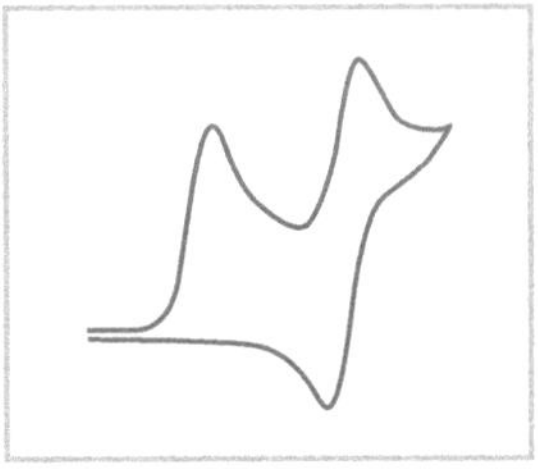

두 번째 비가역적 화학 반응이 충분히 빠르게 진행되는 경우 ox의 환원 반쪽 반응으로부터 생겨난 red가 거의 모두 다 A로 변하게 된다. 그리고 A는 다시 두 번째 가역적 환원 반쪽 반응에 의해 B로 변한다. 따라서 cyclic voltammogram에서는 두 종류의 환원 전류들을 볼 수 있다. 그런데 두 번째 화학 반응이 비가역적이므로 cyclic voltammogram에서는 red가 다시 ox로 산화되는 현상을 보여주는 산화 전류는 나타나지 않는다.

9.3 벗김 분석법

9.3.1 벗김 분석

시료 용액에 대한 전기분해 단계(electrolysis step)를 통해 용액 중에 존재하는 분석대상성분을 지시 전극에 석출시키고(electro–deposition, cathodic deposition), 전압전류법을 사용하여 전극의 표면에 석출되어 있는 성분을 용액 속으로 다시 벗겨낸다(anodic stripping). 이러한 과정을 통하여 측정되는 산화 전류의 크기에 근거하여 시료 용액 중 분석대상성분의 농도를 알아낼 수 있다.

지시 전극으로 백금(Pt)과 같은 고체 전극을 사용하면 벗김 전압전류법(stripping voltammetry)이라 하고 hanging mercury drop electrode (hmde)을 사용하는 경우에는 벗김 폴라로그래피(stripping polarography)라 한다. 이와 같은 stripping voltammetry는 예비농축(preconcentration)의 효과가 있기 때문에 농도가 묽은 시료 용액에 대하여도 적용이 가능하며, $10^{-10} \sim 10^{-11}$ M 정도의 감도를 나타낼 수도 있다.

9.3.2 HMDE를 사용한 Cd^{2+}, Pb^{2+}, Cu^{2+} 혼합물에 대한 벗김 분석

● 석출 단계

시료 용액을 저어주면서 금속 양이온들의 E°보다 ~200 mV 정도 더 큰 음의 전압을 걸어준 후, 시료 용액 중 분석대상성분들인 금속 양이온들의 환원이 모두 다 일어나 수은 아말감으로 변하도록 50 ~ 60분간 방치한다. 전기분해를 끝내고 용액의 저어줌도 중지한다.

● 벗김 단계

Voltage ramp의 형태로 산화를 유도하는 전압(양의 방향)을 천천히 걸어준다. 환원되어 석출되었던 금속의 산화 반쪽 반응에 의한 전류를 측정한다.

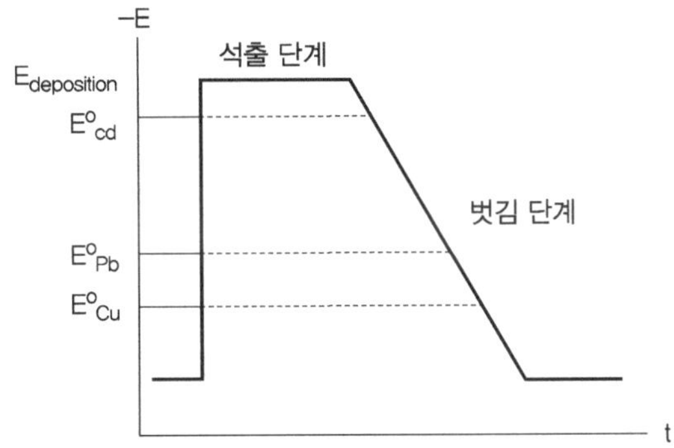

(a) 전압을 걸어 주는 방식 – 용액 중 모든 금속 양이온들의 환원이 일어날 수 있는 충분한 크기의 음의 전압을 걸어준다.

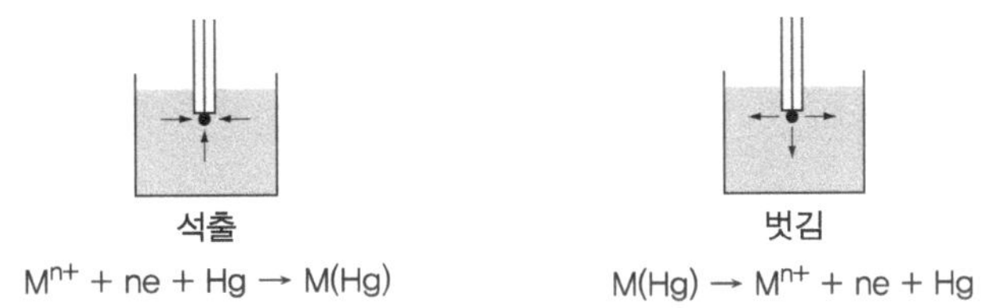

(b) 석출 단계에서 일어나는 금속 양이온의 환원에 따른 수은 아말감의 형성, 그리고 벗김 단계에서 일어나는 금속의 산화 반쪽 반응

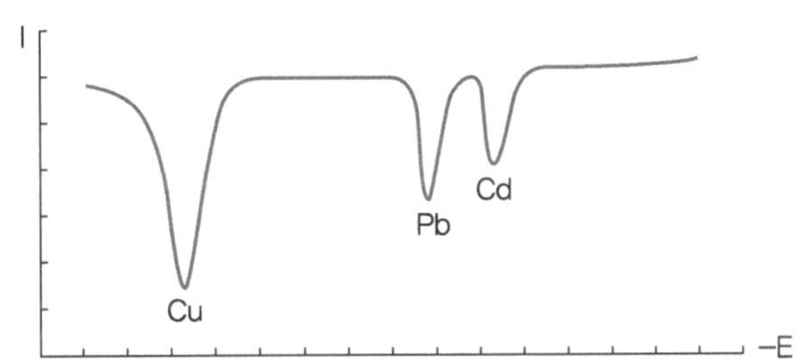

(c) 산화 전류 vs. 전압

그림 9.9 벗김 폴라로그래피

|저자 소개|

황 훈
고려대학교 화학과 졸업
미국 Texas Tech University 분석화학 석사
미국 Texas Tech University 분석화학 박사
현: 강원대학교 화학과 교수

전기화학적 분석

|저　　자　황 훈
|발 행 인　김지영
|발 행 처　자유아카데미
|주　　소　경기도 파주시 회동길 37-42
파주출판도시
|전　　화　031-955-1321
|팩　　스　031-955-1322
|홈페이지　www.freeaca.com
|전자우편　main@freeaca.com(대표)
editor@freeaca.com(편집)
crm@freeaca.com(영업)
|등　　록　제406-2003-017호, 1980. 7. 12
|제1판1쇄　2013년 1월 10일 발행
|제1판3쇄　2019년 12월 31일 발행
|정　　가　16,000원

저자와의
협의하에
인지생략

ISBN 978-89-7338-971-1 93430